国家职业技能等级认定培训教材
国家基本职业培训包教材资源

助听器验配师

（基础知识）

本书编写人员

主　编	王树峰	陈雪清	段吉茸				
顾　问	孙喜斌	倪道凤					
编　者	于丽玫	王　琦	王树峰	王晓力	孔　颖	龙　墨	刘　莎
	刘　欣	李　炬	张建一	陈振声	高卫华	陈雪清	苗　艳
	段吉茸	郗　昕	陶　征	梁　巍	曹永茂	韩　睿	银　力
	腾白玉	谭慧敏	黄青平	卢　伟	曹伟红	徐张帆	王英宏
	郭志翔	黄运甜	杨　烨	高　梦	刘媛媛		
秘　书	曹帅丰						

中国人力资源和社会保障出版集团

中国劳动社会保障出版社　中国人事出版社

图书在版编目(CIP)数据

助听器验配师：基础知识/人力资源社会保障部教材办公室组织编写. -- 北京：中国劳动社会保障出版社：中国人事出版社，2021
国家职业技能等级认定培训教材
ISBN 978-7-5167-5075-9

Ⅰ.①助… Ⅱ.①人… Ⅲ.①助听器-职业技能-鉴定-教材 Ⅳ.①TH789

中国版本图书馆 CIP 数据核字(2021)第 196136 号

中国劳动社会保障出版社
中国人事出版社 出版发行
(北京市惠新东街1号 邮政编码：100029)

*

三河市华骏印务包装有限公司印刷装订　新华书店经销
787 毫米×1092 毫米　16 开本　15.25 印张　248 千字
2021 年 11 月第 1 版　2024 年 3 月第 3 次印刷
定价：48.00 元

营销中心电话：400-606-6496
出版社网址：http://www.class.com.cn

版权专有　侵权必究

如有印装差错，请与本社联系调换：(010) 81211666
我社将与版权执法机关配合，大力打击盗印、销售和使用盗版图书活动，敬请广大读者协助举报，经查实将给予举报者奖励。
举报电话：(010) 64954652

前　言

为加快建立劳动者终身职业技能培训制度，大力实施职业技能提升行动，全面推行职业技能等级制度，推进技能人才评价制度改革，促进国家基本职业培训包制度与职业技能等级认定制度的有效衔接，进一步规范培训管理，提高培训质量，人力资源社会保障部教材办公室组织有关专家在《助听器验配师国家职业技能标准》（以下简称《标准》）制定工作基础上，编写了助听器验配师国家职业技能等级认定培训系列教材（以下简称等级教材）。

助听器验配师等级教材紧贴《标准》要求编写，内容上突出职业能力优先的编写原则，结构上按照职业功能模块分级别编写。助听器验配师等级教材共包括《助听器验配师（基础知识）》《助听器验配师（四级）》《助听器验配师（三级）》《助听器验配师（二级　一级）》4本。《助听器验配师（基础知识）》是各级别助听器验配师均需掌握的基础知识，其他各级别教材内容分别包括各级别助听器验配师应掌握的理论知识和操作技能。

本书是助听器验配师等级教材中的一本，是职业技能等级认定推荐教材，也是职业技能等级认定题库开发的重要依据，已纳入国家基本职业培训包教材资源，适用于职业技能等级认定培训和中短期职业技能培训。

本书在编写过程中得到北京市康复辅助器具协会听力言语康复专业委员会专家的大力支持与协助，在此一并表示衷心的感谢。

人力资源社会保障部教材办公室

目　录 CONTENTS

职业模块 1　职业道德 ··· 1
　培训课程 1　职业道德基本知识 ·· 3
　培训课程 2　职业道德修养和职业规范 ·· 9

职业模块 2　听觉系统解剖生理和疾病 ·· 15
　培训课程 1　听觉系统解剖 ·· 17
　培训课程 2　听觉系统生理 ·· 34
　培训课程 3　耳科常见症状和疾病 ··· 49

职业模块 3　物理声学 ·· 67
　培训课程 1　振动发声原理及声波基本特性 ································· 69
　培训课程 2　声测量的方法及应用 ··· 79
　培训课程 3　听力学中常用的声信号种类及应用领域 ···················· 85

职业模块 4　心理声学 ·· 89
　培训课程 1　阈值 ·· 91
　培训课程 2　响度和音调 ·· 95
　培训课程 3　双耳听觉的优势 ··· 101

职业模块 5　语音学 ··· 105
　培训课程 1　音位、频谱图和语谱图的概念 ······························· 107
　培训课程 2　元音和辅音的发音原理 ·· 114
　培训课程 3　汉语普通话的语音学特点 ······································· 121
　培训课程 4　语音学在听力学中的应用 ······································· 131

职业模块 6　助听器基础知识 …………………………………………… 137
培训课程 1　助听器发展概要 …………………………………………… 139
培训课程 2　助听器的工作原理和性能指标 …………………………… 145
培训课程 3　助听器验配流程及特点 …………………………………… 166
培训课程 4　助听器验配用处方公式 …………………………………… 174

职业模块 7　听力语言康复与听力保健 …………………………………… 181
培训课程 1　成人听力语言康复的过程及方法 ………………………… 183
培训课程 2　儿童听力语言康复、教育的基本观念和方法 …………… 190
培训课程 3　耳及听力保健常识 ………………………………………… 217

职业模块 8　相关法律法规知识 …………………………………………… 227
培训课程 1　我国保障残疾人权益的法律法规简介 …………………… 229
培训课程 2　我国保障消费者权益的法律法规简介 …………………… 232
培训课程 3　我国医疗器械监督管理相关的法律法规简介 …………… 234
培训课程 4　《残疾预防与残疾人康复条例》相关知识 ……………… 237

职业模块 ① 职业道德

培训课程 1　职业道德基本知识

培训课程 2　职业道德修养和职业规范

培训课程 1 职业道德基本知识

一、道德

1. 道德的定义

道德,是一种社会意识形态,是人们共同生活及其行为的准则和规范,它是人类所特有的调整人与人、人与社会以及人与自然之间关系的行为规范总和。道德代表着社会的正面价值取向。

道德起源的社会基础是生产劳动,正是劳动使人成为道德的主体,促成了人们对道德的需要,创造了道德产生的原动力。道德的产生和发展,和人类社会以及每个人的生存、发展状态密切相关。道德属于上层建筑,是社会意识形态,它是人类社会独有的现象,是区别人和动物的一个很重要的标志。道德大致可以分为社会公德、职业道德和家庭美德三种类型。道德现象在社会生活中广泛存在,如热情助人,尊老爱幼属于道德现象;买东西不排队、公共汽车到站不有序上车、随地吐痰等也属于道德现象。

2. 道德的作用

道德的社会功能是通过人的个体功能来实现的。道德对个体来说,具有认识、调节、教育和评价的作用。正是由于这些作用,道德才能规范人的行为,调节人们之间关系,从而维护社会正常秩序和促进社会发展。

(1) 认识作用

道德是引导人们追求至善的良师。道德就是要使人认识到个人在社会、职业和家庭中应担负的责任。社会对每个角色都有其相适应的道德规范,如企业家有企业家的道德规范、教师有教师的道德规范等,任何一个人只要进入社会,成为社会的一员就必须遵守道德规范。

"爱国守法，明礼诚信，团结友善，勤俭自强，敬业奉献"是《公民道德建设实施纲要》提出的我国公民的社会道德规范，社会道德规范明确了，公民都能够按照其要求去规范自身的角色行为，从而能够按社会道德规范进行道德选择和行为选择。

（2）调节作用

道德是社会矛盾的调节器。人在社会中生存，不可避免地要发生各种矛盾，这就需要通过社会舆论、风俗习惯、内心信念等特有形式，去调节社会中人们的行为，指导和纠正人们的行为，使人与人之间、个人与社会之间关系臻于完善与和谐。如果道德的调节作用消失了，人们都按照本能去选择，社会就会变得一团糟，容易犯错误，因此，人们必须按社会属性去选择。

（3）教育作用

道德是催人奋进的引路人，道德具有教化作用。道德是后天的，人的道德是可以教化的。道德可以提升人的精神境界，使人的自然属性渐渐缩小、社会属性渐渐放大，可以把不文明、野蛮变成文明。正是基于道德的可教化性，党中央、国务院才几次下发关于加强和改进公民、大中小学生道德建设的意见的文件，以期通过道德教育来形成良好的社会道德风尚，培养社会主义的建设人才。

（4）评价作用

道德是人以"善、恶"评价社会现象来把握现实世界的一种方式。通过道德的评价而形成社会舆论作用。人的社会属性要求每个人不仅要关注自我，更要关注社会。关注社会的一个很重要的方面就是要对社会上发生的各种事情进行善恶评价、道德评价。这些道德评价积累、发展到一定阶段就变成道德舆论。现在社会的一个隐患，就是人们在道德上的麻木——对社会上违背道德规范的事情不发言、不表态，有些人甚至根本不产生道德情感，这是非常危险的。我们必须要对社会行为进行评价，要分清善恶，明辨是非。如果每个人都来参与道德评价，就能形成一个强大的道德舆论力量，使社会道德规范更为完善，也就能充分地发挥出道德的评价作用。

不同的对错标准是在特定生产能力、生产关系和生活形态下自然形成的。人类的道德在某些方面有共通性，但是在不同的时代，不同的社会，往往也有一些不同的道德观念。

二、职业道德

1. 职业的概念

职业是指参与社会分工，用专业知识和技能创造物质或精神财富，获取合理报酬，丰富社会物质或精神生活的一项工作。

职业是社会分工的产物，是人们谋生的手段。通过职业劳动，使人的体力、智力和技能水平不断得到发展和完善；通过职业劳动，履行对社会和他人的责任。

2. 职业道德的含义

职业道德是指从事一定职业的人们，在职业活动中应该遵循的，依靠社会舆论、传统习惯和内心信念来维持的行为规范总和。它调节从业人员与服务对象、从业人员之间、从业人员与职业之间的关系。

大多数国家都非常重视职业道德评价，对应聘者会采取多维度测试，并注重建立信用档案体系、严格进行岗前和岗位培训、加强道德立法工作。我国明清代徽商、晋商明确提出"以义取利，利从义生"，这就是职业道德的表现。

3. 职业道德的作用

职业道德是所有从业人员在活动中应该遵循的基本行为准则，建设良好的道德，可以反作用于经济基础，对于提高服务质量，建立人与人之间的和谐关系，落实为人民服务的宗旨，纠正行业的不正之风都具有其他手段不可替代的作用。职业道德的作用表现为四个方面。

其一，调节职业交往中从业人员内部以及从业人员与服务对象间的关系。它一方面可以调节从业人员内部的关系，促进职业内部人员的团结与合作。另一方面职业道德又可以调节从业人员和服务对象之间的关系。如职业道德规定了制造产品的工人要怎样对用户负责、营销人员怎样对顾客负责等。

其二，有助于维护和提高本行业的信誉。一个行业、一个企业的信誉，是指企业及其产品和服务在社会公众中的信任程度。提高企业的信誉主要靠产品质量和服务质量，而从业人员较高的职业道德水平是产品质量和服务质量的有效保证。

其三，促进本行业的发展。行业、企业的发展有赖于高效运行，这来源于员工高水平的素质，包括员工的知识、能力、责任心三个方面，其中责任心是最重要的。而职业道德水平高的从业人员其责任心是极强的，因此，职业道德能促进本行业的发展。

其四，有助于提高全社会的道德水平。职业道德是整个社会道德的主要内容。

职业道德一方面涉及每个从业者如何对待职业，如何对待工作，同时也是一个从业人员的生活态度、价值观念的表现；是一个人的道德意识，道德行为发展的成熟阶段，具有较强的稳定性和连续性。另一方面职业道德也是一个职业集体，甚至一个行业全体人员的行为表现，如果每个行业、每个职业集体都具备优良的道德，对整个社会道德水平的提高肯定会发挥重要作用。

三、职业道德的特征

1. 行业的鲜明性

不同的职业道德必须鲜明地表达本职业的职业义务和职业责任，以及职业行为上的道德准则，这就形成了各种职业特定的道德传统和道德习惯。例如，教师道德主要是教书育人，为人师表；商业道德则是服务周到、买卖公平。

2. 范围的有限性

任何职业道德的适用范围都不是普遍的，而是特定的、有限的。一方面它主要适用于走上社会岗位的成年人；另一方面尽管职业道德也有一些共同性的要求，但某一特定行业的职业道德只适用于专门从事本职业的人。如救死扶伤是对医生职业道德的要求。

3. 内容的稳定性和连续性

职业的形成是一个漫长的历史过程，职业分工有相对的稳定性。职业道德就是在长期反复的特定职业社会实践中形成的，能反映本职业的特殊利益和要求的职业习惯和职业心理。例如，从古希腊名医希波克拉底到我国唐代名医孙思邈，再到现代世界医学会制定的《日内瓦宣言》，都主张医德是对病人一视同仁、救死扶伤等。虽然各时代医德的具体内容有所不同，但有一些基本内容是继承发展的，有连续性，也是相对稳定的。

4. 形式上的多样性

职业随着社会分工的不断演变而得到不断的丰富和发展。由于各种职业道德的要求都较为具体、细致，职业道德因行业而异，因此其表达形式多种多样。一般来说，有多少种不同的行业，就有多少种不同的职业道德。

5. 一定的强制性

职业纪律是职业道德的范畴，它既要求人们能自觉遵守，又有一定的强制性。从业人员必须执行操作规程和安全规定，服从职业章程。例如，会计行业，由于在市场经济中具有特殊的地位，具有独特的职业道德要求，如在《中华人民共和国会计法》《会计基础工作规范》等都规定了会计职业道德的内容和要求，如违反轻则有经济和纪律处罚，重则会有法律处罚。所以职业道德具有一定的行业强制性。

四、职业道德建设的基本原则

当前中国特色社会主义制度进入新时代，实行的是坚持公有制为主体、多种所有制经济共同发展的经济制度，决定了社会主义职业道德的核心是为人民服务，基本原则是集体主义原则。

1. 体现社会主义道德的核心价值观

2019年10月国家发布《新时代公民道德建设实施纲要》指出，要以习近平新时代中国特色社会主义思想为指导，紧紧围绕进行伟大斗争、建设伟大工程、推进伟大事业、实现伟大梦想，着眼构筑中国精神、中国价值、中国力量，促进全体人民在理想信念、价值理念、道德观念上紧密团结在一起，在全民族牢固树立中国特色社会主义共同理想，在全社会大力弘扬社会主义核心价值观，积极倡导富强民主文明和谐、自由平等公正法治、爱国敬业诚信友善，全面推进社会公德、职业道德、家庭美德、个人品德建设，持续强化教育引导、实践养成、制度保障，不断提升公民道德素质，促进人的全面发展，培养和造就担当民族复兴大任的时代新人。

2. 坚持集体主义原则

集体主义是社会主义经济、政治和文化建设的必然要求。在社会主义社会，人民当家做主，国家利益、集体利益和个人利益根本上的一致，使集体主义成为调节三者利益关系的重要原则，提倡个人利益服从集体利益、局部利益服从整体利益、当前利益服从长远利益。

3. 新时代中国特色社会主义职业道德的基本规范

新时代中国特色社会主义职业道德是人类历史上一种新型的职业道德，它是社会主义社会各行各业的劳动者在职业活动中必须共同遵守的基本行为准则。《新时代公民道德建设实施纲要》规定了我们今天各行各业都应共同遵守职业道德的五项基本规范，即"爱岗敬业，诚实守信，办事公道，热情服务，奉献社会"。

（1）爱岗敬业，是对各行各业工作人员最普通、最基本的要求，是为人民服务和集体主义精神的具体体现，是职业道德基本规范的核心和基础。爱岗敬业是一种正确的职业态度，是劳动者履行义务的基础。爱岗，就是热爱自己的工作岗位,热爱自己的本职工作。敬业,就是以极端负责的态度对待自己工作。敬业的核心要求是严肃认真,兢兢业业,尽职尽责。

(2)诚实守信,是做人的基本准则,是为人处事的重要品质。诚实就是言行一致,表里如一,忠于事实的原貌。守信就是信守诺言,注重信用,讲求信誉,忠实履行自己承担的义务。诚实守信是各行各业的行为准则,是个人安身立命的基础,也是企业赖以生存和发展的基础,更是社会主义市场经济发展的内在要求。

(3)办事公道,是指对于人和事的一种态度,也是千百年来人们所称道的职业品质。各行各业的劳动者在本职工作中,站在公正的立场上,对当事各方公平、公开、公正,都按照同一个标准办事。具体表现是:不损公肥私,不出卖原则,光明磊落,公私分明。

(4)热情服务,是指从业人员在职业活动中要全心全意地为人民群众服务。在社会主义社会,每个从业人员都是群众中的一员,既是服务的主体,也是服务的对象。服务群众,是社会全体从业者通过互相服务,促进社会发展、实现共同幸福,才能更好地体现职业的价值。

(5)奉献社会,就是要履行对社会、对他人的义务,自觉地、努力地为社会、为他人做出贡献,是职业道德的最高境界。当社会利益与局部利益、个人利益发生冲突时,要求每一个从业人员把社会利益放在首位。在社会主义市场经济条件下,讲无私奉献精神,必须和利益追求结合起来,应当在求利的过程中发扬无私奉献的精神,做到奉献和个人利益的辩证统一,才能找到个人幸福的支撑点。

培训课程 2

职业道德修养和职业规范

一、职业化

职业化是现代化过程中的必然产物，主要目的是提高劳动生产率。职业化是衡量一个社会现代化程度的标准，也是现代职场的基本素质和工作要求。职业化是企业发展的核心竞争力，竞争中制胜的关键因素；也是从业者立身之本，更好地实现自我价值。一个职业化程度高的员工，他必将成为一个非常优秀的员工，一个团体职业化程度高的企业，它必将成为一个被社会尊敬的企业。

职业化也称专业化，是一种自律性的工作态度。是一种工作状态的标准化、规范化、制度化；在合适的时间、合适的地点，用合适的方式，说合适的话，做合适的事。它包括职业化素养、职业化技能和职业化行为规范。如果把整个职业化比喻为一棵树，那么，职业化素养就是树根，职业化技能就是树干，职业化行为规范就是树叶、树枝。德才兼备是职业化的核心内涵。

职业化是新型劳动观的核心内容，是人力资源开发的基本途径，是企业竞争的重点，是提高个人与组织竞争力的必由之路，是全球职场的通用语言和职场文化。

二、职业道德修养

人的一生是一个不断学习和提高的过程，也是一个不断修养的过程。修养，就是指人们为了在理论、知识、艺术、思想、道德品质等方面达到一定的水平，所进行的自我教育、自我锻炼、自我改造和自我完善的活动过程，如理论修养、科学修养、文化修养、艺术修养和道德修养等。修养是人们提高科学文化水平、专业技能和道德品质必不可少的手段。

1. 职业道德修养的概念

所谓职业道德修养，就是指从事各种职业活动的人员，按照职业道德基本原则和规范，在职业活动中所进行的自我教育、自我锻炼、自我改造和自我完善，使自己形成良好的职业道德品质，达到一定的职业道德境界。

职业道德修养是一个从业人员形成良好的职业道德品质的基础和内在因素。一个从业人员如果仅仅知道什么是职业道德规范而不进行职业道德修养，是不可能形成良好的职业道德品质的。在现实社会中，一个没有良好职业道德品质的人在职业活动中往往是以个人利益为中心，为谋取私利而不择手段，这样的人可能会一时得利、一时得势，但从长远看，是难以在社会上立足的，更谈不上有什么发展了。

2. 提高职业道德修养的途径

提高职业道德修养的途径主要有以下几个方面。

（1）确立正确的人生观是职业道德修养的前提

人生观就是人们对人生目的、人生价值和人生意义的根本看法和态度。在现实生活中，每一个理智的人都会有对人生问题的根本看法和态度。例如，有的人认为，人生的目的就在于满足人的生理本能的需要，如吃喝玩乐，追求物质、金钱，以满足享乐的需要，这就是享乐主义人生观；有的人认为，人生在世就要对社会和他人承担责任，要对社会有强烈的使命感和责任感，为社会的进步做出贡献，这是科学的、进步的人生观。人生观有正确和进步的，也有错误和落后的。一个人只有确立正确的、进步的人生观，才会有强烈的社会责任感，才会在职业活动中进行自觉的职业道德修养，形成良好的职业道德品质。

（2）职业道德修养要从培养自己良好的行为习惯着手

"勉强成习惯，习惯成自然，自然成文化"，职业道德修养是一个长期的改造自己、完善自己的过程，而这个过程可以从养成良好的行为习惯做起。而良好的行为习惯的养成需要从我做起，从现在做起，从小事做起。

古人说："合抱之木，生于毫末。九层之台，起于垒土。千里之行，始于足下""勿以恶小而为之，勿以善小而不为"。这就是说一个人良好的行为习惯的养成是从一件一件小事做起的。如果一个人连一件有利于社会和他人的小事都做不到，那么就不会有强烈的社会责任感和无私的奉献精神，良好的职业道德品质和崇高的精神境界更无从谈起。

总之，养成良好的行为习惯，是职业道德修养的基础，是一个人在社会中的立身之本。一个人只有养成良好的行为习惯，才能确立正确的人生观，才能自觉进行道德修养，形成良好的道德品质。平时生活中不注重"小节"的人最终往往会失去"大节"。

（3）学习先进人物的优秀品质，不断激励自己

在现实生活中，各行各业都涌现出无数的先进人物，他们在各自的职业活动中表现出高度的职业责任和崇高的思想境界。他们不仅为社会创造了丰富的物质财富，也创造了难以估量的精神财富。他们的优秀品质激励无数有志青年奋发向上，为祖国为人民在不同的岗位上做出自己的贡献。人们要学习他们对社会的无私奉献精神，学习他们的优秀品质，不断提高自己的职业道德水平和思想境界。

学习先进人物的优秀品质，就应像先进人物那样具有强烈的社会责任感。责任感是一个人成功的基础，缺乏责任感的人终将一事无成。在现实生活中，一个人的责任感表现在他的一切行为之中。例如，在职业活动中，表现为强烈的职业责任；在与他人交往中，表现为对他人的利益负责，对他人的幸福负责；在日常生活中，表现为对自己的行为后果负责。具有责任感，是一个人做好本职工作，自觉进行道德修养，形成良好职业道德品质的基础。

3. 提高职业道德修养的方法

提高职业道德修养的方法是多种多样的，概括起来有以下几种。

（1）学习职业道德规范，掌握职业道德知识

在社会主义市场经济条件下，不讲道德、损人利己的人终将会被淘汰。因此，每一个从业人员必须认真学习职业道德原则和规范，掌握职业道德基本知识，从理论上明确职业道德规范的基本要求和应该怎样做不应该怎样做的道理，明确职业道德修养所要达到的目标，把握职业道德修养的标准，以此来提高进行职业道德修养的自觉性，增强职业道德修养的针对性。

（2）努力学习现代科学文化知识和专业技能，提高文化素养

努力学习现代科学文化知识和专业技能，是做好本职工作的基本条件，只有勤奋努力，才能学到知识和技能。而掌握科学文化知识和专业技能，有助于进行职业道德修养，或者可以说，学习科学文化知识和专业技能是进行职业道德修养的一个重要方面。它能帮助人们准确理解职业道德修养在一个人成长过程中的重要作用，准确理解职业道德建设在社会主义市场经济中的重大意义。一个人只有准确理解了职业道德在现实社会中的重要作用，才能更好地学习职业道德规范，更自觉地进行职业道德修养，努力提高自己的道德水平和思想境界。

（3）经常进行自我反思，增强自律性

自我反思，就是依据一定的职业道德标准经常检查自己，同不符合职业道德规范要求的行为做斗争，并自觉地使自己的言行符合职业道德标准的要求。古人有"吾日三省吾身"的修养方法，这种方法就是说一个人每天三次检查自己的行为，看是否符合道德要求。今天，人们应借鉴古人的修养方法，经常用职业道德标准对照检查自己的言行，要敢于正视自身存在的缺点。人只有正确客观地认识自己，发现自身的缺点，才能改正缺点，不断进步。

（4）提高精神境界，努力做到"慎独"

所谓"慎独"，就是指在无人监督的情况下，仍能坚持道德信念，自觉地按照道德规范的要求去做事的一种道德品格和道德境界。慎独必须在"隐"和"微"上下功夫，注意量的积累，是由符合道德原则要求的小事逐渐积累而成的。

作为一种道德修养的方法，"慎独"强调在道德修养中，确立坚定的道德信念。如果人们有一定的道德信念，即使在别人看不见、听不到的情况下，也能自觉地按照道德原则进行修养。

职业道德修养是一种自律行为，关键在于"自我锻炼"和"自我改造"。任何一个从业人员，职业道德素质的提高，一方面靠他律，即社会的培养和组织的教育，另一方面取决于自己的主观努力，即自我修养。两方面缺一不可，而且后者更加重要。

职业道德是所有从业人员在职业活动中应该遵循的行为准则，涵盖了从业人员与服务对象、职业与职工、职业与职业之间的关系。随着现代社会分工的发展和专业化程度的增强，市场竞争日趋激烈，整个社会对从业人员职业观念、职业态度、职业技能、职业纪律和职业作风的要求越来越高。

三、助听器验配师的职业规范

1. 爱岗敬业，遵守职业道德

爱岗敬业是职业活动中最核心、最根本的要求，是从业人员做好本职工作的重要保障。爱岗敬业，以负责的态度对待自己的工作，无论什么时候，都要尊重并认真履行的岗位职责，这对每个从业人员都具有普遍的适用性和约束性。

宋朝朱熹曾说，"敬业"就是"专心致志以事其业"，即用一种恭敬严肃的态度对待自己的工作，认真负责，任劳任怨，敢于担当，精益求精。敬业的基本意思就是恪尽职守，首先，敬重自己的工作，主动、积极的工作态度，并引以为自豪；

其次，深入钻研，不断创新，提高职业技能，力求精益求精；最后，善于坚持，做到真正的爱岗敬业，并不是一朝一夕就能够做到的，而是要靠长久不懈的努力。爱岗敬业是职业活动中体现出最优秀的个人品质。

首先，爱岗敬业要了解岗位职责要求。国家职业技能标准中助听器验配师（后称"验配师"）被定义为：为听障者提供听力检查、助听器配置及调试服务的人员。助听器验配是一个系统过程，验配师需要掌握医学、物理声学、心理声学、语音学、助听器基本原理、听力语言康复、听力保健及行业相关法律法规等知识。所以，取得助听器验配师职业技能等级证书是了解和进入行业服务的第一步。

其次，爱岗敬业要认真履行岗位职责。要牢固树立职业纪律观念，在职业活动中遵守和践行职业纪律，助听器验配是精准技术，其工作程序和工作规范的标准及要求是比较高的。一个合格的验配师要认真遵守行业规范、学习岗位规则、执行操作规程，既要加强业务知识和相关规章制度的学习，也要在工作中要牢记安全操作规程，严格执行工作程序和操作规范，无论是对听障者的诊治、听力检测、耳模取样，还是助听器验配和调试等操作都要按照规程进行，才能避免助听器验配环节出现误差，更好地为听障者服务。

最后，爱岗敬业要不断提高职业技能。职业技能的不断提高是一种积极的职业态度，是贵在坚持的责任，精益求精做好每件事，才能达到职业活动中最高境界。近年来，随着信息技术的不断进步，集成芯片性能的大幅度提高、数字信号处理芯片功能日益强大、互联网无处不在，作为一名合格的验配师不仅需要脚踏实地地工作，还需要与时俱进，跟上时代发展的脚步，才能在职业活动中不断取得进步。

2. 诚实守信，办事公道

诚实守信是为人之本，从业之要，是人和人之间正常交往、社会生活能够稳定、经济秩序得以保持和发展的重要力量。对企业，诚实守信是立身之本和无形的资产。对个人，诚实守信是个人品德修养和人格高尚的表现，是赢得他人尊重和友善的重要前提条件，是人们交往中相互信任的基础。

验配师是一个特殊行业的专业技术人员，其服务对象是弱势的听障人群。首先，要尊重事实，依据患者的听力及个体情况，选择最佳的解决方案，验配适合的助听器，并调试到最佳状态。其次，要做到真诚不欺，助听器验配专业性较强，验配师要面对各年龄层次的听障人群，他们对验配师有一种依赖关系，验配师要严格掌握助听器验配的适应证，科学验配，进行康复效果评价，使听力补偿在最优的范围。最后，要信誉至上，助听器是集合电子、声学技术的医疗器械产品，会存在一定的局限性，验配师要及时告知，助听器仅是一定程度地帮助听障者解决问题，同时还需要科学地验配，否则会直接损害了听障者本人的利益，同时也给行业的发展带来极大的负面影响。

3. 具有合作精神

合作精神是集体主义道德原则和人际关系在工作中的具体表现，也是社会主义职业道德对每种职业和每个从业人员的基本要求。同事之间要营造人际和谐氛围，从大局出发，同心协力，互相支持，互相帮助，互相爱护，共同发展。在工作岗位上才能具有良好的精神状态，心情舒畅，激发起巨大的热情和积极性。事实说明，在职业生涯中，事业的成功，工作的顺利完成，不是靠个人，而是靠团队的智慧和力量。个人失去了团队协作和集体智慧，将一事无成。从事残疾人事业，从大方面讲需要全社会的关注和支持，从小方面讲同样需要有拼搏精神，需要有团队合作精神，才能把工作做得更好、更出色，促进我国听力康复事业的发展。

4. 爱护设备，勤俭节约

设备工具是创造财富、发展事业的硬件设施。爱护设备工具是对每一个员工最具体最根本的要求。验配师的设备工具是比较高档的精密仪器，仪器的保护是工作的一部分，如果仪器某一个部位出现问题，将会给工作带来损失。所以在设备的使用中应加倍爱护，延长其使用寿命，更好地为听障者服务。

勤俭节约是中华民族的美德。在社会主义建设中勤俭节约是创业守业必不可少的"传家之宝"。即使在现代社会飞速发展的今天，节约仍是社会所倡导的。从一点一滴做起，在工作中节约一张表格、一张复印纸、一点耳模材料，都是对企业、对社会的一种贡献，同时也反映了一个人的思想品质。

5. 保持工作环境清洁有序

保持工作环境清洁有序是文明社会的一种要求和体现。一个企业环境清洁有序，不仅反映了其内在求质量、求发展的一面，同时也反映了其外在亮丽光彩、欣欣向荣的一面，体现了企业管理水平，提升了整体形象，给人以信任感和可信度，使员工的工作环境舒适可心，增强员工的信心和力量，自觉自愿地努力工作，为企业创造更多的财富。作为一名验配师应为听障者创造舒适良好的就诊环境，给他们带来轻松愉悦的心情。具体到个人所在科室和工作台，应做到物品、设备、工具摆放有序，不随便丢弃杂物，保持清洁卫生，养成整洁的好习惯，这样有利于服务工作的顺利进行。

职业模块 ❷
听觉系统解剖生理和疾病

培训课程 1　听觉系统解剖

培训课程 2　听觉系统生理

培训课程 3　耳科常见症状和疾病

培训课程 1

听觉系统解剖

听觉系统是对声音收集、传导、处理、综合的感觉系统,分为外周部分和中枢部分。外周部分包括外耳、中耳、内耳和听神经;中枢部分指听神经以上的所有听觉结构,由神经核、传导束及其连接组成。

如图2-1所示是外周听觉系统的组成及其毗邻关系。

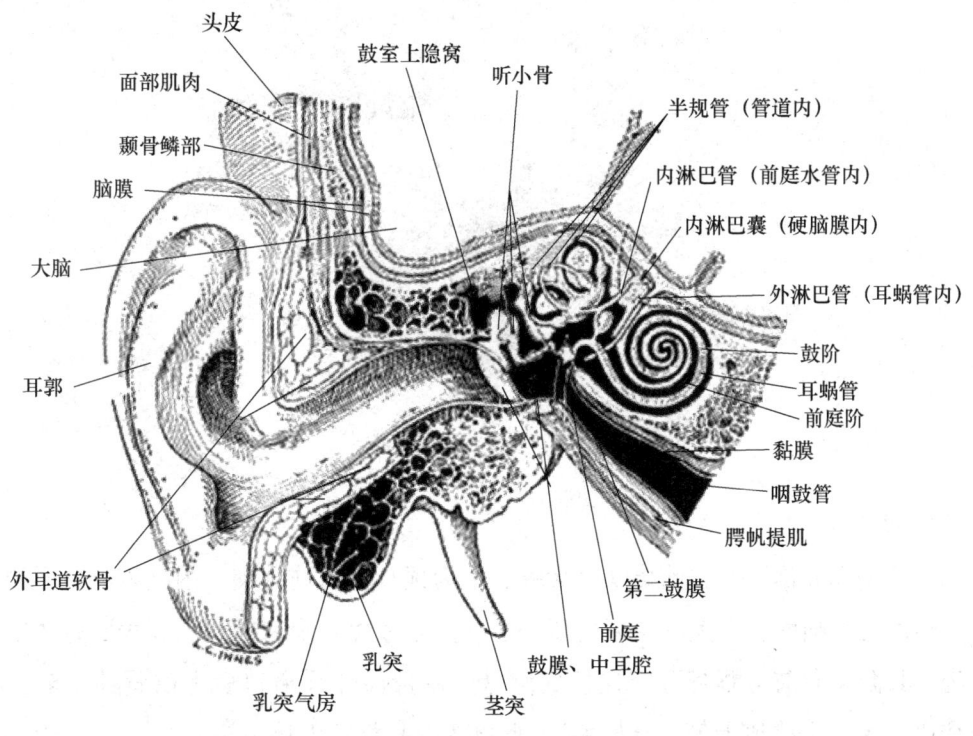

图2-1 外周听觉系统的组成及其毗邻关系

一、颞骨

颞骨是外周听觉系统中一个重要的解剖结构，外耳的骨部、中耳和内耳位于颞骨内。颞骨位于颅骨的两侧（见图2-2），由鳞部、鼓部、乳突部、岩部和茎突组成（见图2-3和图2-4）。颞骨嵌于蝶骨、顶骨和枕骨之间，参与组成颅中窝与颅后窝，与大脑、小脑及颅内的许多重要神经血管关系密切。

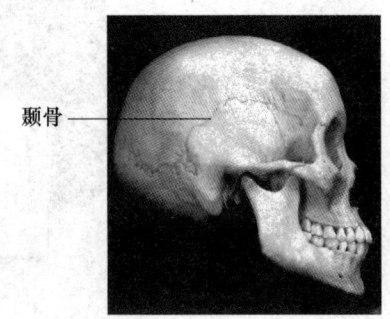

图2-2　颞骨右面观

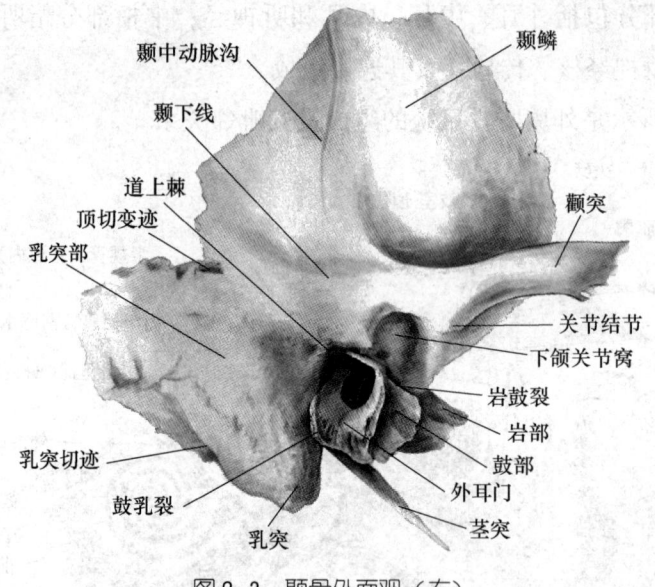

图2-3　颞骨外面观（右）

1. 鳞部

颞骨鳞部又称颞鳞，前接蝶骨大翼，上为顶骨，后连乳突，内接岩部，形如贝壳。内面是大脑面，有大脑沟回的压迹。外面是颞面，附有颞肌，骨表面有颞中动脉沟。其颧突向前与颧骨颞突连接成颧弓。在骨性外耳道口后上的骨性小棘，称外耳道上棘（也称道上棘，亨勒棘）。此棘为寻找鼓窦的体表标志。

2. 鼓部

鼓部在新生儿时期仅为一个上部缺如的鼓环，鼓环向后、向外生长发育较快，最后形成鼓部。鼓部为一扁曲骨片，弯曲如"U"字形，构成骨部外耳道的前壁、

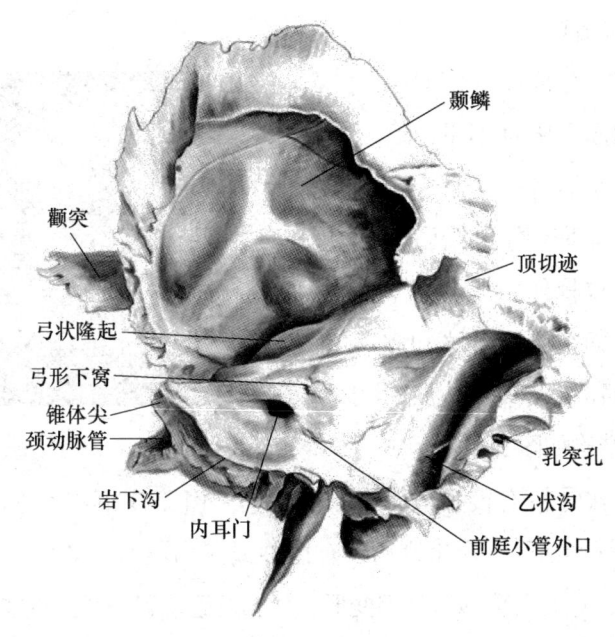

图 2-4　颞骨内面观（右）

底和后壁的一部分。内端有一窄沟，称鼓沟，鼓膜边缘附着其中。

3. 乳突部

乳突为一个短钝的尖端向下的锥状突起。在颞骨发育过程中，乳突内的骨质逐渐被含气的蜂窝状空腔取代，这个过程称为乳突气化。新生儿时期乳突尚未发育，多从 2 岁后开始由鼓窦向乳突部逐渐发展，6 岁时气化过程完成。乳突气化后一般形成许多大小形状不一、相互连通的气房，其内覆盖无纤毛的黏膜上皮。

4. 岩部

岩部形似一横卧的三棱锥，故又名锥体，有一尖、一底、三个缘和前、后、下三个面。岩尖伸向内前，嵌于蝶骨与枕骨之间，并与蝶骨大翼根部、蝶骨体及枕骨底部构成破裂孔，颈动脉管内口开口于此。

5. 茎突

茎突起于颞骨鼓部下面，茎乳孔的前方，伸向前下方，呈细长形，长短不一，平均长约 2.5 cm。在茎突与乳突之间有茎乳孔，为面神经管的下口，面神经由此出颅骨。

二、外耳

外耳包括耳郭和外耳道。

1. 耳郭（auricle）

耳郭形似贝壳，分成前外侧面和后内侧面。前外侧面凹陷且不平，后内侧面凸起。耳郭左右各一，与头颅约成30°夹角，除耳垂部分由脂肪与结缔组织构成而无软骨外，其余部分均由软骨组成，外面覆盖软骨膜和皮肤。耳郭借韧带、肌肉、软骨和皮肤附着于头颅侧面。其结构如图2-5所示。

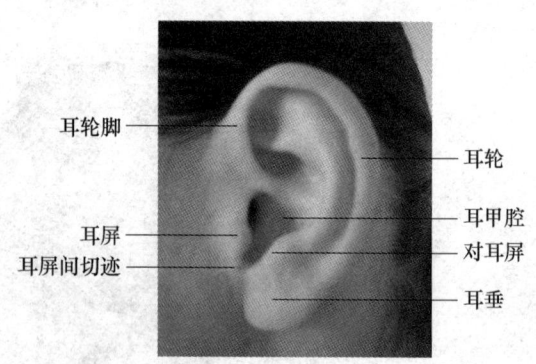

图2-5 耳郭的外形

耳郭的皮肤与软骨粘连较紧，前外侧面更紧。由于皮下组织少，若出现炎症、发生肿胀时，感觉神经易受压产生剧痛；有血肿或渗出物时极难吸收；软骨膜感染，容易发生软骨坏死，愈合后可遗留耳郭变形。耳郭血管位置表浅、皮肤薄，容易受冻。

2. 外耳道

外耳道（external acoustic meatus，见图2-1）外侧端为耳甲腔底的外耳道口，内侧端为鼓膜，成人的外耳道长2.5~3.5 cm，由软骨部和骨部组成。软骨部约占其外1/3，骨部约占其内2/3。成人的外耳道呈"S"形弯曲，外段向内前而微向上，中段向内向后向下，内段向内前微向下。检查外耳道深部或鼓膜时，需将耳郭向上提起，使外耳道的骨部和软骨部呈一条直线。成人的外耳道有两处狭窄，一处在软骨部与骨部交界处；另一处在骨性外耳道中部，不同学者将二者之一称为外耳道峡。在为听力损失患者取耳印时，可以接近，但不要超过外耳道峡。新生儿的骨性和软骨性外耳道未发育完全，一般由纤维组织构成，所以较狭窄且容易塌陷，往往呈裂隙状。

外耳道皮下的软骨后上方有一缺口，为结缔组织所代替。其前壁有2~3个垂直的、由结缔组织填充的裂隙，可增加耳郭的可动性，是外耳道疖与腮腺脓肿等相互感染的途径。外耳道骨部的顶壁由颞骨鳞部组成，其深部与颅中窝仅隔一层骨板，此处骨折时可累及颅中窝。外耳道骨部的前下壁由颞骨鼓部构成，其内端形成鼓沟，是鼓膜紧张部的附着处。鼓沟并非完整的环，其上部有缺口，称鼓切迹（tympanic incisure）。

外耳道皮下组织较少，皮肤与软骨膜和骨膜附着较紧，故出现炎症肿胀时易致神经末梢受压而引起剧烈疼痛。外耳道骨部皮肤很薄，稍厚的软骨部皮肤富有皮脂腺、毛囊和耵聍腺，外耳道疖多发生于此。

三、中耳

中耳包括鼓室、咽鼓管、鼓窦及乳突4部分（见图2-6）。

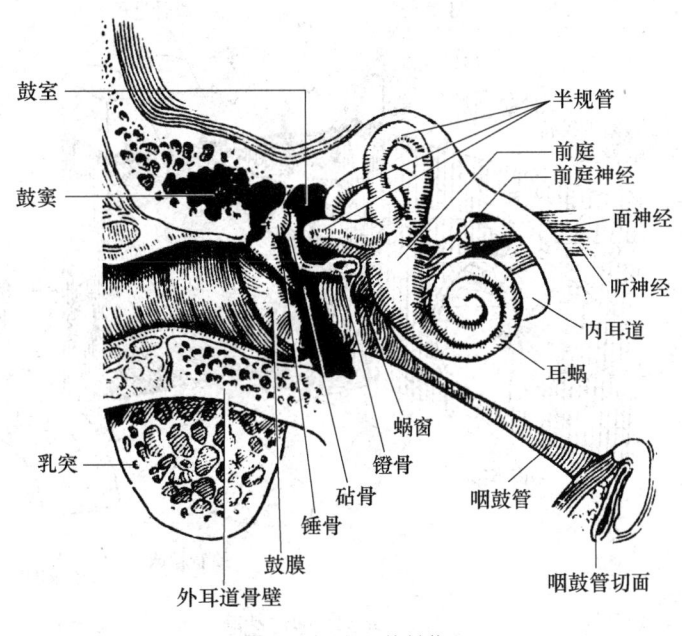

图2-6 中耳的结构

1. 鼓室

鼓室（tympanic cavity）位于颞骨岩部内，鼓膜与内耳外侧壁之间，为近似六面体的不规则含气空腔，向前经咽鼓管与鼻咽部相通，向后与鼓窦及乳突气房相通。以鼓膜紧张部的上、下缘水平为界，将鼓室分为3部分：鼓膜紧张部上缘水平以上为上鼓室（epitympanum），鼓膜紧张部下缘水平以下为下鼓室（hypotympanum），位于鼓膜紧张部上、下缘水平之间的为中鼓室（mesotympanum），即鼓膜与鼓室内壁之间的鼓室腔。听骨和黏膜皱襞将上鼓室和中鼓室隔开，形成鼓室隔，其上仅有两个小孔使上、中鼓室相通。当出现黏膜肿胀时，该通道易被堵塞，影响上鼓室、乳突气房与中鼓室之间的气体交换。鼓室的容积为1~2 mL，上下径约为15 mm；前后径约为13 mm；内外径各处不同，在上鼓室约为6 mm，平鼓膜脐部约为2 mm，下鼓室约为4 mm。在进行鼓膜穿刺时，因进针部位一般在中鼓室，故深度不宜超过2 mm。鼓室内有听骨、肌肉及韧带等。腔内均为黏膜所覆盖，覆于鼓膜、鼓岬后部、听骨、上鼓室、鼓窦及乳突气房上的为无纤毛扁平上皮或立方上皮，其余为纤毛柱状上皮。中耳黏膜的上皮细胞为真正的呼吸上皮细胞。

(1) 鼓室各壁的结构

鼓室近似一立方体，有外、内、前、后、上、下6个壁（见图2-7）。

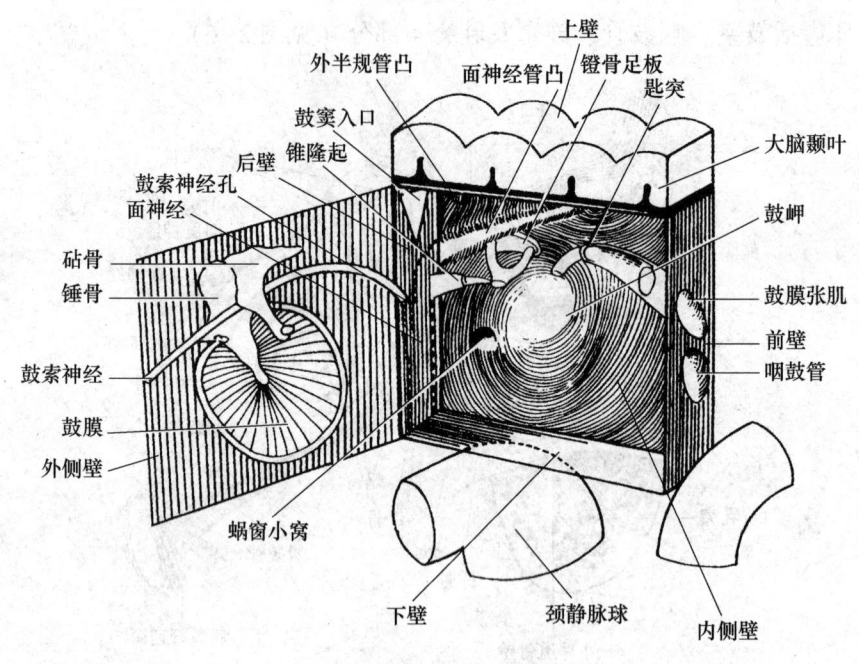

图 2-7 鼓室六壁模式图

1）外侧壁。由骨部及膜部构成。骨部是鼓膜以上的上鼓室外侧壁，面积较小；膜部即鼓膜，面积较大。

鼓膜（tympanic membrane）为半透明的薄膜，高约9 mm、宽约8 mm、厚约0.1 mm，接近于圆形，介于鼓室与外耳道之间。鼓膜的前下方向内倾斜，与外耳道底成45°~50°角，故外耳道的前下壁较后上壁长。新生儿鼓膜的倾斜更加明显，约成35°角。

鼓膜边缘略厚，大部分借纤维软骨环嵌附于鼓沟内，这部分是鼓膜的紧张部（pars tensa）；鼓膜的松弛部（pars flaccida）则是在鼓沟缺如的切迹处，直接附着于颞鳞部的部分。鼓膜分为三层：外为上皮层，是与外耳道皮肤连续的复层鳞状上皮；中为纤维组织层，含有浅层放射形纤维和深层环形纤维，锤骨柄附着于纤维层中间，松弛部无此层；内为黏膜层，与鼓室黏膜相连。

鼓膜为类似135°角的锥形漏斗，凹面朝向外耳道，凸面朝向鼓室，鼓膜中心部最凹点为鼓膜脐（umbo），锤骨柄的末端附在鼓膜脐的内面。自脐向上稍向前达紧张部上缘，有一灰白色小凸起名锤凸，即锤骨短突顶起鼓膜的部分，亦称锤骨短突（short process of malleus）。在脐与锤凸之间，有一白色条纹，称锤纹，为锤骨柄透过鼓膜表面的映影。自锤凸向前至鼓切迹前端有锤骨前壁（anterior malleolar fold），向后至鼓切迹后端有锤骨后壁（posterior malleolar fold），二者均系锤骨短突挺起鼓膜所致，为紧张部与松弛部的分界线。自脐向前下达鼓膜边缘有一个三角形反光区，名光锥（cone of light），由外来光线被鼓膜的凹面集中反射而成。

2）内侧壁。即内耳的外侧壁，有多个凸起和小凹。中央明显隆起处为鼓岬（promontory），系耳蜗底周所在的位置。鼓岬后上方有前庭窗（vestibular window），又名卵圆窗（oval window），面积约 3.2 mm^2，为镫骨底板及其周围的环韧带所封闭，其深面是内耳的前庭。鼓岬后下方有蜗窗（cochlear window），又名圆窗（round window），位于岬下脚下方的小凹内，为圆窗膜所封闭，此膜又称第二鼓膜，面积约 2 mm^2，内通耳蜗螺旋管的鼓阶起始部。在前庭窗上方有一横行隆起，为面神经管凸即面神经管的水平部，管内有面神经通过。此处骨壁很薄，常存在缺口，在此部位进行手术时应避免损伤面神经。紧邻面神经管凸的上后方是外半规管凸，是迷路瘘管易发部位。匙突（cochleariform process）位于前庭窗之前稍上方，为一凸起的骨片，是鼓膜张肌管的鼓室端弯曲向外所形成。鼓膜张肌腱过匙突弯向外侧，止于锤骨柄。

3）前壁。前壁的下部是颈动脉管的管壁，以极薄的骨板与颈内动脉相邻。前壁的上部有两个管口，上方是鼓膜张肌半管的开口，下方为咽鼓管的鼓室口。

4）后壁。又名乳突壁。上宽下窄，面神经垂直段经过此壁的内侧。上部又名鼓窦入口（aditus），上鼓室借此与鼓窦相通，鼓窦入口的上界即为鼓室盖。鼓窦入口的内侧壁有外半规管凸。后壁内侧下方，平前庭窗的高度，有锥隆起（pyramidal eminence），内有小管。镫骨肌腱由锥隆起顶部穿出，止于镫骨颈后方。在锥隆起的外侧、鼓沟的内侧有鼓索神经穿出，进入鼓室。在鼓索神经穿入鼓室处与锥隆起之间的隐窝，为面神经隐窝，为中耳手术的重要标志，即中耳乳突手术后鼓室径路的标志点。通过面神经隐窝切开的后鼓室径路探查手术，可以观察到锥隆起、镫骨上结构、前庭窗、蜗窗、砧骨和锤骨，以及咽鼓管鼓口等。

5）上壁。又名鼓室盖（tegmen tympani）。鼓室借此壁与颅中窝的大脑颞叶分隔。鼓室盖的厚度，个体差异较大，一般约为 2 mm，少数人的鼓室盖和纸一样薄。在婴幼儿时期鼓室盖常未闭合，有岩鳞裂（fissura petrosquamosa），位于此壁的硬脑膜小血管经此裂与鼓室相通，是中耳感染入颅的途径之一。

6）下壁。为较上壁狭小的薄骨板，其下方是颈静脉球，其前方为颈动脉管的后壁。此壁若有缺损，颈静脉的蓝色透过鼓膜下部隐约可见，表现为蓝鼓膜。下壁的内侧有一小孔，为舌咽神经鼓室支通过处。

（2）鼓室

鼓室包括听骨、听骨韧带和鼓室肌肉。

1）听骨。有锤骨（malleus）、砧骨（incus）和镫骨（stapes），它们相连而成听骨链（ossicular chain），为人体中最小的一组骨头（见图2-8）。

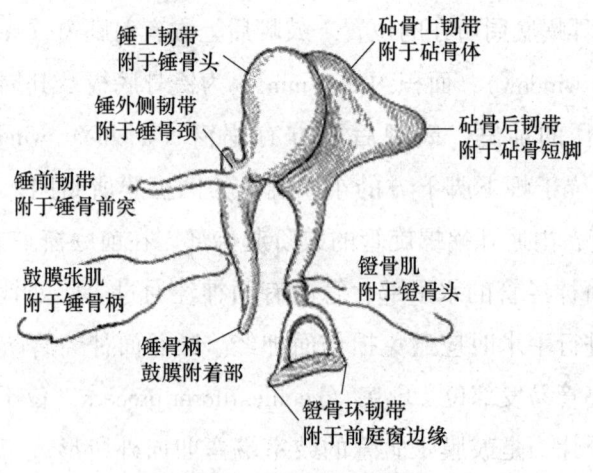

图2-8 听骨链示意图

①锤骨。锤骨分为小头、颈、短突、长突和柄。锤骨头部位于上鼓室，锤骨柄包埋在鼓膜黏膜层与纤维层之间，其末端附于鼓膜脐。锤骨小头的后内方有凹面，与砧骨体形成关节。鼓索神经从内侧穿过锤骨柄上部。

②砧骨。砧骨分为体、长脚和短脚。砧骨体占大部分，它位于鼓室后方，前面与锤骨小头形成砧锤关节。短脚位于鼓窦入口底部的砧骨窝内。砧骨长脚末端向内侧稍膨大，称为豆状突（lenticular process），与镫骨小头形成砧镫关节。

③镫骨。镫骨分为头、颈、前脚、后脚和底板（footplate）。镫骨头与砧骨长脚的豆状突相接构成砧镫关节。镫骨颈较短，后面有镫骨肌腱附着。底板呈椭圆形，借环状韧带（annular ligament）附于前庭窗。

2）听骨韧带。有锤上韧带、锤前韧带、锤外侧韧带、砧骨上韧带、砧骨后韧带和镫骨环韧带等，将听骨固定于鼓室内。

3）鼓室肌肉。有鼓膜张肌（tensor tympani muscle）和镫骨肌（stapedius muscle）。鼓膜张肌位于鼓膜张肌管内，起自咽鼓管软骨部、蝶骨大翼和鼓膜张肌管壁，肌腱在匙突呈直角转向外侧，止于锤骨柄上方的内侧面。其作用是收缩时牵拉锤骨柄向内，增加鼓膜张力，以免突然的巨大声响震破鼓膜或伤及内耳。鼓膜张肌由三叉神经分出的下颌神经支配。镫骨肌起自锥隆起内的鼓室后壁，自锥隆起穿出后，向前下止于镫骨颈后方。镫骨肌收缩时可牵拉镫骨小头向后，镫骨以镫骨底板后缘为支点向外侧移动，以减小内耳压力。此肌肉由面神经支配。

2. 咽鼓管

咽鼓管（eustachian tube）是沟通鼓室与鼻咽的管道，成人的咽鼓管全长约为35 mm。自鼓室口向内、向前、向下达咽口，咽鼓管鼓室口比咽口高15~25 mm，成人咽鼓管与水平面成30°~40°角，幼儿约为10°角，且幼儿的咽鼓管管腔较短，内径较宽，所以幼儿咽部感染较成人容易蔓延到鼓室。

咽鼓管分为骨部和软骨部。外1/3为骨部，是咽鼓管的后外侧部，上方仅有薄骨板与鼓膜张肌相隔，下壁常有气化，内侧为颈内动脉管，鼓室口位于鼓室前壁上部。骨部咽鼓管保持开放状态，内径最宽处为鼓室口，越向内越窄。内2/3为软骨部，由软骨和纤维膜所构成，内侧端的咽口位于鼻咽侧壁，在下鼻甲后端的后下方。咽鼓管咽口和咽鼓管软骨部经常是闭合的，呈一条裂隙，正常时只在吞咽、张口、打哈欠等动作下才开放，以调节鼓室气压，从而保持鼓膜内、外压力的平衡。咽鼓管骨部与软骨部交界处管腔最狭窄，内径为1~2 mm，从此处向咽口又逐渐增宽。咽鼓管黏膜上皮为假复层纤毛柱状上皮，向前与鼻咽部黏膜相延续，纤毛运动方向朝向鼻咽部，可使鼓室的分泌物经咽鼓管排出。由于软骨部黏膜呈皱襞状，起到活瓣作用，能防止咽部液体进入鼓室。

四、内耳

内耳（inner ear）结构复杂而精细，又称迷路（labyrinth），由骨迷路（osseous labyrinth）和膜迷路（membranous labyrinth）构成，位于颞骨岩部内，含有听觉和平衡系统的感觉终器。骨迷路和膜迷路形状相似，膜迷路位于骨迷路之内。膜迷路含有内淋巴（endolymph），膜迷路与骨迷路之间充满外淋巴（perilymph），内外淋巴互不相通。

1. 骨迷路

骨迷路包括耳蜗、前庭和骨半规管（见图2-9），由致密的骨质构成。骨迷路壁厚2~3 mm，由骨外膜层、中层和骨内膜层组成。内外层较薄，中层为较厚的内生软骨层。骨迷路容易遗留软骨和骨质缺损。

（1）耳蜗（cochlea）

耳蜗形似蜗牛壳，位于前庭的前内方，是骨迷路最靠前的部分。耳蜗主要由

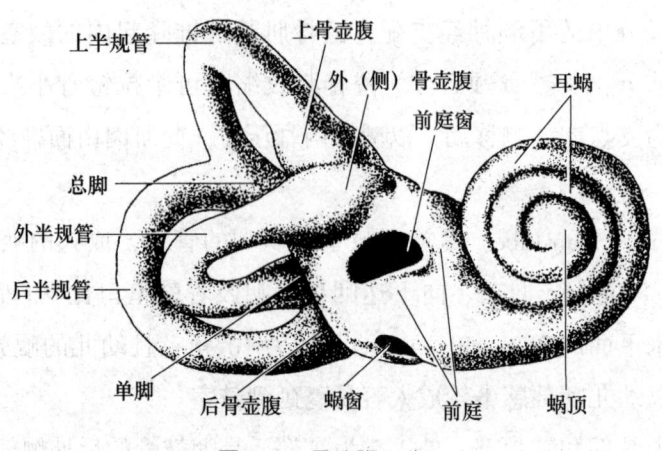

图2-9 骨迷路（右）

中央的蜗轴（modiolus）和周围的骨蜗管（osseous cochlear duct）组成，人类的骨蜗管旋绕蜗轴2.5~2.75周。从蜗底到蜗顶，依次为第1、2、3周，第1周起始部隆起形成鼓岬。蜗底向后内侧，构成内耳道底的一部分。蜗顶向前外方，靠近咽鼓管鼓室口。

蜗轴呈圆锥形，有在蜗轴上伸出的骨螺旋板环绕（见图2-10）。骨螺旋板与骨蜗管外壁之间为基底膜，由骨螺旋板延伸至骨蜗管外壁，将骨蜗管分成上下两腔，上腔又由前庭膜再分为两腔，故骨蜗管内共有前庭阶、中阶和鼓阶3个管腔。前庭阶起自前庭；中阶，为膜迷路；

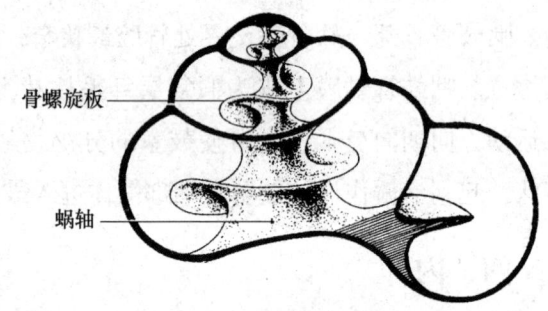

图2-10 耳蜗剖面

鼓阶起自蜗窗（圆窗），被蜗窗膜（第二鼓膜）所封闭。螺旋板钩、蜗轴板和蜗管顶盲端一起围成蜗孔。前庭阶和鼓阶的外淋巴经蜗孔相通。蜗小管和鼓阶相通，蜗小管外口位于岩部下、颈动脉外口与颈静脉窝之间的三角形凹陷内，脑膜由蜗小管外口突入蜗小管，因此，鼓阶的外淋巴经蜗小管与蛛网膜下腔连通。听神经纤维通过蜗轴和骨螺旋相接处的许多小孔到达螺旋神经节。

（2）前庭器（vestibular apparatus）

前庭器由前庭和3个半规管组成（见图2-11）。前庭（vestibule）是骨迷路中最膨大的部分，位于耳蜗和半规管之间，在耳蜗的后方，骨半规管的前方，略呈椭圆形。前下部较窄，经一椭圆孔通入耳蜗的前庭阶；后上部略宽，3个骨半规管通过5个脚与它相连。前庭的外侧壁即鼓室内壁的一部分，其上有前庭窗，为镫骨底板所封闭。内侧壁构成内耳道底的一部分。上壁骨质中有迷路段面神经穿过。前庭内壁上有前上斜向后下弯曲的骨嵴，称为前庭嵴（vestibular crest）。嵴的后方有椭圆囊隐窝（elliptical recess），容纳椭圆囊；嵴的前下方为球囊隐窝（spherical recess），容纳球囊。

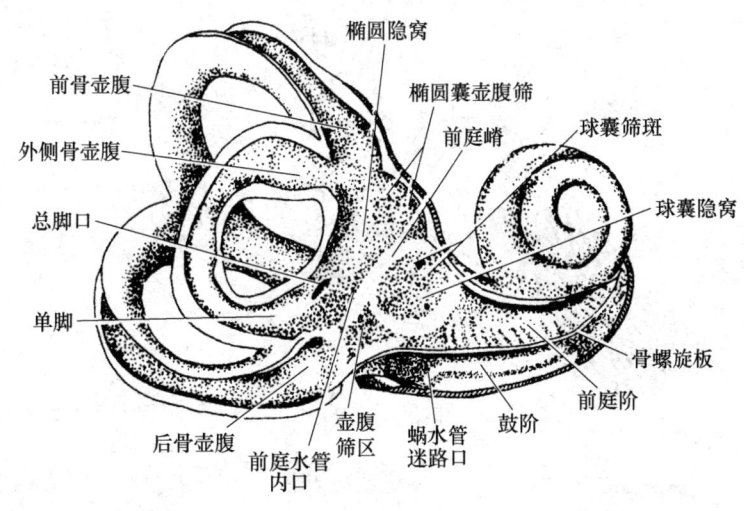

图2-11 前庭剖面

（3）骨半规管（osseous semicircular canals）

骨半规管位于前庭的后上方，是骨迷路的最后部，由3个弓状弯曲的骨管组成，约为2/3圈的环形骨管，它们相互垂直，根据其空间位置，分别称为外（水平）半规管、前半规管和后半规管。外半规管长12～15 mm，前半规管长15～20 mm，后半规管长18～22 mm；3个半规管管径相当，为0.8～1.0 mm。每个半规管有两个开口，都有一端膨大，称为壶腹，内径约为管腔的两倍。前半规管与后半规管的非壶腹开口端合成一总脚，外半规管的非壶腹开口端为单脚，所以3个半规管共有5个孔与前庭相通。两侧前半规管位置较高，与水平面成30°角，当头前倾30°时，外半规管平面与地面平行，它的壶腹在前端。两侧前半规管的壶腹在前外侧端，所在平面向后延长互相垂直，但与对侧后半规管所在平面平行，与矢状面成45°角。两侧后半规管所在平面向前延长互相垂直，后半规管的壶腹在下端。半规管位置如图2-12所示。

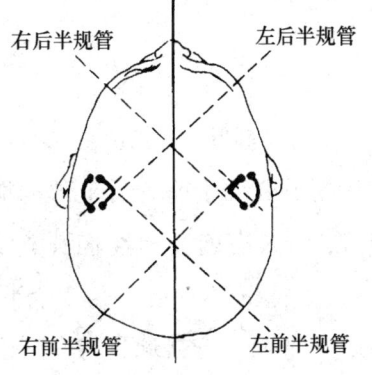

图2-12 半规管位置示意图

2. 膜迷路（membranous labyrinth）

膜迷路由膜管和膜囊组成，通过纤维束固定于骨迷路内。除前庭部分的膜迷路与骨迷路形态不同外，其他部分两者的形态非常相似。膜迷路分为椭圆囊、球囊、膜半规管及膜蜗管，各部分互相连通。膜迷路及其感受器如图2-13所示。

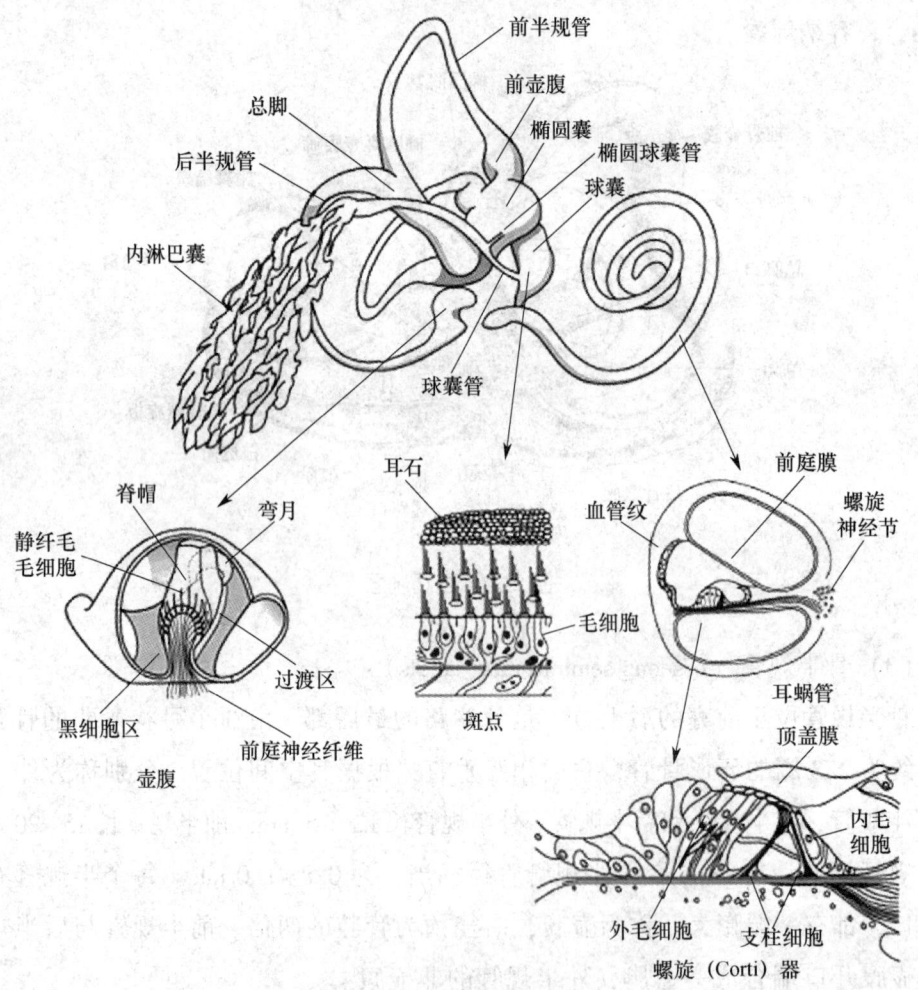

图2-13 膜迷路及其感受器

（1）椭圆囊（utricle）

椭圆囊位于前庭后上部的椭圆囊隐窝中。囊壁上有椭圆囊斑（utriculiar macule），分布有前庭神经椭圆囊支的纤维，感受位觉，又称位觉斑（maculae staticae）。后壁有5个孔，与3个半规管相通。前壁内侧有椭圆球囊管（ductus utriculosaccularis），连接球囊与内淋巴管，后者经前庭小管止于岩部后面硬脑膜的内淋巴囊。内淋巴管近椭圆囊处有一瓣膜，可防止逆流。

(2) 球囊（saccule）

球囊位于前庭下方的球囊隐窝中，较椭圆囊小。内前壁有球囊斑，又名位觉斑，分布有前庭神经球囊支的纤维。后下部接内淋巴管及椭圆球囊管。球囊下端经连合管与蜗管相通。

椭圆囊斑和球囊斑构造相同，由支柱细胞和毛细胞组成。毛细胞的纤毛较壶腹嵴的短，上方覆有一层胶体膜，称为耳石膜。此膜由多层以碳酸钙结晶为主的颗粒即耳石和蛋白质凝合而成。

(3) 膜半规管（membranous semicircular canals）

膜半规管附着于骨半规管的外侧壁，约占骨半规管腔隙的1/4，经过5个孔与椭圆囊相通。在骨壶腹的部位，膜半规管也膨大为膜壶腹（membranaceous ampulla），其内有一横位的镰状隆起，称为壶腹嵴（crista ampullaris）。壶腹嵴上有高度分化的感觉上皮，由支柱细胞与毛细胞组成，毛细胞的纤毛较长，常相互粘集成束，插入圆顶形的胶体层，此胶体层被称为终顶（cupula terminalis）或嵴帽。

超微结构研究表明，囊斑与壶腹嵴的感觉毛细胞有两种类型：一种为杯状毛细胞，与耳蜗的内毛细胞相似；另一种为柱状毛细胞，与耳蜗的外毛细胞相似。

位觉纤毛较听觉纤毛更粗且长。每个位觉毛细胞顶端有1根动纤毛与50~110根静纤毛。动纤毛位于一侧边缘，最长，较易弯曲；静纤毛以动纤毛为排头，按长短排列，距动纤毛越远则越短。外半规管壶腹嵴所有位觉毛细胞的动纤毛均在椭圆囊侧，而上、后半规管壶腹嵴所有位觉毛细胞的动纤毛皆位于管侧（背离椭圆囊）。当纤毛因内淋巴流动而朝动纤毛方向倾斜时，则使该半规管处于刺激状态；若朝静纤毛方向倾斜时，则使半规管处于抑制状态。

(4) 膜蜗管（membranous cochlear duct）

膜蜗管又名中阶，位于骨螺旋板与骨蜗管外壁之间，也在前庭阶与鼓阶之间，内含内淋巴。此为螺旋形的膜性盲管，两端均为盲端：顶部称顶盲端，前庭部称前庭盲端。膜蜗管的横切面呈三角形，有上壁、下壁、外壁：上壁为前庭膜（vestibular membrane），外壁为螺旋韧带（spiral ligament），下壁由螺旋缘和基底膜组成。前庭膜起自骨螺旋板，向外上止于骨蜗管的外侧壁，将蜗管与前庭阶分开。螺旋韧带上覆盖着假复层上皮，含有丰富的血管，即血管纹（stria vascularis），主要由边缘细胞、基底细胞和中间细胞构成，是参与K^+再循环的重要结构。膜蜗管的横截面如图2-14所示。

基底膜起自骨螺旋板的游离缘，位于蜗管下壁的外侧部分，向外止于骨蜗

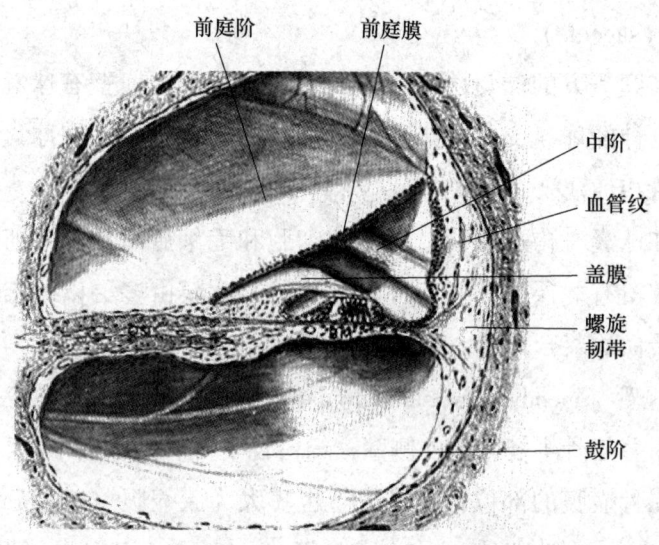

图 2-14 膜蜗管的横截面示意图

外壁的基底膜嵴。位于基底膜上的螺旋器又叫 Corti 器（见图 2-15），是由内外毛细胞、支持细胞和盖膜等组成，其中支持细胞包括柱细胞、戴特细胞，即神经胶质细胞（Deiter 细胞）、亨森（Hensen）细胞、克劳迪乌斯（Claudius）细胞、内指细胞、伯特歇尔（Boettcher）细胞、缘细胞等，是听觉的末梢感受器。

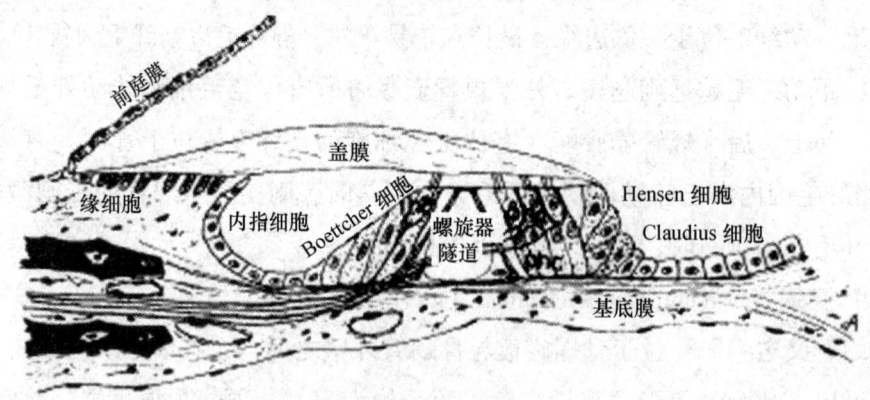

图 2-15 螺旋（Corti）器示意图

五、听神经及其传导通路

听神经在蜗轴内形成螺旋神经节。听神经同面神经进入内耳道，经内耳门入颅，在延髓和脑桥之间离开脑干。

1. 听神经

听神经是支配耳蜗毛细胞的神经纤维，汇聚到位于蜗轴与骨螺旋板相连处的螺旋神经节（spiral ganglion），其中绝大部分由有髓鞘的双极神经元（Ⅰ型神经元）组成，即听神经由位于蜗轴与骨螺旋板相连的螺旋神经节的双极细胞中枢突组成。这些轴突按明确的耳蜗定位方式组织起来，纤维根据它们在耳蜗内的起始位置，有规律地排列，形成一圆柱体，来自蜗顶的纤维居于耳听神经中心，来自蜗底的纤维居于耳听神经外周。耳听神经纤维与前庭神经纤维一样，同属特殊躯体传入纤维。听神经分布如图 2-16 所示。

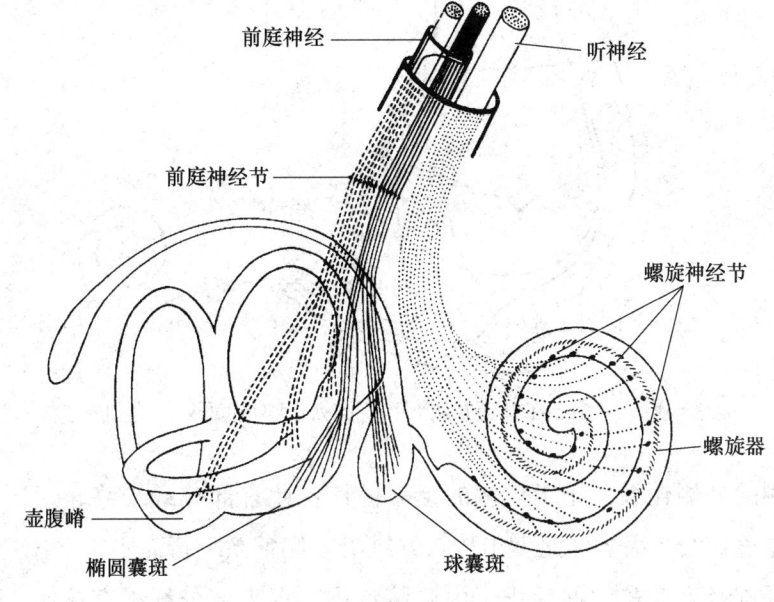

图 2-16　听神经分布示意图

螺旋神经节中双极细胞的周围突（树突），呈放射状进入骨螺旋板，再到达螺旋器的毛细胞，接受听觉冲动的刺激。

听神经分布至螺旋器内、外毛细胞的神经纤维数与其毛细胞数量的比例有较大的不同。听神经的大部分神经纤维与数量相对较少的内毛细胞（3 000~3 500 个）联系，只有一少部分神经纤维与数量较多的外毛细胞（10 000~15 000 个）联系。

2. 传入神经通路

传入神经通路是指上行通路，将声信息从外周或者低位的听觉中枢传到大脑皮层或者高位听觉中枢的路径。上行通路的起始部位是支配听毛细胞的传入神经纤维。听觉神经系统传入通路如图 2-17 所示。

自耳蜗至蜗核的神经纤维为听觉的第 1 级神经元，其胞体位于螺旋神经节。在听神经背侧核和腹侧核发出的第 2 级神经元，其发出传入纤维有部分交叉，形成斜

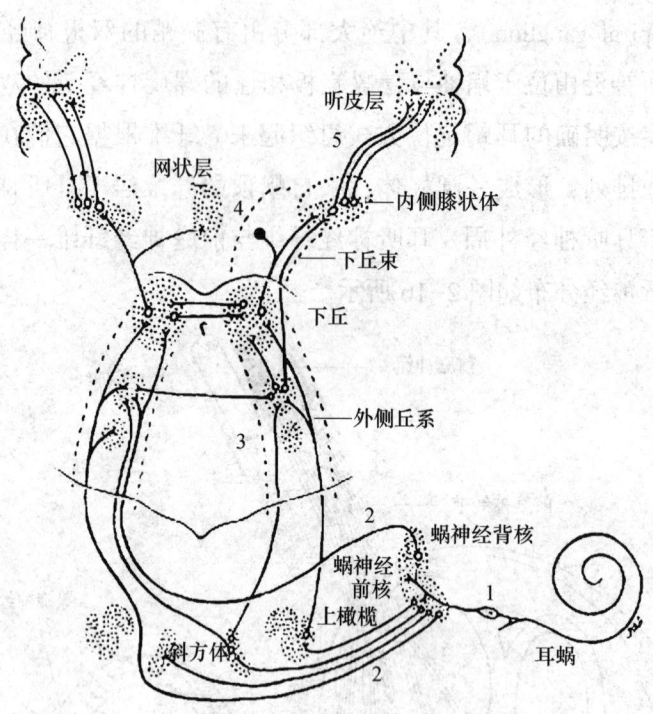

图 2-17 听觉神经系统传入通路示意图

方体和对侧的外侧丘系，止于对侧的上橄榄核；还有部分纤维终止于同侧上橄榄核。自上橄榄核第 3 级神经元发出传入纤维沿外侧丘系上行而止于下丘，外侧丘系的大部分纤维经下丘核中继后止于内侧膝状体，有少部分纤维直接终止于内侧膝状体。内侧膝状体发出听辐射，即第 4 级神经元，经内囊后部上行，止于颞横回的听皮质。在第 2 级、第 3 级神经元有交叉及不交叉的纤维，当一侧外侧丘系功能受损时，可导致两侧听力减退，且对侧较重；当一侧听神经或听神经核损坏时，会引起同侧全聋。

3. 传出神经通路

传出神经通路是指下行通路，指将信号转达到外周听觉器官或者低位的听觉中枢的路径。耳蜗传出神经元起源于脑干的上橄榄核，受高位听觉中枢的下行纤维的控制。耳蜗传出神经元的胞体与耳蜗腹核的传出纤维相联系，其中大部分纤维下行到耳蜗毛细胞，少部分纤维分布到耳听神经核。传出神经通路如图 2-18 所示。

按照神经元的起源和路径，将耳蜗传出神经系统分为内侧橄榄耳蜗传出神经系统和外侧橄榄耳蜗传出神经系统。内侧橄榄耳蜗传出神经元的胞体位于上橄榄复合体内侧的上橄榄核，它的大部分纤维于第四脑室交叉到对侧，少部分纤维分

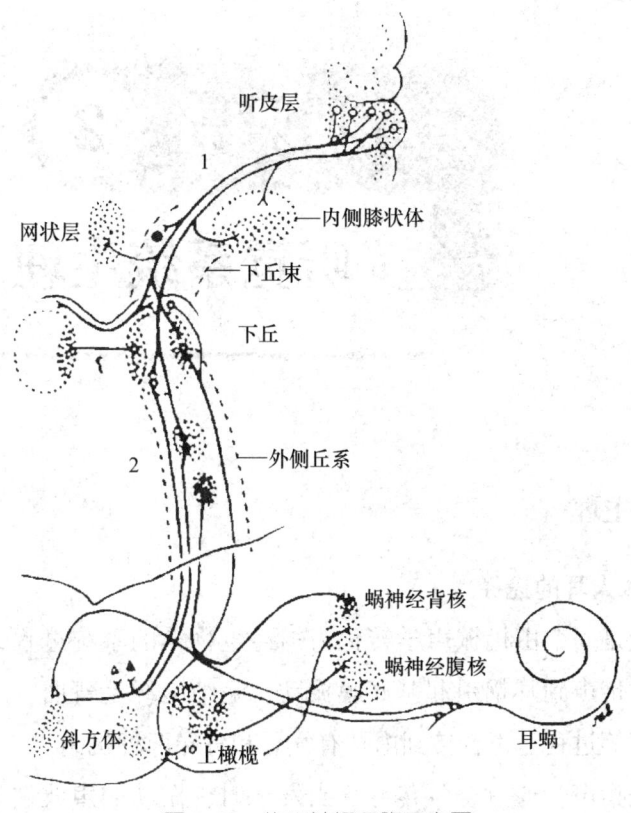

图 2-18　传出神经通路示意图

布到同侧耳蜗，极少数纤维投射到双侧耳蜗。内橄榄耳听神经纤维末梢与外毛细胞的传入纤维形成突触联系。外侧橄榄耳蜗传出神经元则大部分投射到同侧耳蜗，少部分投射到对侧，与内毛细胞的传入纤维形成突触联系。

培训课程 2

听觉系统生理

一、传声生理

1. 声音传入人耳的途径

听觉的形成是一个由机械声学转化为神经生物学的系统过程，它包括从外耳收集声波、中耳传声到耳蜗引起基底膜振动、毛细胞纤毛弯曲、产生神经冲动以及中枢信息处理等过程。声音传到内耳有气导和骨导两种机制。

气导机制是指声音通过空气传导。当发声时，振动的声波被耳郭收集，经外耳道到达鼓膜，引起鼓膜-听骨链的机械运动，其中镫骨底板的振动引起前庭窗运动而将能量传入内耳外淋巴。这一过程常被简称为气导，气导示意图如图2-19所示。

```
            锤骨→砧骨
声波
耳郭→外耳道→鼓膜  镫骨→前庭窗→外、内淋巴→螺旋器→听神经→听觉中枢
```

图2-19 气导示意图

声波传入内耳的外淋巴后变成液体振动，从而引起基底膜振动，位于基底膜上的螺旋器毛细胞静纤毛随之弯曲，产生生物电活动，释放神经递质刺激螺旋神经节细胞轴突动作电位。所产生的神经冲动沿脑干听觉传导系统到达听皮层中枢产生听觉。当鼓膜大穿孔、听骨链中断或者固定等疾病引起经前庭窗径路障碍或者中断时，鼓室内的空气可先经圆窗膜振动引起内耳淋巴压力的变化产生听觉。

骨导机制即骨传导，指声波沿颅骨传至内耳，使内耳淋巴液振动而引起基底膜的相应振动，其后的传导路径和机制与气导相同。

2. 外耳生理

哺乳动物外耳或耳郭被看成是收集和过滤声音信息的一个简单的漏斗，并将

声波传递到鼓膜。外耳有集音增压和声源定位两大作用。

(1) 对声波的增压作用

头颅犹如声场中的障碍物，当声波传至头部时，大部分声波能被反射回来，与入射的声波相互作用，使声源侧产生更强的声场，即为障碍效应。但当声音的波长大于头的直径时，通过衍射作用声波会绕过头部。以成人头颅直径为 18 cm 计算，人类头颅对大约 2 000 Hz 以上频率的声波没有衍射作用。

外耳对声波的增压作用主要是因为外耳道的共振特性。人的外耳道为长 2~5 cm 一端封闭的传声通道，按照物理学原理，一端封闭的圆柱形管腔对波长为其管长 4 倍的声波有最好的共振作用，因此外耳道最佳共振频率的波长为 10 cm，即 3 400 Hz。Shaw 利用模型分析了头、颈部和外耳不同部位的作用。图 2-20 显示了这种经典分析，外耳的大多数部位都有增益效应，从而导致 2 000~7 000 Hz 声音的声压显著增加，这正是言语感知最重要的频率范围，其中当整体叠加后，在 2 500 Hz 处大约有 20 dB 的增益。

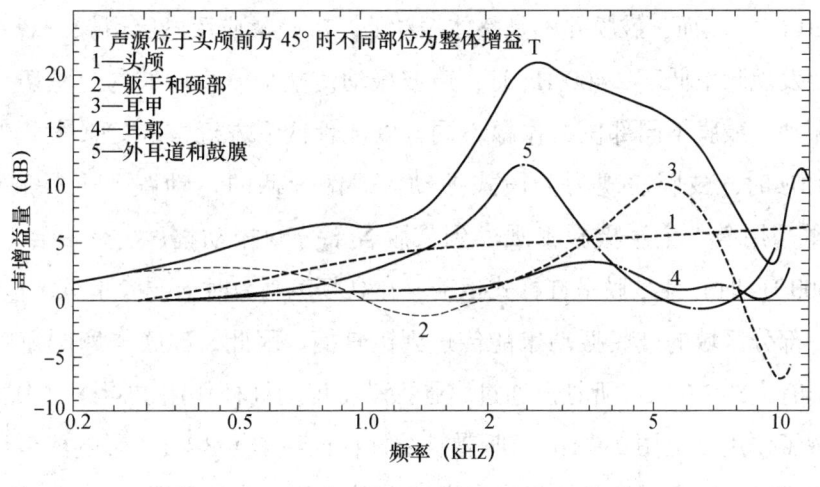

图 2-20　头、颈部不同部位的声增益

(2) 对声源的定位作用

耳郭通过改变了的不同频率声波传播特性提取声音定位信息，人类声源定位最主要的信号是声波到达双耳的强度差和时间差。当声音从右侧传来时先抵达右耳，再抵达左耳，由于传输距离不同声音抵达左耳时的强度要低于右耳。因此，外郭和耳甲腔能够改变进入的声音的频谱，从而使得个体能够判断不明声源的位置。这种定位功能表明听觉系统的中枢部位在对环境声音进行分析时能够利用非常微妙的频谱信息。

3. 中耳生理

中耳的主要作用是将来自外耳的声能传递到耳蜗的淋巴液。陆生动物的听觉需要声音从空气中传送至液体环境。当能量在两种具有不同阻抗的介质中传播时，绝大部分能量都会被两种介质之间的界面反射回来。声波从空气传至淋巴液时有99.9%的声能因反射而损失了，导致约30 dB的声能损失。当阻抗匹配时，声波从一种介质传到另一种介质能达到最好的能量转换，人的中耳担当起阻抗匹配的角色，同时中耳具有强声下的保护作用。

（1）中耳的阻抗匹配

中耳的一个主要功能是将空气的低阻抗与耳蜗的高阻抗匹配起来。

中耳通过以下三个因素来完成阻抗匹配：与卵圆窗相关的鼓膜的面积，听小骨的杠杆作用，鼓膜的形状。图2-21的三个简图阐述了这三种因素的作用原理。通过将大面积的鼓膜上的入射声压聚集到小面积的卵圆窗上（见图2-21a），外耳道空气和耳蜗液体之间的能量传输效率大大提高。人类的鼓膜与卵圆窗膜的面积比约为20∶1。然而，鼓膜并不是整体振动的。Békésy应用电容声探子观察了鼓膜的运动，发现频率低于2 400 Hz时，声波振动使整个鼓膜以鼓沟上缘切线为转轴呈门式振动。鼓膜不同部位的振幅不同，以锤骨柄下方近鼓环处最大。当频率大于2 400 Hz时，鼓膜表现为分段式振动，即锤骨柄的运动跟不上鼓膜的振动。Khanna等采用激光全息摄影术观察到鼓膜各部分的振动幅度并不一致，低频声（如<1 000 Hz时）使鼓膜呈杠杆式运动；在高频声刺激时，鼓膜呈分区段式振动，有相当一部分区域的鼓膜振动未能传送到锤骨柄。因此，鼓膜与卵圆窗膜的有效面积比只有大约17∶1。听骨链通过增强振动幅度的杠杆作用也同样对中耳的阻抗匹配发挥了作用（见图2-21b）。听骨链的杠杆比约是1.3∶1。影响能量传递效率的一个决定性的因素取决于能否使鼓膜发生圆锥形运动（见图2-21c），圆锥角度约为135°。鼓膜的圆锥形运动增加了力度，同时降低了速度，从而使得能量传递的效率提高了约4倍。

中耳系统的增压作用约为30 dB，基本弥补了声波从空气传入内耳淋巴液时的声能衰减。

（2）中耳的保护作用

1）听骨链的运动。图2-22表示了声能从中耳传至内耳耳蜗段的传输路径。由锤骨、砧骨和镫骨构成的听骨链可被看成是一个杠杆系统，将声波由鼓膜传至内耳。可将锤骨柄与砧骨长脚视为杠杆的两臂，其长度比为1.3∶1，因此，声音

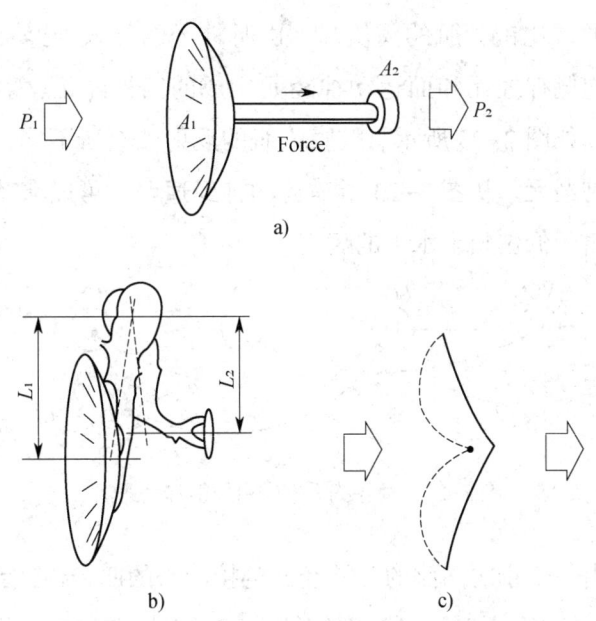

图 2-21 由中耳完成的阻抗匹配的三个原理的图解

a）鼓膜面积与卵圆窗面积不同　b）杠杆运动起到增加力和降低速度的作用
c）圆锥形鼓膜运动方式在降低速度的同时使力增大

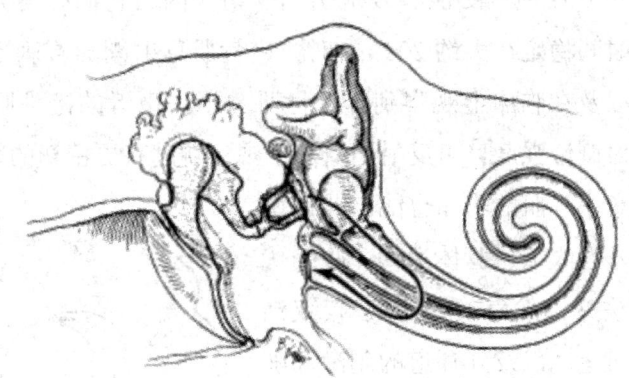

图 2-22 鼓膜活动经由听小骨传导到耳蜗的过程

自锤骨柄传至前庭窗时，声压可增加 1.3 倍。

在声强从 100 dB 增大到 110 dB 时，听骨链的振动模式发生变化，即在声强较低时镫骨底板围绕它的短轴旋转，声强较高时则围绕长轴转动。这种变化导致通过中耳的强声传输的效能降低，可以起到一种保护作用。

2）中耳肌反射。灵长类动物的镫骨肌附着在镫骨上并且由面神经的镫骨肌支所支配，它在强声刺激下反应性收缩。而附着于锤骨上的鼓膜张肌由三叉神经支配。对猫、兔子和豚鼠进行实验后发现，两块肌肉都对强声刺激有反射性收缩。

鼓膜张肌的阈值通常比镫骨肌的阈值高。由听神经的传入神经纤维、蜗腹侧核神经元、上橄榄体内侧神经元和面运动神经元构成的四神经元反射弧组成了兔子的镫骨肌反射通路，如图 2-23 所示。鼓膜张肌的反射弧有所不同，因为它还包括外侧丘系的腹侧核神经元。从图 2-23 所描述的神经通路，可以清楚地看到声反射的临床异常主要是由于低位脑干水平的病变。

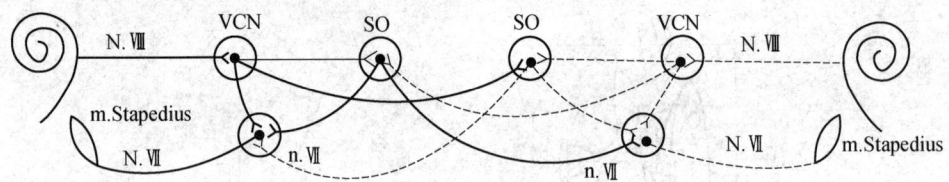

图 2-23　兔子的听性中耳反射神经通路

反射主要是由一个小的同侧的三神经元链接起来的四个神经元的链子。N. Ⅷ=听神经；N. Ⅶ=面神经；VCN=耳蜗腹侧核；SO=上橄榄体；n. Ⅶ=面神经运动神经元。

理论上镫骨肌反射阈曲线与听阈曲线是平行的，但比听阈曲线高 80 dB，且宽频刺激（如白噪声）比纯音更能有效地引出反射，因为它们有更大的总能级。实验表明，当刺激时间稳定在大约 200 ms 时，镫骨肌反射阈随着刺激时间的增加而降低。这些发现以及在临床上观察到耳蜗性听力损失患者的镫骨肌反射显示出重振，说明比起绝对刺激强度，声反射阈值与主观的响度有更密切的联系。

同时应该注意中耳肌的收缩也能由非声刺激造成，包括自发性收缩、躯体运动、收缩优先于发声的发声法（即发声前收缩）、仅仅涉及鼓膜张肌的面肌运动以及外耳道的刺激和随意收缩。

如图 2-24 所示，镫骨肌使镫骨足板向后运动进入卵圆窗，而鼓膜张肌则将锤骨柄向内拉。总之，低频声音的传输能量被两者中任意一块肌肉的收缩所减弱，但镫骨肌比鼓膜张肌的减弱作用可能要强一些。

鼓膜张肌（上方箭头）连附于锤骨柄，并且将锤骨柄向后拉，使得鼓膜绷紧。镫骨肌

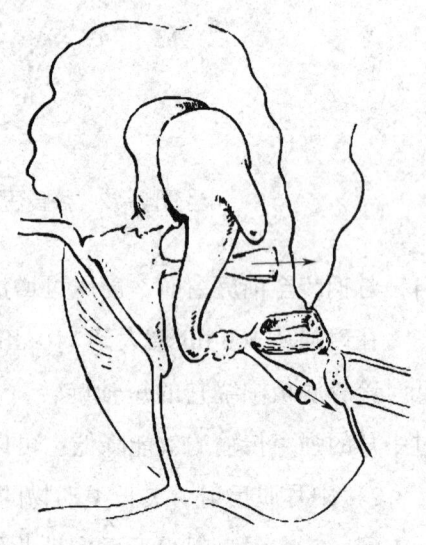

图 2-24　中耳肌肉的活动

（下方箭头）连附于镫骨颈并且将镫骨的后下边缘向下拉，进入卵圆窗。

声导抗测试的临床应用也称为声导抗测听，用于记录外耳道的压力变化和声导抗的变化来研究人类的声反射的功能。在图 2-25 中，显示了导抗改变方法所记录的人镫骨肌反射的时程。第一个可探测的变化的潜伏期或时间大概从 10 ms 到 30 ms 不等，而在刺激开始后 500 ms 反射才衰退。阻抗的最初消减与频率有关。

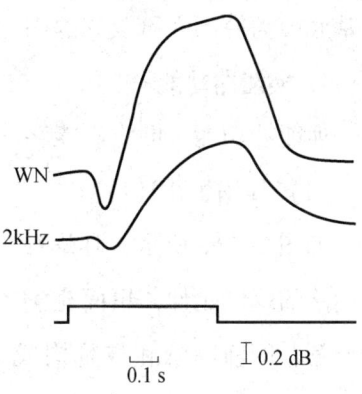

图 2-25　对白噪声（WN）和 2 kHz 纯音刺激反应的镫骨肌收缩时程

中耳肌除能支持和固定听骨链外，还能通过产生的声反射活动保护内耳细胞不受到噪声的伤害。中耳肌还能减弱低频掩蔽声以减少对听觉功能的干扰，如减弱了咀嚼和其他面部及躯体运动过程中肌肉收缩所产生的低频声，从而保持对外界高频声音的敏感性。发声前肌肉收缩产生的低频减弱同样有着重要的作用。

3）咽鼓管的功能。在正常情况下，咽鼓管是连接鼓室和鼻咽部的唯一通道，平时处于微微闭合状态，在吞咽、打哈欠或者打喷嚏时会瞬间开放。它的主要功能有以下功能。

①保持鼓膜两侧气压平衡。当鼓室内压力与外界大气压平衡时，有利于鼓膜和听骨链的振动，声音传入中耳的顺应性最好。

②引流中耳的分泌物。鼓室黏膜和咽鼓管黏膜中的杯状细胞与黏液腺分泌的黏液，借助咽鼓管黏膜上皮的纤毛运动向鼻咽部排出。

③阻声作用。正常时，微微闭合的咽鼓管能够阻隔说话、呼吸、心搏等自体声响的声波经鼻咽腔、咽鼓管，直接传入鼓室。在咽鼓管异常开放时，这种阻声作用消失，使得自体声直接传入中耳腔，产生自听过响症状。

此外，咽鼓管还有消声和防止逆行性感染的作用。

二、耳蜗及听神经生理

当声音作用于鼓膜时，鼓膜的机械运动使镫骨进出卵圆窗导致的声压的变化由外淋巴液瞬间传送至耳蜗隔膜，然后到圆窗。这种通过耳蜗隔膜的压力传输使得它向上或向下运动，运动方向取决于压力变化的方向，这种压力变化产生一个机械行波。耳蜗隔膜是耳蜗中将前庭阶和鼓阶分开的结构，上以前庭膜为顶，下以基底膜为底的中阶及它的内含物。

1. 换能器功能

换能器功能，即将声能转化为生物电信号的过程。

(1) 耳蜗生化环境

如图2-26a所示，耳蜗被分成三个导管或者说三个阶。中导管或者说中阶是膜迷路的蜗性延伸，里面充满了被叫作内淋巴的高K^+低Na^+的电解液。外侧的两个导管，即前庭阶和鼓阶构成了骨迷路。它们被中阶分开，里面充满了外淋巴，是一种高Na^+低K^+的电解液。

图2-26b说明了中阶的内容物。听觉神经纤维突触附着在螺旋器毛细胞的底

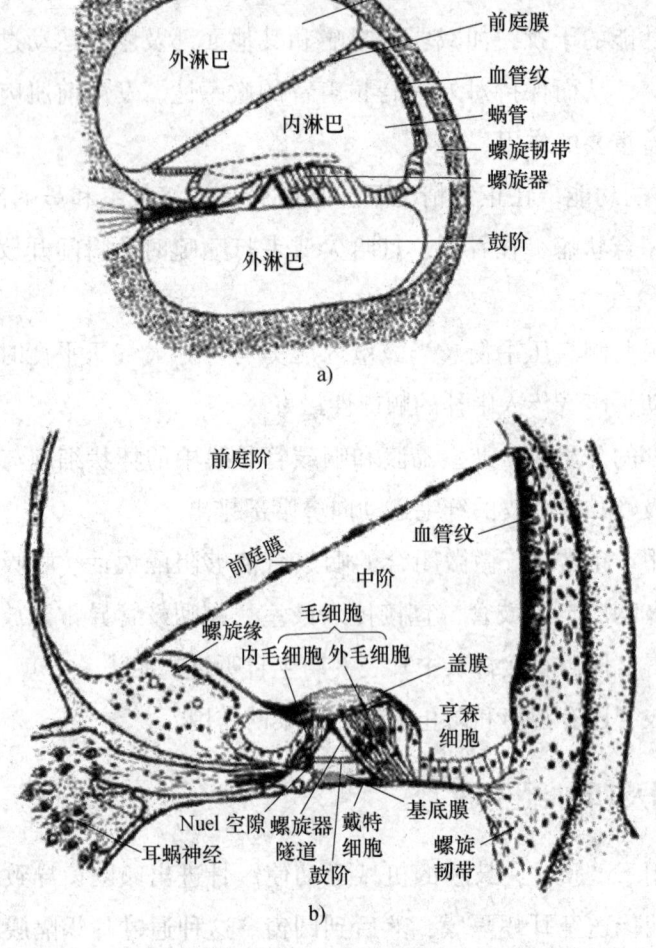

图2-26 耳蜗螺旋器结构
a) 耳蜗一个旋转的横切面的简化图 b) 豚鼠蜗管横切面的半图式表示法

部。网状板和盖膜是螺旋器的两层膜,它们在声刺激转导过程中起着关键的作用。由柯蒂杆支持的网状板像一张包围着毛细胞顶面的僵硬的网。柯蒂杆和网状板一起为螺旋器提供骨性支架。

能够分离高 K^+ 高 Na^+ 电解液的边界是由网状膜形成的。网状膜由外指细胞和外柱细胞的指状凸表面相连而成,也称网状板。面向内淋巴间隔的所有细胞之间有紧密的连接,普遍认为这种连接作为屏障能防止离子扩散。如图 2-27 所示,非感觉上皮细胞[如亨森细胞和克劳迪乌斯细胞,排列在纽尔(Nuel)腔里面的细胞和赖斯纳(Reissner)膜细胞]之间的连接不如感觉细胞和耳蜗血管纹的基底细胞(实线)之间的连接紧密(虚线)。螺旋器内部(即基底膜和网状板之间)的液体被称为第三淋巴。然而,这个腔内的液体和鼓阶的外淋巴可以经过穿越在基底膜上的通道自由流动。因此,第三淋巴就其电解质含量来说很可能和外淋巴是相同的。盖膜像一条椭圆形的胶状的管道,附于弹性膜带上,能上下移动。

哺乳动物有三排外毛细胞。偶尔在横切面中可以看到第四排,尤其在灵长类动物中,内毛细胞只有一排。向毛细胞的顶面的细微的指状突起称为静纤毛。图 2-28 中的扫描电镜图显示了毛细胞顶部的静纤毛的具体排列方式,它们在每个感受器上都是独特的。内毛细胞的静纤毛形成一条纵向的相对较浅的曲线,而外

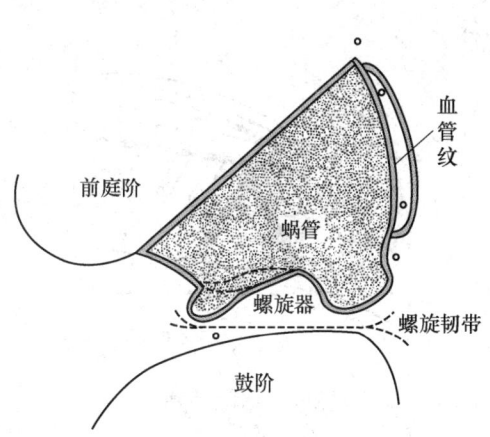

图 2-27 中阶和血管纹周围的外淋巴和内淋巴屏障

注:虚线代表"比较紧"的紧密连接,而实线代表"非常紧密"的紧密连接。小圆圈代表血管,血管周围都有使得它们与耳蜗内空间隔离开来的紧密连接。

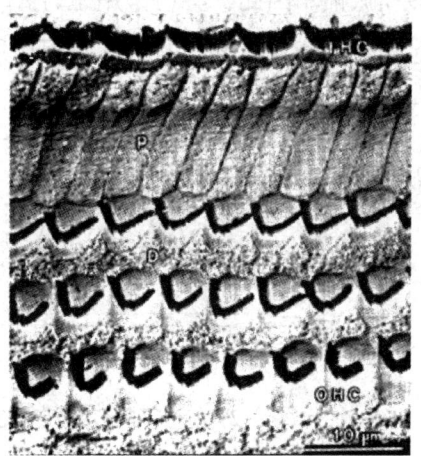

图 2-28 在去除盖膜之后螺旋器表面的扫描电子显微照片

注:单一的一排内毛细胞的纤毛是呈线性(或浅"U"形)模式排列的,而三排外毛细胞的静纤毛是呈"V"形模式排列的。D=Deiter 细胞(戴特细胞,即神经胶质细胞);P=柱细胞。

毛细胞纤毛则呈现为"V"形放射状。外毛细胞静纤毛在长度上有系统性的改变，它们在"V"形顶端是最长的，从顶端至底端逐渐缩短。最长的外毛细胞静纤毛附着在盖膜的底面，因此短的纤毛可能不是这样。然而，由细微的原纤维构成的互相连接的网状结构从侧端和顶部将整束的静纤毛连接起来，使得它能作为一个整体运动。

（2）机械转导

耳蜗传导过程中的最终机械活动是图 2-29 所描述的静纤毛的弯曲。基底膜的变形导致了网状膜和盖膜之间的剪切作用。因为长的外毛细胞纤毛附着在两层膜上，所以它们弯曲。相反，内毛细胞纤毛，可能还有短的外毛细胞纤毛，它们不附着在盖膜上，因此它们弯曲不是因为移位剪切，而是一些其他的机械原理。一个观点认为这个过程可能涉及由网状膜和盖膜所形成的可滑动的平行板之间的液体流动。液体流动由两个膜之间的相对速度的不同引起，而不是由于它们的相对位移。因此，内毛细胞可能是速度感受器，而外毛细胞可能是位移感受器。然而，现在已经有人提出关于外毛细胞对内毛细胞的独特作用的观点。贝克希（Békésy）注意到两个膜之间的剪切作用在增加刺激能量产生的力的同时，可以减少两个膜的位移和振幅。因此，剪切作用也许用于匹配液体和固体传播媒介的阻抗，正如中耳起到空气和液体之间的阻抗匹配作用一样。

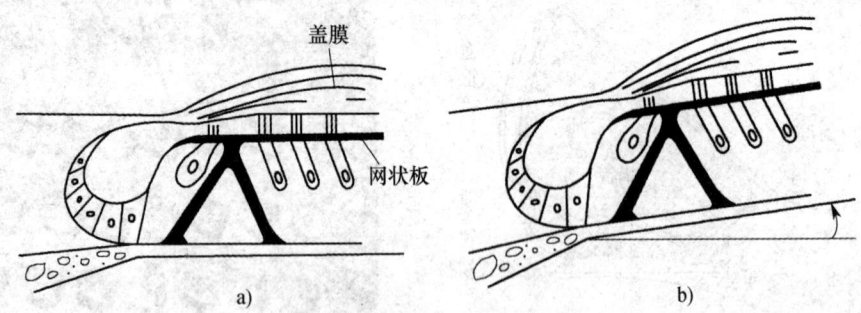

图 2-29　盖膜和网状板之间的剪切运动引起毛细胞纤毛偏转示意图

a）将基底膜移位转译成毛细胞纤毛的弯曲

b）基底膜移位（箭头处）表明了盖膜和网状板之间的剪切运动使得连附到两者结构的外毛细胞弯曲，传递到网状板和盖膜之间的液体的流动可能使得不连附到盖膜的内毛细胞纤毛弯曲，根据图示，内毛细胞纤毛的偏离可能是纵向的（即与页面垂直）而不是放射状的

（3）耳蜗生物电

耳蜗电位除细胞内电位外，在耳蜗还有三种生物电现象：蜗内电位（EP）、耳蜗微音电位（CM）和总和电位（SP）。

EP 在静止状态下也存在，而 CM 和 SP 只在有声刺激时才出现。蜗内电位是一个常数，将电极放在中阶内可以记录到+80 mV 的静息电位，是由一个主动代谢过程产生的，许多证据表明蜗内电位是由耳蜗血管纹产生的。因为它对缺氧和干扰氧代谢的化学物质极其敏感，因此它的存在很可能取决于血管纹的活性代谢离子泵过程。血管纹细胞虽然不参与声音的换能和信息传递，但它们为毛细胞的换能过程提供生物电能源。

当施以适当的刺激时，绝大多数感受器的终末器官会产生生物电现象称为感受器电位。CM 和 SP 与动作电位不同表现在：它们是分等级的，而不是全或无的；无潜伏期；不能传播；无明显的不应期。总和电位和耳蜗微音电位形成了耳蜗的感受器电位并且可以通过放在圆窗的电极间接记录，或者通过放置在螺旋器内液体间隔的电极直接记录下来。

耳蜗微音电位能够使刺激声音的交流电波形再生。图 2-30 显示毛细胞的不同部位产生不同的耳蜗电位。根据实验研究结果，可以假定感受器电位的产生位置是在静纤毛的顶端。

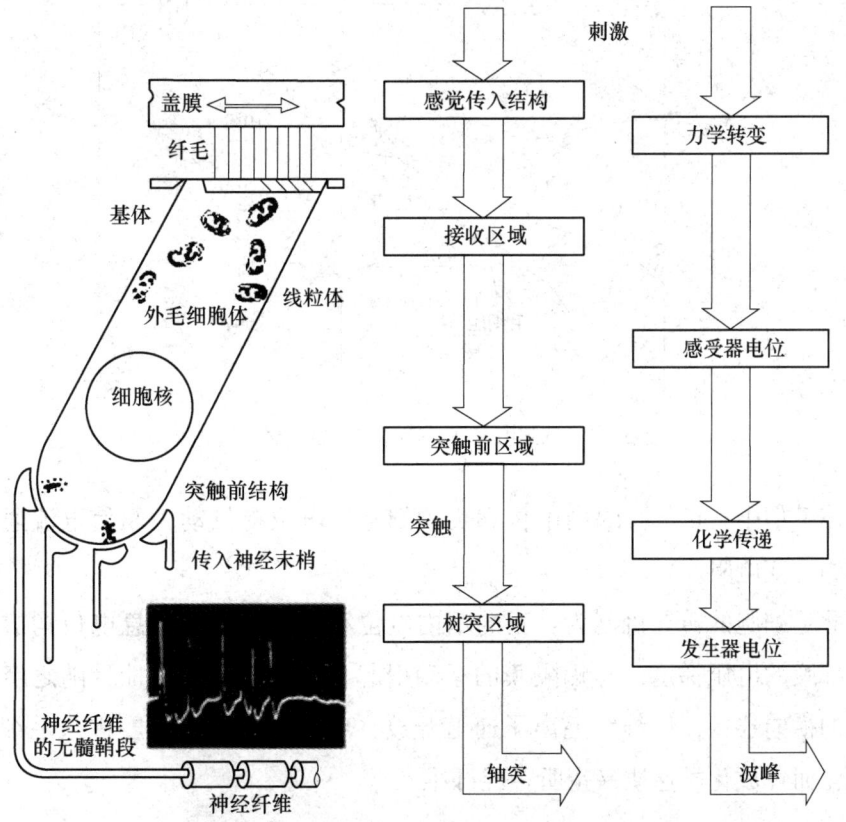

图 2-30　耳蜗电位的产生部位以及耳蜗转导机制的功能示意图

内毛细胞和外毛细胞的细胞内记录结果表明，内毛细胞产生总和电位，而外毛细胞产生耳蜗微音电位。总和电位的产生需要某种形式的听觉波形的矫正（如将在基线上下振动变化的波形矫正成完全在基线上方或下方的波形）。然而，一些在外毛细胞被卡那霉素选择性破坏的耳蜗的液体间隔中测定得到的其他证据表明，内毛细胞和外毛细胞都促成了容量记录的总和电位和耳蜗微音电位。

通过图 2-31 所示的戴维斯（Davis）阻抗电池模型来理解耳蜗微音电位是如何产生的。在这个概念中，耳蜗内电位担当"电池"的作用来产生电流通过毛细胞顶端的网状板。行波使得基底膜移位，并且导致静纤毛偏向和毛细胞阻力改变。因此，毛细胞作为可变电阻调节通过网状板的电流量，从而产生一种随时间变化的电位，即耳蜗微音电位，它遵循输入刺激的波形。

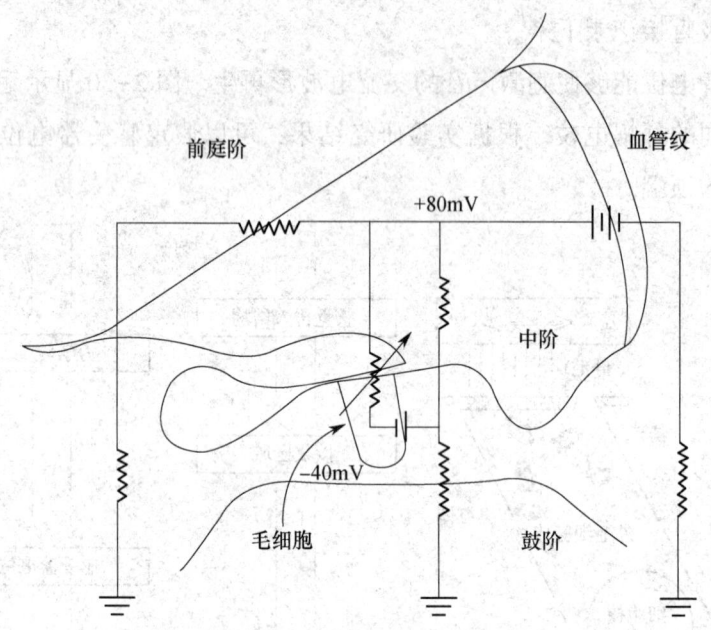

图 2-31 戴维斯（Davis）转导电池模型示意图

在该模型中，正的耳蜗内电位和负的细胞内电位提供动力驱使电流通过毛细胞顶部的可变电阻。

因此毛细胞的转导机制为：正的蜗内电位和负的毛细胞静息电位构成跨过毛细胞顶部膜的电压梯度，耳蜗隔膜的运动引起毛细胞静纤毛弯曲，随之牵引静纤毛之间的横向连接，使静纤毛离子通道开放，离子顺着电压梯度进入毛细胞，使之去极化而释放化学递质兴奋听神经纤维。

2. 耳蜗内编码及听神经生理

耳蜗必须将声音的特征编码成神经活动的性质。被编码的主要声学参数有频率、强度、时间模式，而有效的神经系统编码的最基本的生物学变量是地点（即活化细胞的位置）、神经激动的总和以及激动的时间模式。

三、中枢听觉传导通路

人体5个主要感觉通道中的每一个都是通过两条单独的通路将信息传入大脑：直接的或特异通路以及非特异通路。非特异通路包含了脑脊髓核中的结构，被称为网状系统。在网状系统中，所有感觉模型都享有一样的大体神经结构（因此称为非特异性）。经由非特异性结构的上行是多突触的，因此具有较长的延迟时间的特征。

每个感觉模型的直接通路都是单独的并且包含长的轴突突起和最低数目的突触；所以，与间接通路相比，沿着直接通路的传导具有最短的延迟时间。直接通路的突触倾向于在一个确定的被称为核的神经结构处聚集。临床上，中枢听觉系统的损伤根据它们在直接投射通路上的水平定位。因此，下面的讨论将重点谈到这条通路。

图2-32用简图表示了直接听觉投射通路。每个核中的数目表明了神经元的命令（由突触的数目决定）。

1. 耳蜗神经核

听神经传递的信息的中枢处理过程起始于耳蜗神经核，它是所有神经纤维的第一强制突触。进入耳蜗神经核后，第八脑神经的听觉段马上分叉成两支，一支发送纤维到耳蜗神经前腹核（AVCN）的突触，另一支则发送纤维到耳蜗神经后腹核（PVCN）和耳蜗背核（DCN）的突触。耳蜗神经核内的纤维分布不是随意的，而是遵循一种贯穿神

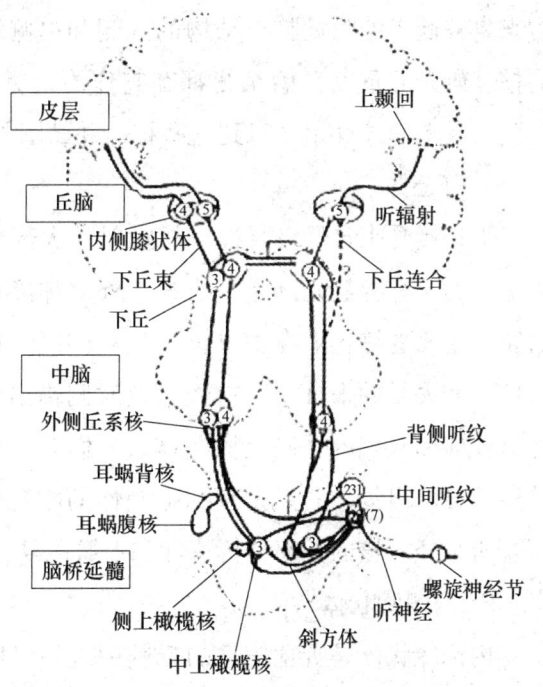

图2-32 直接听觉投射通路简图

经核的有秩序投射的模式，即低频纤维向腹侧伸出而高频纤维向背侧分布。因此，神经生理学与解剖学观察都显示耳蜗位置在贯穿整个中枢听觉系统的投射通路中都呈现出一种有秩序的方式。三条纤维通路从耳听神经核向更高的脑干中心投射信息。

2. 上橄榄复合体

上橄榄复合体由外侧上橄榄体、内侧上橄榄体、斜方体内侧核和橄榄体周围核组成。上橄榄复合体接受来自双侧耳听神经核的纤维，因此能够接收到来自双耳的信息。这个特性容许这组核监测声音的到达时间和到达双耳的声音水平，并且为根据刺激到达时间和对双耳的强度来定位空间中的声音提供线索。通过假定促进性的对侧输入和抑制性的同侧输入（反之亦然），可以解释这些单位的神经生理学行为。因此，双耳在水平和（或）到达时间上的轻微差异能够为声音在水平面上的定位（即声音的单侧化）提供听觉提示。就整体而言，上橄榄复合体代表了双耳处理作用发生的听觉系统的最低级水平。然而，在斜方体上面的听觉投射通路的各级水平，都有对双耳时间和水平差异敏感的单位存在。

3. 外侧丘系

外侧丘系是从耳听神经核和上橄榄复合体到下丘的主要上行投射通路，它包含来自较低级的听觉脑干结构的双侧和单侧纤维。尽管在外侧丘系中有三个独特的核，研究的重点自始至终都在它作为上橄榄复合体和下丘之间的连接的功能。直到最近人们才开始注意到这些核，并试图弄清楚它们在听觉处理过程中的作用。

4. 下丘

下丘接受来自低级听神经核投射的大部分（即使不是所有）纤维的突触。组成下丘的三个神经元区是中央核、外周神经核和中枢周围神经核。上行听觉投射通路的主要的终止带在中央核的腹外侧区。这个区域接受来自上橄榄复合体的输入信号和大量的来自耳听神经后核对侧输出信号。其他主要投射来自单侧的内侧上橄榄体和双侧的外侧上橄榄体。人们对下丘的功能还没有完全了解，因为许多神经元显示出复杂的兴奋性和抑制性的相互作用。一个简单的观点认为下丘集成了耳听神经后核的频率分析特性和上橄榄复合体的定位能力。

5. 内侧膝状体

内侧膝状体是听觉信息的丘脑中继核。所有从下丘到听觉皮层的听觉投射都通过内侧膝状体。这个神经核同样由三个部分组成：腹侧核、背侧核和内侧核。腹侧核接受大量来自下丘中央核腹外侧部分的同侧投射。内侧膝状体的这个部分投射至听觉皮层的 AⅠ、AⅡ和 Ep 区。此外，内侧膝状体记录了大量不同种类的单位反应型。为了了解内侧膝状体在听觉处理过程中的作用，科学家们检查了内侧膝状体对复杂声音的单位反应。大卫（David）及凯德尔（Keidel）证实了未经麻醉的猫的内侧膝状体神经元只对复杂言语声音的特殊参数起反应。一般而言，将不能用已经在耳听神经元水平存在的复杂反应来解释的特异的特征提取能力归因于较高的听神经核内的神经元是非常困难的。

6. 听觉皮层

人们在猫身上已经对听觉皮层进行了广泛的研究，它可以根据尼斯尔染色法得到的细胞结构清晰度的相似性分成三个区，包括初级区域 AⅠ、次级区域 AⅡ和远程投射区域 Ep。在人类和非人类的灵长类中，初级听觉投射区位于大脑颞叶，被 sylvian 裂所隐藏。内膝体的腹侧区几乎完全投射到 AⅠ，AⅠ可被认为是初级听皮层。周围的听觉区域接受来自内膝体所有分区的投射。对皮层处理的了解是一项复杂和艰苦的工作，研究皮层作用的一种方法是皮层切除，即在训练一种动物执行一种特殊的听觉任务后将其听觉皮层去除。这些研究证实了皮层切除并不像视觉系统的类似损害一样会导致功能的完全丧失。事实上，对很多简单的任务来说，很难发现长期的缺陷。根据这些实验结果，可以合理地推断出听觉皮层与更复杂的听觉处理作用的许多细节有关。因此，不太可能提出一个能够解释听觉中枢机能作用的简单而统一的观念。

四、听觉下行传导通路

听觉系统中除了从耳蜗到皮层的上行传导通路外，还存在着大量的由中枢向耳蜗传导的神经纤维。下行纤维紧邻上行纤维，但两者并不混合。听觉系统较高层面的复杂活动通过下行纤维对较低层面的神经活动产生影响。

1. 听觉中枢的下行通路

听皮层发出两条下行系统，一条为每个听区向对应的内侧膝状体分区发出的下行传导纤维，然后再由内侧膝状体返回到听皮层，这种传出和传入系统组成的封闭环路，将丘脑和皮层组成了一个统一的功能单位；另一条为皮层向间脑区域以及中脑核团，包括丘脑、背盖、下丘以及连接两侧运动系的纹状体和脑桥核团等发出的下行纤维。

2. 橄榄耳蜗束

拉斯姆森（Rasmussen）确定了一条将听觉皮层连接到毛细胞并且与传统的传

入投射通路平行的下行听觉神经元链的存在。橄榄耳蜗束是这个下行链中决定性的一环，它起源于上橄榄复合体。

橄榄耳蜗束被分为交叉的和不交叉的两部分。交叉的部分主要由起源于上橄榄复合体内侧区周围的大球状神经元的相对大的有髓鞘神经纤维组成。非交叉部分绝大多数都是由小纤维组成，这些小纤维大部分无髓鞘，且起源于上橄榄复合体外侧区的小的梭状神经元。大多数大交叉纤维支配外毛细胞，而大多数小的非交叉纤维支配内毛细胞。

刺激交叉橄榄耳蜗束可以降低由耳蜗机械产生的在耳道中记录到的耳声发射水平。玛沃塔（Mountain）是第一个报告橄榄耳蜗传出系统的电刺激能够直接导致畸变产物耳声发射的降低。对侧刺激对耳声发射的影响同样支持耳蜗传出系统与外毛细胞的微观机制的调节有关这一观点。这些效应与神经冲动发放速率和调谐作用的降低一起说明了交叉橄榄耳蜗束的功能是允许中枢听觉系统通过控制前面所说的易损的耳蜗调谐机制来支配基底膜的机械特性。因为解谐频率带系统能增加阻尼，交叉的橄榄耳蜗束的解谐作用可以用来作为一种改善听觉时间分辨率（如改善言语感知）的方法。目前的观点一致认为积极的转导过程通过外毛细胞的传出神经支配在某个方面进行调控。同样，如前所述，橄榄耳蜗传出系统也可能有利于听觉系统动态范围的扩展。

另外，其他实验结果提示橄榄耳蜗系统可能起到使耳朵免受声创伤的伤害。在这项研究中发现由一个耳朵的过度刺激诱导的阈移量能够被对侧耳朵显示的一个同时发生的音调所减少，因此推断出激活传出系统能够减少过度暴露所产生的负面影响。

培训课程 3

耳科常见症状和疾病

一、耳科常见症状

耳科常因为局部炎症、异物、畸形、肿瘤或者全身性疾病导致出现耳鸣、听力下降、眩晕、疼痛等。

1. 耳鸣

（1）耳鸣的概念

耳鸣是在无外界施加声刺激或电刺激时，人的耳内或颅内所产生的一种超过一定时程的声音感觉。它是一种扰人的声音感受，至今尚无一种客观的方法来进行检测。它不同于幻觉症中的幻听，幻听指患者能幻想听到一些有意义的声音，如言语、音乐等。

（2）耳鸣的分类

人们按检查者是否能听到耳鸣声而把耳鸣分为主观性耳鸣和客观性耳鸣。

1）主观性耳鸣。主观性耳鸣的机理还不是很清楚，按耳鸣发生的原因不同，其机理亦有所不同，而且很多机理尚处于推断阶段。主观性耳鸣的发生机制有几种学说。

①某些致病原因通过改变膜的钙电导通透性，影响钙激活的钾电流，使神经纤维及各级中枢神经元诱发放电节律异常，低自发放电率的神经单位自发放电率增加，高自发放电率的神经单位自发放电率减少或完全被抑制。

②由于脉冲噪声、外淋巴的异常活动、膜迷路积水、毛细胞直流电增加、耳蜗内血流异常等因素引起耳蜗的机械功能障碍，使毛细胞或神经纤维结构之间的电绝缘被破坏，致使神经结构间串线出现神经自发性活动相锁，类似于声诱发的神经活动，听中枢对声音错误识别而出现耳鸣。国际著名听鸣专家贾斯特波夫

(Jastreboff) 也把这种现象描述成癫痫样神经电活动。

③耳蜗外毛细胞能提供基底膜在耳蜗微调方面所需的摆动能。在平静状态下，基底膜摆动的部位随刺激声频率而异。此种机制有助于克服在极低强度时，察觉短暂声音引起的基底膜惯性活动。如某一部位外毛细胞减少或缺乏此种摆动，其邻近健康的外毛细胞因代偿而产生过度活动，当它超过了听阈而被感知为耳鸣。

④人对声音的感受部位有潜意识部和意识部，位于听觉通路和一些非听觉系统，尤其是边缘系统的不同平面是耳鸣发生的基本部位，同时也决定着对耳鸣的厌烦程度。当声音在传入通路的中枢段，即潜意识部时，神经正常活动的微弱信号被感知所产生的一种响度重振，即为耳鸣。

2）客观性耳鸣。客观性耳鸣多由咽鼓管过度开放的呼吸音、肌肉活动或血管结构、功能异常等引起。严格来讲，它属于身体活动的声音，即体声，也有按照病因、病变部位、是否伴有听力损失分类的。

(3) 耳鸣的诱发因素

1）自发性因素。耳鸣发病率为15%~20%，其中有许多人偶尔发生哨声样耳鸣，并不能找到其他病因。

2）噪声。过强噪声或长期超标噪声都可能导致耳鸣或听力损失，它与个体易感性有明显关系。

3）耳毒性药物。耳毒性药物引起的耳鸣分为两种，即不伴听力损失和伴有听力损失。前者是通过影响神经递质的代谢过程来干扰神经的正常活动；后者主要作用于毛细胞的胞膜，影响其离子通道的传输作用，从而使毛细胞失去了功能。

4）身体疾病。外耳和中耳疾病、内耳疾病、中枢病变、一些传染病（如流感、猩红热、流行性腮腺炎、白喉等）和全身系统性疾患（如高血压、糖尿病、贫血、白血病等）。

5）其他。精神紧张或精神受创伤后均可引起耳鸣，头部受外伤也可引起耳鸣，过度疲劳或酗酒后也有可能发生耳鸣。

(4) 影响耳鸣的因素

1）心理因素。耳鸣在某种程度上受心理因素的调控。

2）身体状况。有相当一部分患者在疲劳、失眠时耳鸣加重，有些女性患者在经期时或经前几天耳鸣加重。

3）噪声。噪声不仅可以导致听力损失和耳鸣，而且还可以使耳鸣加重，偶有使耳鸣减轻的。

4）饮食。部分患者摄食高脂、辛辣食物，饮用有兴奋作用的饮料后可加重耳鸣。

5）体位。体位变化有可能影响耳鸣。

6）眼的运动。有的患者每次眨眼均感到冲击样的耳鸣声。

（5）耳鸣声的检测

由于耳鸣是一种主观的症状或感觉，目前仍缺乏一种客观有效的方法或客观的指标来判断有无耳鸣存在。耳鸣的检测一般包括主观性检测和客观性检测。主观性检测有耳鸣音调响度的测试（即为耳鸣的频率强度匹配）、耳鸣的后效抑制实验（又称为残留抑制实验）、耳鸣掩蔽衰减测试。客观性检测有耳声发射测试、听神经自发电活动的检测、磁脑电图检测、选择性听觉注意测试、正电子断层扫描等。

2. 听力下降

听力下降也称为听力损失或听力障碍。

世界卫生组织于 2021 年 3 月发布了新的 WHO 听力损失等级标准即听力损失轻度为 20~35 dB HL，中度为 35~50 dB HL，中重度为 50~65 dB HL，重度为 65~80 dB HL，极重度为>80 dB HL。目前在我国的防聋工作中参照世界卫生组织 1997 年关于听力损失的分级标准。世界卫生组织在（1997 年）标准中以 0.5 kHz、1 kHz、2 kHz 和 4 kHz 4 个频率计算平均听阈级，推荐了听力残疾的定义和听力损失的分级。听力残疾指成人较好耳的永久性非助听平均听阈级>40 dB HL，对于儿童>30 dB HL。听力损失程度以较好耳的平均听阈级进行划分，轻度为 26~40 dB HL，中度为 41~60 dB HL，重度为 61~80 dB HL，极重度为>80 dB HL。

听力下降按照病变部位分为传导性听力下降、感音神经性听力下降和混合性听力下降。传导性听力下降主要是外耳和中耳病变所致，如鼓膜穿孔，纯音听力检查结果表现骨导听力正常，气导听力下降，但一般不超过 60 dB HL。感音神经性听力下降是耳蜗毛细胞、听神经或听中枢等部位发生障碍所致。其中，耳蜗毛细胞病变引起的为感音性听力下降，也称耳蜗性听力下降，常有重振现象，如药物中毒性耳聋；听神经或听中枢等部位的病变为神经性听力下降，又称蜗后性听力下降，听力表现为气导和骨导听力一致性下降。临床主要表现是言语识别能力下降，如听神经瘤。混合性听力下降既有传导性的病因，又有感音神经性的病因存在，如病程较长的分泌性中耳炎，纯音测听结果显示，气导和骨导听力均下降，但气导听力下降更明显。

听力下降也可以按照发病时间分为突发性耳聋、进行性耳聋和波动性耳聋，按照病变性质将听力下降分为器质性耳聋、功能性耳聋和伪聋。

3. 眩晕

眩晕是临床上较为常见的症状，在年轻人中的患病率约为1.8%，老年人则达30%以上，女性较男性易发生眩晕。眩晕是空间定向能力紊乱所引起的一种运动性或者位置性错觉。

按照病变部位和病因可将眩晕分为前庭性眩晕和非前庭性眩晕，前者又分为前庭外周性眩晕和前庭中枢性眩晕。前庭外周性眩晕即真性眩晕，当一侧前庭感受器或者前庭神经元受刺激，会引起两侧前庭核群的兴奋性不一致，当这种信息经相关中枢传入大脑皮层时产生具有一定方向和规律的自身运动错觉。正常时，双侧前庭同时受到相同的刺激，则不引起眩晕。

眩晕发生时常伴有眼震和自主神经系统的症状和体征，以迷走神经为主。当发生真性眩晕时，患者起病突然，感到周围物体旋转，随体位的变化而加重，可出现规律性的眼震，多为水平性，伴发耳鸣、听力下降、恶心、呕吐，但神志清楚，常见于梅尼埃病、迷路瘘管、各种迷路炎、前庭神经元炎、突发性听力损失伴眩晕、大前庭水管综合征、药物耳毒性引发的眩晕等。前庭中枢性眩晕和非前庭性眩晕并非由耳部病变所引起，前者多见于椎基底动脉系统供血不足，脑干、桥小脑角或者小脑占位性病变，多发性硬化，脑炎及脑膜炎等；后者多见于高血压、低血压、糖尿病、高血脂、颈椎病等。

二、耳科常见疾病

1. 外耳疾病

（1）先天性耳前瘘管

先天性耳前瘘管是一种临床上常见的耳科疾病。此病是由于形成耳郭的第1、2鳃弓的小丘样结节融合不良或第1鳃裂封闭不全所致，是第1腮沟的余迹。此病为常染色体显性遗传，并具有不规则显性。

瘘管的外口往往位于耳屏上，或者位于耳屏前（见图2-33）。这种瘘管多为盲管，深浅、长短不一，有的绕到外耳道前壁，甚至与鼓室、咽部相连，但从外观上很难判断瘘管的范围。

先天性耳前瘘管反复感染可形成耳前局部脓肿，少数患者可因感染伸延到外耳道或乳突部而形成耳后脓肿。其治疗以切开排脓为主，且辅以抗生素药物。应在急性炎症控制后手术切除，对于反复感染、用药物治疗难以控制的少数病例可以在急性期手术。

（2）先天性外耳道闭锁

外耳道闭锁大都合并鼓膜缺失，或仅有少量遗迹性结缔组织；外耳道狭窄常合并小鼓膜。先天性外耳道闭锁症伴耳郭畸形（见图2-34）比单纯外耳道闭锁者多见，且这种病例常伴中耳畸形。单耳比双耳同时患病的概率约大4倍。

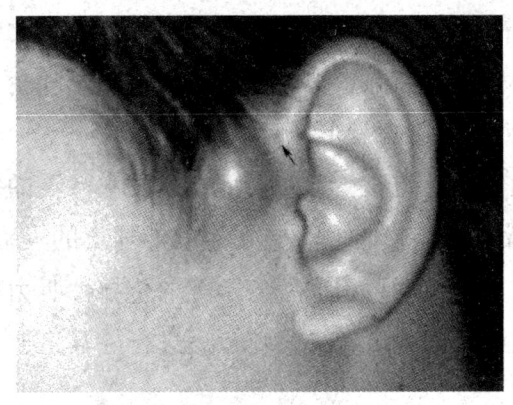 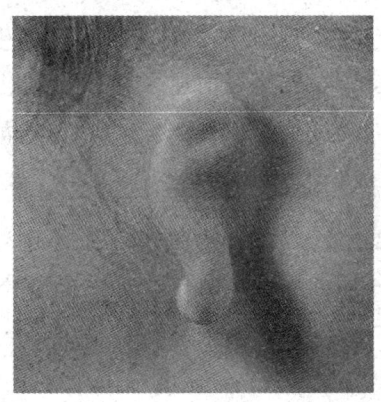

图2-33　耳前瘘管并感染　　　　图2-34　先天性外耳道闭锁伴耳郭畸形

临床上主要表现为听力下降，以手术治疗为主，并无固定的术式，应根据解剖变异并遵循鼓室成形的原则，术中见机而行。总的目的是重建传音结构，以提高听力，或是在耳道成形术后安装耳内式助听器以增强听力。对有耳郭的畸形可进行耳郭的整形手术。

（3）外耳道疖

外耳道疖是外耳道皮肤的局限性化脓性炎症，多发生在热带、亚热带地区或炎热潮湿的季节。外耳道疖都发生在外耳道软骨部。致病菌绝大多数是金黄色葡萄球菌，少数为白色葡萄球菌。外耳道疖的病因有：挖耳引起外耳道皮肤损伤，细菌感染；游泳、洗头、洗澡时脏水进入外耳道，长时间浸泡、细菌感染；化脓性中耳炎的脓液刺激外耳道软骨部的皮肤引起局部的感染；全身性疾病使全身或局部抵抗力下降，是引起本病的诱因，如糖尿病、慢性肾炎、营养不良等。

因外耳道皮下软组织少，外耳道疖的炎性肿胀刺激神经末梢时引起剧烈疼痛，疖破溃后有脓液或者脓血液流出耳道，有的还引起疖肿、耳郭和淋巴结出现炎性反应。严重者有体温升高等全身不适。外耳道疖的诊断不难，早期通过外敷、理疗等手段促进炎症消散。疖肿成熟可切排，并进行抗感染治疗。有全身性疾病的，应积极治疗原发病。

(4) 外耳道炎

外耳道炎是外耳道皮肤或皮下组织广泛的急性、慢性炎症。正常外耳道皮肤及其附属腺体的分泌对外耳道具有保护作用，当外耳道皮肤本身的抵抗力下降或损伤，微生物进入引起感染，发生急性弥漫性外耳道炎症。常见病因有：气温高、空气湿度过大，腺体分泌受到影响，甚至阻塞，降低了局部的抵抗能力；外耳道局部环境的改变；挖耳或其他原因损伤外耳道皮肤，引起感染；中耳炎脓液流入外耳道，刺激、浸泡，使皮肤损伤感染；全身性疾病使身体抵抗力下降，外耳道也易感染，且不易治愈，如糖尿病、慢性肾炎等。温带地区以溶血性链球菌和金黄色葡萄球菌多见，热带地区以绿脓杆菌最多，还有变形杆菌和大肠杆菌等。

外耳道炎的反复急性发作和长期慢性外耳道炎，可使局部皮肤发生严重的纤维增生，以致耳道狭窄。在为这类患者取耳印模时，需要先治愈外耳道的炎症。急性期外耳道的肿胀、耳道的狭窄和鼓膜增厚均可引起程度不等的传导性听力损失。慢性外耳道炎导致耳道狭窄、影响听力的，可在炎症痊愈后进行外耳道成形术。

(5) 耵聍栓塞

外耳道软骨部皮肤有耵聍腺，其分泌物能保护外耳道皮肤和黏附异物。正常情况下，耵聍干燥呈片状，可自行脱落。如果耵聍过多，积聚成团，堵塞外耳道，可使听力下降。若耵聍压迫鼓膜可引起眩晕、耳鸣及听力减退。若耵聍压迫外耳道后壁皮肤，可因刺激迷走神经耳支而引起反射性咳嗽。此外，耵聍还会诱发外耳道皮肤糜烂、肿胀、肉芽形成。取出耵聍后，这些症状多可自愈，合并感染者应先控制感染。取耳印模时，需要先取出堵塞的耵聍。

(6) 外耳道异物

儿童在玩耍时常将各种小玩具或植物的种子塞入外耳道；成人挖耳时将纸条、火柴棍、棉花球等不慎留在外耳道内；飞蛾、蟑螂、牛虱、蚂蟥、蚊虫等会误入耳内；工作中，小石块、木屑、铁屑等可能会飞入耳内；战争中，弹片等可能会进入耳内。这些均为异物。异物存留时间过长可引起外耳道慢性炎症、皮肤增生肥厚引起外耳道狭窄。可在异物取出的同时进行外耳道成形。靠近鼓膜的异物会压迫鼓膜，发生耳鸣、眩晕，甚至引起鼓膜及中耳的损伤。若鼓膜及中耳有损伤，必要时可进行鼓室探查。

(7) 大疱性鼓膜炎

多为病毒感染引起的鼓膜原发性炎症，在鼓膜上皮下有局限性血性积液，呈现紫红色大疱外观，鼓膜邻近的外耳道深部皮肤常受波及。本病常在流感时发生，多突感耳部刺痛或者胀痛，并伴有听力下降、耳鸣及偏头痛。大疱破裂后，疼痛减轻。要注意本病与急性中耳炎早期的鉴别以及继发感染。

2. 中耳疾病

（1）先天性中耳畸形

先天性中耳畸形包括鼓室、听小骨、咽鼓管、面神经和耳内肌等畸形，是第一咽囊发育障碍所致，这些畸形可以单独存在，也可同时出现，其中以鼓室畸形及面神经鼓室畸形较为多见。

（2）分泌性中耳炎

分泌性中耳炎是以中耳负压、积液及听力下降为主要特征的中耳非化脓性炎性疾病。本病小儿发病率高于成人，是引起小儿听力下降的重要原因之一。本病名称甚多，如浆液性中耳炎、急性非化脓性中耳炎、卡他性中耳炎、鼓室积液等。按病程的长短不同，可将本病分为急性和慢性两种，分泌性中耳炎病程达8周以上者即为慢性。

分泌性中耳炎在临床主要表现为听力下降、耳痛、耳内闭塞感和耳鸣等症状。病变早期检查常见听力呈传导性听力下降，鼓室导抗图为"C"型或者"B"型，鼓膜呈淡黄色或琥珀色，失去正常光泽。鼓膜光锥变形或消失；锤骨向后、上移位；锤骨短突明显外突。若液体为浆液性，且未充满鼓室时，透过鼓膜可见到液平面。鼓气耳镜检查时，鼓膜活动受限，此时听力可能表现为混合性听力下降或者感音神经性听力下降。

一般通过询问病史、鼻咽镜检查、听力学检查可作诊断。

治疗原则是解除病因，清除中耳积液，使中耳通气，恢复中耳黏膜正常功能，保持咽鼓管通畅。经临床治疗效果不佳者，可以通过佩戴助听器等手段对症治疗。

（3）化脓性中耳炎

1）急性化脓性中耳炎。急性化脓性中耳炎是中耳黏膜的急性化脓性炎症。病变主要位于鼓室，但中耳其他各部也会受到波及。主要致病菌为肺炎球菌、流感嗜血杆菌、溶血性链球菌、葡萄球菌等。本病较常见，好发于儿童。

急性化脓性中耳炎最常见咽鼓管途径感染。急性上呼吸道感染时，如急性鼻炎、急性鼻咽炎、急性扁桃体炎等，炎症向咽鼓管蔓延，咽鼓管咽口及管腔黏膜出现充血、肿胀、纤毛运动发生障碍，致病菌乘虚侵入中耳。有些急性传染病，如猩红热、麻疹、百日咳等，病原体可通过咽鼓管途径并发本病，甚至造成严重的坏死性病变。在污水中游泳或跳水、不适当的咽鼓管吹张、擤鼻或鼻腔治疗以及婴幼儿平卧吮奶等，均可导致细菌或者乳汁循咽鼓管侵入中耳。其次鼓膜外伤、鼓膜穿刺、鼓膜置管时，致病菌可由穿孔部位直接侵入中耳。极少见血行感染。

急性化脓性中耳炎的全身症状轻重不一，有畏寒、发热、急倦、食欲减退。小儿全身症状较重，常伴呕吐、腹泻等消化道症状。鼓膜一旦穿孔，体温即逐渐下降，全身症状明显减轻。

急性化脓性中耳炎局部表现主要有如下几个方面。

①耳痛。鼓膜穿孔前耳部疼痛剧烈，耳深部痛逐渐加重，呈搏动性跳痛或刺痛，可向同侧头部或牙齿放射，吞咽及咳嗽时加重。鼓膜穿破流脓后，耳痛顿减。

②听力减退及耳鸣。开始感耳闷，继而听力渐降，伴耳鸣，穿孔后听力损失反而减轻。偶伴眩晕。

③耳漏。鼓膜穿孔后耳内有分泌物流出，量较少，开始为血水样，后变为黏液脓性或纯脓性。

耳部检查可见在病变早期鼓膜松弛部充血，可见紧张部和锤骨柄周边有扩张的血管，呈放射状。随之鼓膜呈弥漫性充血、肿胀、向外膨出，正常标志难以辨识。在鼓膜穿孔前，局部可呈现小黄点。开始穿孔一般很小，不易看清。彻底清洁外耳道后能见到穿孔处的鼓膜有闪烁的亮点，有时见脓液从该处流出。坏死型中耳炎者鼓膜可发生多个穿孔，或者迅速融溃，形成大穿孔。

根据病史及检查所见可作出诊断。治疗原则为控制感染、通畅引流及病因治疗。

2）慢性化脓性中耳炎。慢性化脓性中耳炎是中耳黏膜、骨膜或骨质的慢性化脓性炎症，常与慢性乳突炎合并存在。本病极为常见。临床上以耳内长期或间歇流脓、鼓膜穿孔及听力下降为特点。可引起严重的颅内、外并发症而危及生命。

本病多因急性化脓性中耳炎没有得到及时彻底治疗或治疗不当，病程迁延达8周以上为慢性；或由急性坏死型中耳炎直接延续而来。另外如腺样体肥大等鼻、咽部的慢性疾病也能使中耳炎反复发作，而成为本病发生的一个重要原因。常见致病菌多为金黄色葡萄球菌、绿脓杆菌以及变形杆菌等，其中革兰阴性杆菌较多。两种细菌以上的混合感染较多见，且菌种常有变化。无芽孢厌氧菌的感染或混合感染也逐渐受到重视。

慢性化脓性中耳炎治疗原则为去除病因、控制感染、清除病灶、通畅引流，以及恢复或者提高听功能。

(4) 耳硬化症

耳硬化症是内耳骨迷路包囊的密质骨局灶性地被富含细胞和血管的海绵状新生骨代替而产生的疾病，也称耳海绵症。病灶累及镫骨或耳蜗而出现临床症状。累及镫骨使之固定的称为镫骨性耳硬化。由于出现进行性传音功能障碍，也称临床耳硬化。病灶累及耳蜗出现感音功能障碍的称为耳蜗性硬化症。病灶位于骨迷路而无临床症状，只是在尸解病理学检查中发现，称为组织学耳硬化症。白种人发病率较黄种人高，女性与男性发病率之比为 2：1，以 20~40 岁居多。

本病发病原因不明，与之有关的因素有遗传、内分泌障碍、骨迷路成骨不全等。有报道称妊娠能诱发或加重耳硬化症的听力减退。耳硬化症常出现家族中多人发病的情况。有学者认为，耳硬化症的发生和骨迷路的成骨不全、酶的失衡、某些病毒感染有关。

临床上主要表现为无诱因地出现单耳或者双耳缓慢进行性听力减退，起病隐袭，常常不能说清发病的具体时间，有的伴有耳鸣，甚至眩晕。早期病变局限于镫骨并固定，呈传导性听力损失，气骨导差在 30~45 dB。病变发展后部分患者骨导曲线在 500~4 000 Hz 间常呈"V"形下降，以 2 000 Hz 处下降最多，称卡哈切迹（Carhart notch）。若病变累及耳蜗，则显示为混合聋。一般利用气骨导差来了解镫骨活动的情况，如差距在 50~60 dB，则作为镫骨全固定的指征。对音叉试验：临床常用 256 Hz 或者 512 Hz 的音叉进行检查。韦伯（Weber）试验：偏向听力差侧。林纳（Rinne）试验：阴性，骨传导大于气传导（BC>AC）。施瓦巴赫（Schwabach）试验：骨导延长。Gelle 试验：阴性，提示镫骨固定。声导抗测试：耳硬化症时，测得鼓室曲线为 As 型，镫骨肌反应阈值早期升高，后期消失。耳声发射检查：DPOAE 幅值降低或者引不出反射。听性脑干反应测听：Ⅰ波、Ⅴ波潜伏期延长或者阈值升高。

耳部检查发现外耳道多较宽大，鼓膜外观正常，部分病例可见后上象限透红区，为鼓岬活动病灶区黏膜充血的反应，称施瓦茨（Schwartze）征，为耳硬化活动期之征象。颞骨 CT（电子计算机断层扫描）或 MRI（磁共振成像），可以看到两窗区，迷路或内听道骨壁有局灶性硬化。但阴性者不能排除耳硬化症。乳突多为气化型。

根据病史、家族史、症状及听力学检查，不难进行典型病例诊断。

手术治疗是目前临床上常用的治疗手段，包括镫骨手术和外半规管开窗术。对于不适合手术或不愿意手术的患者，可根据听力损失情况选配助听器。

3. 内耳疾病

（1）先天性内耳畸形

1）先天性内耳畸形的概念。先天性内耳畸形是由于胚胎发育期间基因突变、缺失或其他遗传因素，以及母亲妊娠期间病毒（细菌、螺旋体）感染、药物（氨基糖苷类、反应停）、理化因素（如 X 射线）等非遗传因素导致的内耳发育停止或变异。先天性内耳畸形可单独发生，也可合并有外耳、中耳的畸形，部分病例还合并有头面部器官和内脏畸形，也可以是有些综合征的耳部表征。它是造成先天性听力损失的重要原因，以遗传性聋为多。

2）先天性内耳畸形的分类。按畸形的范围和程度分为非综合征性（单纯性）耳畸形和综合征性耳畸形。

①非综合征性耳畸形为单纯的内耳发育障碍所致，不伴有其他畸形。此类病例，在近亲婚配的后代中发生率较高。根据耳蜗畸形程度及残缺部位，可分为以下四型。

a. 亚力山大（Alexander）型。即蜗管型，主要表现为蜗管发育不良。可以只侵及耳蜗基底回，表现为高频听力损失，亦可侵及蜗管全长，表现为全聋，而前庭功能可能仍旧正常。

b. 谢贝（Scheibe）型。即耳蜗球囊型，此型病变较轻，骨性耳蜗及椭圆囊膜性半规管发育正常，畸形局限于蜗管及球囊，内耳部分功能存在，可以单耳或双耳发病。

c. 蒙迪尼（Mondini）型。为耳蜗发育畸形，骨性耳蜗扁平，蜗管只有一周半或两周，螺旋器及螺旋神经节发育不全，前庭也有不同程度的障碍。

d. 米歇尔（Michel）型。属常染色体显性遗传，是内耳发育畸形的最严重的疾病，内耳可完全未发育（耳蜗缺如），更严重的病例中颞骨岩部也发育不全，可伴有其他器官的畸形和智力障碍。

②综合征性耳畸形。综合征性耳畸形除伴发外耳、中耳畸形外，还伴有头面部不同器官及肢体、内脏畸形，组成不同综合征，种类甚多，如伴有视网膜色素沉着的 Usher 综合征、伴甲状腺肿的 Pendred 综合征、伴有内眦及泪点外移的 Warrdenburgs 综合征及伴蓝色巩膜的 Ven der Hoeve 综合征等。

目前，国内学者针对内耳畸形多采用国外专家森纳罗格鲁·莱文特（Sennaroglu Levent）于 2017 年提出的分类标准，将内耳畸形分为八大类型，即迷路完全未发育、原始耳泡、耳蜗未发育、共同腔畸形、耳蜗发育不全、耳蜗不完全分隔、前庭导水管扩大和蜗孔畸形。

先天性内耳畸形在临床表现为出生即无听力，或 1~2 岁时才出现听力减退。听力损失性质主要为感音神经性聋，个别患者可有眩晕发作。诊断时应注意询问母体妊娠早期有无病毒感染，是否服用过致畸药物，是否频繁接触放射线及电磁波，进行全身体格检查及听功能检查。诊断主要依据颞骨 CT 和内耳 MRI。对有家族史者，可进行染色体及基因检查，以确定其遗传特征。

根据听力损失的性质和程度，采用不同的治疗康复方法：致聋原因为镫骨底板固定的，可以通过镫骨手术或内耳开窗术治疗，获得接近正常的听力；中度、重度感音神经性听力损失者可选配助听器；重度及极度感音神经性聋，用助听器无法补偿者，可建议采取人工耳蜗植入术。

（2）药物中毒性聋

药物中毒性聋主要指药物和化学物质引起的听觉系统损伤，有的是累积损伤，有的是一次性损伤。已知的药物及化学物质有百余种，常见氨基苷类抗生素（如庆大霉素、链霉素、新霉素、卡那霉素、万古霉素）、利尿剂、解热镇痛剂、抗疟药、抗肿瘤药（如氮芥、顺铂）、其他类抗生素（如氯霉素、红霉素）、细菌病毒产生的毒素、铅、磷、烟酒、一氧化碳等。

以上药物或化学物质均可通过全身用药、体腔体表局部经体循环进入内耳引起中毒，或使听觉通路受损，也可椎管用药经脑脊液或鼓室用药经窗膜途径进入内耳，孕妇用药还可经胎盘进入胎儿体内造成听觉受损。耳毒性药物和物质均从肾脏排出，且均对肾脏也有毒性作用，故肾功能受损时更容易造成药物排出慢。不同药物有选择性地损害耳蜗、前庭等部位，以氨基苷类抗生素为例叙述对耳蜗的毒性作用。

氨基苷类抗生素在耳内的药代动力学呈二房性，即体循环中的药物已经排完，但在内耳的浓度很高，排出很慢，它们的毒性主要作用于内耳听觉感受器，或者直接作用于毛细胞、前庭感受器。即使在停药后的一段时间内，听觉器官或者细胞仍处于受损状态，使听力下降、前庭功能受损。

药物中毒性聋主要表现为双耳听力下降，早期为高频听力损失，逐渐变为平坦型，有重振现象。有的患者首发症状为眩晕、耳鸣或者步态不稳。

对此类听力损失，应以预防为主，一旦发现，及时治疗。不能恢复者，视听力损失的轻重程度相应选择佩戴助听器或者植入人工耳蜗。

（3）感染性聋

感染性聋又称传染性聋，指听觉系统在孕期或出生后受病毒、细菌、立克次体等病原微生物侵袭后，结构和功能受到损害所致的听力下降。常见的病因有风疹、麻疹、梅毒、巨细胞病毒感染、流行性脑膜炎、流行性腮腺炎、伤寒、疟疾、流行性感冒、猩红热等。特别是孕期的感染，还容易导致听觉器官的畸形。

风疹引起的听力损失多为双侧，约1/3为单侧，听力曲线多呈平坦型。麻疹导致听力损失的发生率较高，其感染性聋为双侧，偶伴有耳鸣、眩晕。流行性腮腺炎可以突然引起单侧重度、永久性听力损失，其中约半数患者有前庭功能减退，双侧少见。巨细胞病毒先天性感染可引起先天性或者迟发性感音神经性听力下降，后天性感染容易累及听神经。流行性脑膜炎除出现双侧听力下降外，还有脑膜刺激征。

(4) 突发性聋

突发性聋是指突然发生的，在3天以内，相邻的两个频率听力下降20 dB HL以上。其发病原因不明，又称突发性感音神经性听力损失（sudden sensory neural hearing loss, SSNHL）。至今，对SSNHL尚无统一的定义，近年来有人认为SSNHL是一个综合征，许多疾病都可以引起SSNHL。其发病特点为单耳发病较多，双耳患者仅占1%，40~60岁成年人发病率高，男性较多，春秋季节易发病。

临床上以单侧发病较多见，偶有两耳同时或先后受累者。主要表现为短期内发生听力损失，其程度为自轻度到全聋。可为暂时性，也可为永久性。听力损失前后多有耳鸣发生，约占70%。半数患者有眩晕、恶心、呕吐及耳周围沉重、麻木感，可持续4~7天，轻度晕感可持续6周以上。少数患者以眩晕为主要症状而就诊，易误诊为梅尼埃病。有的在听力损失出现前有耳堵塞感。如存在眩晕可有自发性眼震。

根据SSNHL的定义，对SSNHL作出诊断并不困难，常根据以下表现进行诊断。

1) 突然发生的，可在数分钟、数小时或3天以内。

2) 非波动性感音神经性听力损失，可为轻度、中度或重度，甚至全聋。至少在相连的两个频率听力下降20 dB HL以上。多为单侧，偶有双侧同时或先后发生。

3) 病因不明。未发现明确原因，包括全身或局部因素。

4) 可伴耳鸣、耳堵塞感。

5) 可伴眩晕、恶心、呕吐，但不反复发作。

6) 除第Ⅷ颅神经外，无其他颅神经受损症状。

诊断前应仔细收集SSNHL患者病史和发病情况，并进行全面的耳科学、神经耳科学、听力学、前庭功能、影像和实验室检查，以期找到可能的病因。

对 SSNHL 的治疗越早越好；能查到病因的尽量查出病因，以期较好的疗效；伴有眩晕者预后差。

（5）老年性聋

老年性聋为因年龄增长使听觉器官衰老、退变而出现的双耳对称、缓慢进行性的感音神经性听力减退。国外一般将年龄限定在 65 岁以上，我国为 60 岁以上。老年性聋的发生年龄及速度存在很大的个体差异。发病率因地区环境、生活习惯及饮食习惯不同而不同，一般城市高于农村，高脂饮食地区高于非高脂饮食地区，男性比女性多两倍。

研究证实老年人听觉器官存在诸多病理改变，耳蜗毛细胞和支持细胞萎缩、缺失，耳蜗基底膜增厚及纤维化，血管纹萎缩、变性、血流减少，耳蜗螺旋动脉和螺旋韧带变性，听觉神经元数量减少、萎缩、变形、空泡变性，轴突脱髓鞘变性，突触结构异常。因此，老年性聋包含有耳蜗性病变和蜗后性病变，对老年性聋的听力学检测具有特殊性。对老年人的听力检测包括常规听力学检查以及中枢病变的定位测试，前者为纯音测听、言语测听、声导抗等；后者指中枢听觉评估（central auditory assessment，CAA）。中枢听觉评估分为主观评估方法和客观评估方法。

老年性听力损失多从高频开始，逐渐向低频发展，涉及语言频率后，引起听话不清楚，言语能力减退比纯音听力下降明显，或者在噪声环境中语言辨别能力显著下降，部分还有重振现象。大多为双耳对称、渐进性感音神经性听力损失，混合性较少见。其听力曲线多以高频下降为主，一般多为渐降型与陡降型，有时呈平坦型。老年性聋往往还伴有眩晕、嗜睡、耳鸣、脾气较偏执等。

治疗原则上应注意预防听力下降，恢复或部分恢复已丧失的听力，尽量保存并利用残余的听力。

（6）梅尼埃病

梅尼埃病是病因不明的，以膜迷路积水为基本病理特征，以发作性眩晕、听力损失、耳鸣和耳胀满感为主要症状的内耳疾病。近年有学者将波动性感音神经性聋和耳鸣为主要症状的称为耳蜗梅尼埃病，发作性眩晕和耳胀满感为主要症状的称为前庭梅尼埃病。首次发病年龄以 30~50 岁居多，单耳患病者约占 85%，累及双侧者常在 3 年内先后患病。

梅尼埃病的诊断依据有：反复发作的旋转性眩晕，持续 20 min 至数小时，至少发作 2 次以上，常伴恶心、呕吐、平衡障碍，无意识丧失，可伴水平或水平旋转型眼震；至少一次纯音测听检查提示感音神经性聋；间歇性或持续性耳鸣；耳胀满感；排除其他可引起眩晕的疾病。

对初次发作或间隔一年、数年再次发作者，应予积极对症处理；对频繁发作者，可考虑手术治疗。

(7) 内耳自身免疫性疾病

自身免疫病是机体的免疫系统对自身组织发生免疫反应引起组织器官的损害。当内耳隐蔽抗原的释放或组织抗原决定簇改变，均被视为异己，启动免疫应答，损伤耳蜗与前庭组织结构，即自身免疫性疾病发生在内耳，其被称为自身免疫内耳病，其损害可为器官特异性（局限于内耳），也可以为系统性自身免疫疾病在内耳的表现。内耳的自身免疫性疾病病因可以是：不和免疫系统接触的抗原，在组织损伤后被释放出来，引起免疫反应；药物、病毒等使抗原变成了一个新的抗原，不再具有自身特性；某些微生物携带的抗原决定簇与机体自身抗原相同，外来抗原的刺激使机体产生针对自身成分的免疫应答；遗传因素。

本病好发于中年以上患者，女性多于男性，多为双耳不对称或单耳快速进行性、波动性听力下降，听力检查结果可为耳蜗性、蜗后性或两者兼有的听力减退，可伴有耳鸣、眩晕及耳内压迫感，还可伴有其他自身免疫疾病，如类风湿性关节炎、系统性红斑狼疮、Cogan 综合征、Wegener 肉芽肿等。本病需排除噪声性听力减退、药物中毒性聋、外伤性听力下降、遗传性聋、早年的老年性聋、桥小脑角疾病和多发性硬化等。其病程较长，可持续数周、数月或数年。目前，有不少学者认为，梅尼埃病、特发性突聋也是一种免疫介导的内耳病。

治疗上多选用免疫抑制剂和类固醇类药物。长期用药时应密切观察药物反应，确保用药安全。

4. 其他相关疾病

(1) 听神经瘤

听神经瘤是良性肿瘤，多起源于第Ⅷ脑神经的前庭支，以后侵入桥小脑角内，偶见于面神经，组织学上起源于神经鞘膜施万细胞，准确地应该称为耳蜗前庭神经施万瘤（cochleo-vestibular schwannoma）。

第Ⅷ脑神经分为颅内段（自脑干到内耳道口的小脑桥脑角）、内耳道段（内耳道口至其底部）和岩骨内段（内耳道底部到蜗轴）3 段，70%~75%的听神经瘤原发部位在内耳道段，其次在颅内段，少见于岩骨内段。尽管听神经瘤是良性肿瘤，但它发生的部位特殊，很难早期诊断，手术切除的难度较大，预后较差。

听神经瘤好发于 40 岁左右，生长速度缓慢，平均每年增长 0.25~0.4 cm。虽然听神经瘤起源于前庭神经，在病变早期前庭功能逐渐被代偿，所以首发症状多为单耳进行性听力下降和耳鸣，有的表现为突发性听力下降。言语识别率下降与纯音听力下降不成比例。一旦前庭功能失去代偿，多有不稳感，偶见眩晕。面部神经受侵犯时有耳周疼痛、压迫或者麻木感；三叉神经受累时有三叉神经痛症状。在后期，当听神经瘤向内推挤脑干或者向上突入颅中窝，可出现脑干受压及颅高压症状。影像学检查表明内听道口可有扩大及占位性病变。

听神经瘤的听力学表现：早期表现为患侧轻度听力下降，病变发展后表现为高频下降的感音神经性听力损失，严重时言语识别率比纯音听力下降显著。双耳响度平衡试验、音衰变试验及镫骨肌声反射衰减试验等均表明存在听觉疲劳现象。耳声发射正常。听性脑干反应的 I 波存在而 V 波消失，两耳 I-V 波间期差超过 0.4 ms。

手术切除仍是目前治疗的主要手段。对不能或者不愿手术者，宜定期复查，密切观察病变的进展。

（2）听神经病谱系障碍

听神经病谱系障碍（auditory neuropathy spectrum disorder，ANSD）这一术语是 2008 年在意大利科莫举行的国际指南发展会议上确立的，之前被称为听神经病。它是由听神经病变引起的具有特殊临床表现与听力学检查表现的感音神经性听力损失。此病可测得纯音听阈，但听性脑干反应（auditory brainstem response，ABR）可缺失，并且发现患者的言语识别率不成比例地低于纯音听阈，多能引出耳蜗微音电位和诱发性耳声发射。

1）病史和听力学表现

①病史。大多数患者主诉双耳听不清说话声，存在不同程度的言语交流困难，在嘈杂环境中尤其明显。多自幼年起病，各个年龄段均可发生，甚至在某些中毒性或代谢性疾病的新生儿病例中也可见到相关报道。性别差异不明显，少数病例伴有耳鸣、头晕等。可有听力损失家族史。

②纯音及言语测听。听神经病的纯音听阈大多呈轻、中度感音神经性聋，少数表现为重度、极重度；主要为双耳对称性听阈升高，各频率的双耳听阈升高程度基本一致。上升型多见，少见下降型以及平坦型曲线的听力图。听力下降程度与言语识别程度不成比例，言语识别能力差与听神经非同步化放电有关。

③ABR。ABR 缺失或严重异常是听神经病的特征性表现之一。可能因为听神

经纤维非同步化放电或同步化放电遭到破坏，缺乏神经活动或者神经传导阻滞。

④诱发性耳声发射（evoked otoacoustic emission，EOAE）。在听神经病患者中纯音测听表现为正常或轻度改变，即使很差，往往能引出 EOAE。正常人的诱发性耳声发射存在对侧抑制，在听神经病患者中这种对侧抑制现象消失。

⑤声导抗测试。听神经病患者的鼓室导抗图均为"A"型，提示中耳功能正常；但镫骨肌反射引不出，同样提示听觉脑干通路存在病变。

⑥中、长潜伏期反应。斯塔尔（Starr）等报道的成人听神经病例可以引出中、长潜伏期反应，但有明显的个体差异，这可能与中、长潜伏期诱发电位对神经非同步化放电的要求不高有关。

⑦外周神经检查。听神经病例可出现神经传导速度的减慢或缺失，神经或肌肉记录表面复合动作电位的振幅下降等现象。

2）治疗。目前对听神经病尚缺乏十分有效的药物治疗，建议尝试验配助听器或植入人工耳蜗。

(3) 听处理病

中枢听处理（central auditory processing，CAP）能力通常是指中枢神经系统从第Ⅷ脑神经起传送信息至听皮层的能力，它具有对传入的大量声信息进行搜索、处理和利用，并作出正确的解释及适当反应的能力。中枢听处理病（central auditory processing disorders，CAPD）就是中枢神经系统功能的缺陷。1996 年，美国言语听力协会（American speech-language hearing association，ASHA）将听处理病定义为：在有竞争的声信号及减弱的声信号中对声音的定位分辨、声音形式的识别，听觉方面对声信号时间的感受（包括对时间的分辨、掩蔽、整合和排序）等听觉功能出现的一个或多个障碍。但目前对该疾病的定义仍存在争议。

成年人的听处理病一般由器质性病变引起。包括：外周和中枢听神经系统的肿瘤、脑血管疾病、代谢方面的疾病、颅内感染性疾病、头部外伤等神经病变，引起的胼胝体后部萎缩，使大脑两半球的听觉处理失去联系；脑功能的模糊改变，通常是指老龄化改变。儿童听处理病的病因尚不明确，往往没有器质性病变，可能与神经周围的髓鞘发育不良有关。低体重的早产儿、出生时钩端螺旋体感染引起的莱姆病、儿童体内重金属超标、孕妇接触烟酒、缺氧等可能是听处理病的病因。

听处理病在中枢神经系统功能上损害的主要表现为声特征提取不足，词汇解码不足和听注意力不足。听处理病的诊断方法以此特征为依据，分为主观测试和客观测试。

主观测试是最常用的测试手段。测试声可分为非言语声和言语声，言语声又可分为单音节词、扬扬格词、语句。给声法可分为单耳给声、双耳给声和双耳分听给声。单耳测试方法有敏化言语测试、时间压缩言语测试、合成句识别测试等；双耳测试方法有掩蔽级差测试、声源的定位和偏侧测试、双耳听觉整合测试等；双耳分听测试方法有双耳两分试验（dichotic test）、双耳两分辅元音检查、交错扬扬格测试、竞争句试验、双耳两分合成句识别试验等。由于没有一项测试对所有类型的听处理病均敏感，同时听处理病是听觉功能中的某一个方面的功能出现障碍，其表现可以一样但病变部位却不一样，因此选择测试方法时，宜进行配套组合测试，尽量选择测试不同功能的亚测试，不重复选择两个测试同一功能的亚测试，从而较全面地反映患者的听觉功能，提高测试的敏感性，提高诊断的有效性。

客观测试分为：电生理和电声学测试、神经影像学研究。电生理测试可以直接通过比较训练前后电生理的变化，为训练效果的评价提供客观依据。常用的电生理测试有中潜伏期电反应（MLR）、失匹配负反应（MMN）、事件相关性电位（P300）。

听处理病的治疗可通过三个方面：改善环境，提高信噪比；利用多个感官获取信息来补偿听觉功能的缺陷；通过训练直接干预。训练能直接改善患者听觉功能。训练分为从下到上和从上到下以及两种方法联合使用。

目前对听处理病的本质没有完全了解，诊断上也没有一个公认的诊断标准，因此，尚没有关于听处理病的流行病学调查报告。听处理病的诊断绝不能仅仅依靠听力学家，它需要听力学家、语言学家、儿科专家、神经科专家、心理学家等的合作来共同诊断治疗。

职业模块 3
物理声学

培训课程1　振动发声原理及声波基本特性
培训课程2　声测量的方法及应用
培训课程3　听力学中常用的声信号种类及应用领域

培训课程 1

振动发声原理及声波基本特性

在外力作用下产生机械振动,振动产生的能量在弹性介质中传播便形成了波,声波也是一种机械波。尽管声波能够通过一切具有弹性的介质,包括空气、水和骨组织进行传播,但通常意义上的声音多指空气中传播的、能为人耳所接收的声波,因此我们以声音在空气中的传播为例来介绍声波。在空气中,声音可被视为空气中分子的振荡。由于空气分子之间具有弹性,这种振荡能够通过空气压强(气压)的改变而被检测到。气压的这一变化量也被称为"声压",被耳朵感知后即为声音。

一、声波的基本特性

1. 波的基本参数

当以数学语言来描述某一频率的纯音时,常常采用正弦函数来描述波形(见图3-1)。位于 x 轴正向的数值代表空气分子处于密集区,而 x 轴负向的数值则表示为稀疏区。通过这种方式,正弦函数既可用以显示声压在某一处随时间的变化情况,也可显示某一时刻在波的传播方向上的传播图样。

图3-1的横坐标既可以是时间 t,也可以表示传播方向上的长度 L。T 为波的周期,其倒数即为频率;A 为波的振幅;λ 为波长;φ 为初始相位角。

以正弦函数描述某一频率的纯音,声波的特性可以通过以下四个方面来描述:频率、波长、振幅和相位。

(1)频率

在传播过程中,波的波形图样出现一次所需的时间,称为波的周期,记为 T;而波的波形图样在1 s内重复呈现的次数,称为波的频率,记为 f。两者互为倒数。与振动的频率一样,波的频率也以赫兹(Hz)为单位。

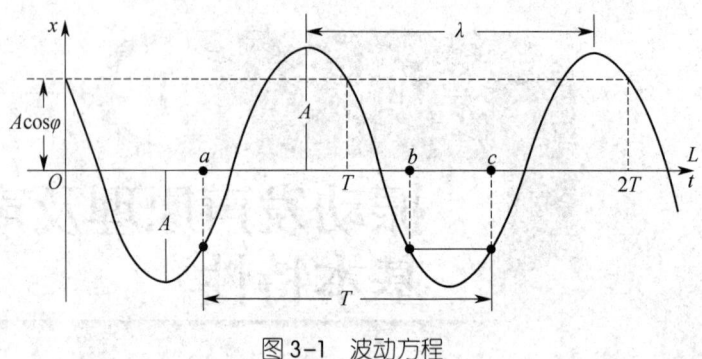

图 3-1 波动方程

(2) 波长

波长是指波在一个完整的波动周期内向前传播的距离，可表示为在传播方向上相邻的两个相同的波形图样之间的距离，例如，两个相邻波峰之间的距离（见图3-1）。它常用希腊字母 λ 来表示，单位为米（m）。

对于纯音，在声波的频率与波长之间存在着一个数学公式，波长等于声音的速度除以其频率，相应的，频率等于声音的速度除以其波长。

$$\lambda = cT = c/f$$

式中　λ——波长，m；

　　　c——声速，m/s；

　　　T——周期，s；

　　　f——频率，Hz。

 **相关链接**

声速、波长与频率的关系

声音的速度取决于空气的压力、温度和湿度。在地球的表面，声速通常为 340 m/s。某音叉产生的声波频率为 440 Hz，意味着其波长等于340除以440，为 0.773 m（77.3 cm）。

在空气中，低音具有长达几米的波长，而高音的波长只有几厘米。人耳能够感觉的最低与最高频率在 20~20 000 Hz 范围内，相应的波长为 17~0.017 m。

听力正常的人能够听到的频率跨度接近20 000 Hz。频率间隔通常用倍频程与十倍频程来表示。这两个术语均用来表示两个频率间的关系。如果一个频率是另一个频率的两倍,则两者的频率间隔为一个倍频程。例如,从100~200 Hz的频率间隔是一个倍频程,500~1 000 Hz也是一个倍频程,尽管后者两个频率间的差值是前者的5倍。同样地,一个十倍频程的频率间隔则表示最高的频率是最低的频率的10倍,如200~2 000 Hz。

(3) 振幅

正弦函数上的最大幅值称为振幅。它是声波传播过程中空气分子中的密集区或稀疏区的气压与正常气压相比所产生的最大的压强变化量值。振幅代表了波的声压大小。两条波长与频率都相同,但在振幅上有差异的正弦波(见图3-2),表示它们具有不同的声压值。振幅越大,声压越大。

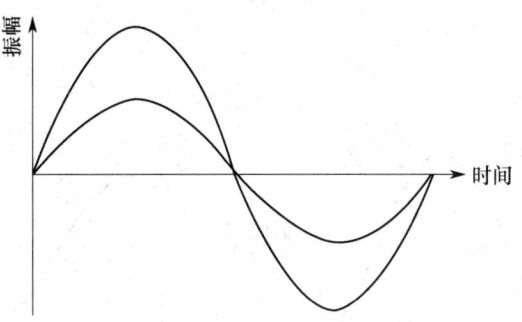

图3-2 两条波长与频率相同,但在振幅上有差异的正弦波

(4) 相位

相位显示了波形的起始点。由于媒质中任一组分的简谐振动,都可以由在圆周上做匀速圆周运动的点在直径上的投影来描述,所以相位可用圆周上的不同角度来度量,从0°到360°,称为相位角。相位角最典型的应用是描述具有相同频率与振幅但在初始相位上有差别的两个纯音。这个相位差影响了两个纯音总的振幅(见图3-3)。

两个纯音之间不同的相位差,影响其合成后的声波振幅。

如果相位差是0°,两个波形的初相为0°,总的振幅等于两者之和,如图3-3a所示。

如果相位差为90°,其中一个波形的初相为90°,另一个波形的初相为0°,这种情况下,总的振幅由相位决定,声压也相应改变,如图3-3b所示。

如果相位差为180°,第一个波形的初相为0°,另一个波形的初相为180°,这种情况下,两者的振幅相互抵消,总的声压可降低为零,如图3-3c所示。

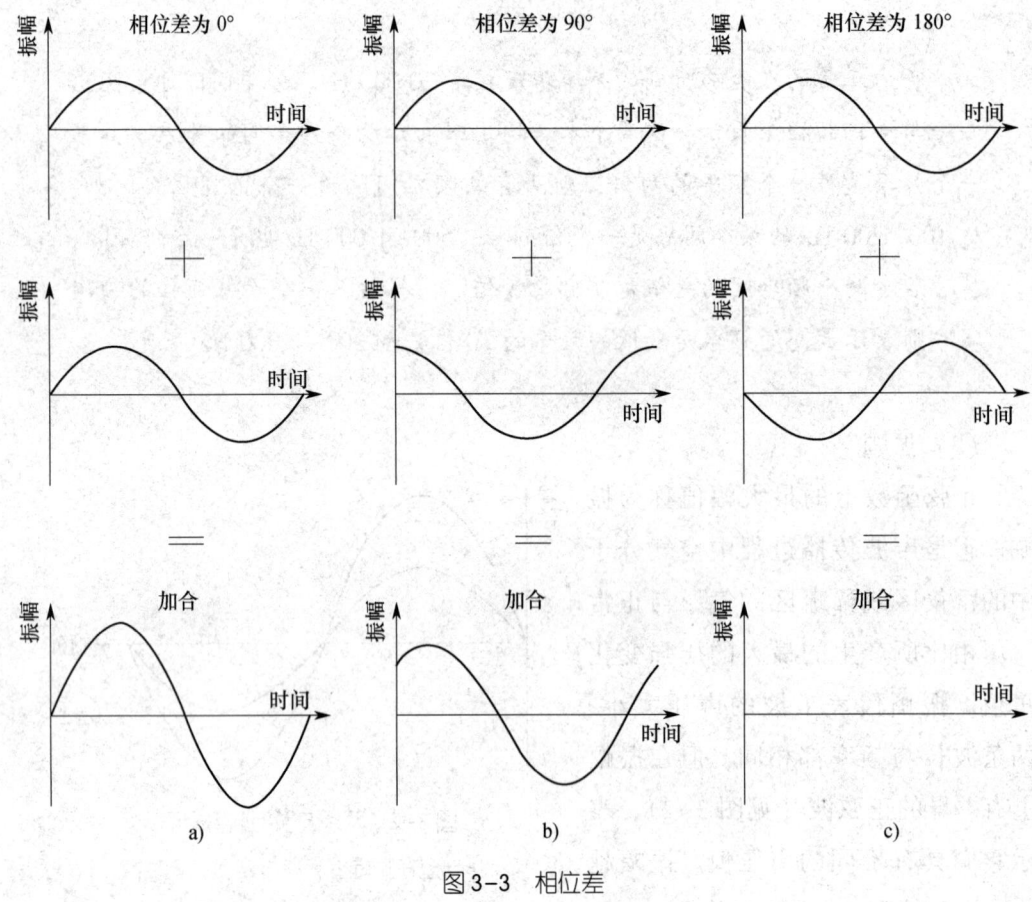

图3-3 相位差

相位差意味着,假如两个扬声器发出完全一样的纯音,它们合并产生的总声压在房间内的不同位置会存在差异,范围为从两倍于单一声压值到声压值为零。

2. 声压与声强

为了描述声波在媒质中各点振动的强弱,常用声压和声强两个物理量。

(1) 声压

声波在空气中的传播表现为疏密波的形式。媒质分子时而稀疏,压强暂时小于静态大气压;时而稠密,压强又暂时高于静态大气压。媒质中由于有声波传播而产生的压强的动态变化,即实际压强与大气静压强之差,称为声压,记为 P,单位为帕斯卡(Pascal),简称帕,用 Pa 表示,1 Pa = 1 N/m^2。人耳所能听到的 1 000 Hz 纯音的最小声压为 20 μPa。

(2) 声强

声强就是声波的能流密度,即单位时间内通过垂直于声波传播方向的单位面积的声波能量,记为 I,单位是 W/m^2。声强与声压的关系为:

$$I = P^2/\rho c$$

式中 I——声强；

P——声压；

ρ——媒质的密度；

c——波速。

据此可计算人耳所能听到的最小声强为 $(20\times10^{-6})^2/415 = (400\times10^{-12})/415 \approx 1\times10^{-12}$（W/m²）。

二、声波的传播

当一颗石头被扔进水中，水面的波纹以同心圆的形式向外传播。声波在空气中的传播类似于水波在水面的传播。只不过，声波在空气中的传播是在整个三维空间内的，像一个膨胀的球体。下面对声音传播的不同方式进行阐述。

1. 声波在自由声场中的传播

在自由声场中，声波在所有方向上的传播都是无干扰的，声能在球形波振面上辐射出去。离声源越远，波振面越大，通过单位面积的声能越少，声强表现为衰减。

2. 声波的反射

声波传播时，在两种媒质的分界面处产生返回原媒质的现象，叫作反射。现实世界中，声波很少是在自由声场中传播的，通常总会有一些物体或边界对声波的传播产生干扰。当声波遇到一个物体（如墙）时，部分声波能量会从墙反射回来，这种现象如同光遇到镜面一样。

反射的程度取决于物体的表面状况。一堵墙反射的能量比较多，相比而言，一块毛毯则会吸收掉不少的声波能量，从而减少反射量。一小部分能量还会穿过墙壁继续传播，例如常常能够听到相邻房间的声音。

有关反射的一个典型的例子是，在峡谷的一边对着另一边大声呼喊时能够听到回声。当离反射物体的位置比较远时，就有足够的时间听到回声。

另外一个例子就是在一间大屋子说话时产生的回音。当一个字发音完不久，这个声音从墙壁反射回来，会以较短的间隔追随着刚才的发音，人们很容易就感觉到语音的迟滞，字与字之间存在一定的混叠。这种现象称为混响。

 **相关链接**

混 响

混响时间用以描述某一个空间内的混响特性,其定义为:声音自空间内的某一点发出后,声能衰减 60 dB 所需的时间。混响时间取决于声波能量被吸收的程度,以及这个空间内是否存在着人、墙壁、家具、地毯或者其他能够进一步削弱反射的物体。

一个房间的声学特性常常需要根据其功能进行调整。音乐厅一般要设计成具有长达数秒的混响时间,以使声音变得更加响亮。而教室里的混响时间则应适中,以使得在教室中的任何一个位置,老师与学生的声音都能够听得清楚。起居室中的混响时间通常都非常短,一般小于 1 s。

3. 声波的衍射

声波在传播过程中经过障碍物或孔隙时,传播方向发生变化而绕过障碍物的现象,叫作波的衍射。这在生活中十分常见,例如,当一辆救护车未到十字路口的转弯处,却已经能够听到它的声音。

空气由许多气体分子组成。衍射的产生是由于空气分子具有推动相邻分子的能力。当一组空气分子被传播中的声波振动时,空气分子的振动向其相邻分子传递,不仅是在声波传播的方向上,在与传播方向相邻的方向上也有传递。波所到达的每一点都可看作新的波源,从这些点发射子波。通过这种方式,声音能够绕过声场中的物体或墙上的小孔而传播。衍射原理如图 3-4 所示。

衍射效应取决于波长与障碍物尺寸的相对大小。如果物体的尺寸明显小于波长,那么波将不受干扰地在物体的另一面继续传播。如果物体的尺寸明显大于波长,那么多数情况下,波将被反射回去,声影将在物体的背面产生(见图 3-5)。

衍射现象的一个例子就是头影效应。当声波(如高频)的波长小于头部的直径时,由于头部的反射作用,声波在从一只耳朵到另一只耳朵传递的过程中将受到削弱。当声波(如低频)的波长大于头部的直径时,声波在两耳之间不会有变化。听觉系统正是利用声音在两耳间的低频的相位差与高频的声压差来对声音进行定位。

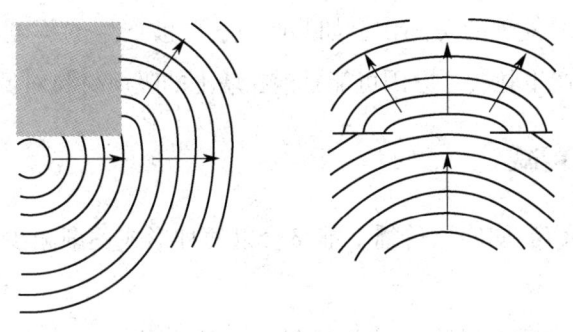

图 3-4 衍射原理

注：媒质中波动传到的各点都可看作是发射子波的波源，在其后的任一时刻，这些子波的包迹就决定了新的波阵面。

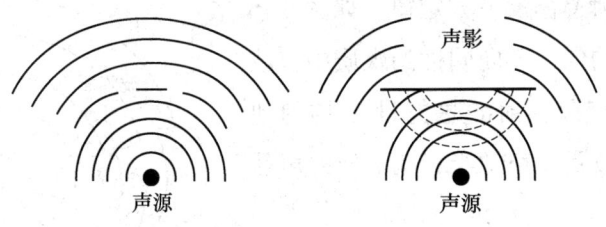

图 3-5 衍射的发生取决于波长与障碍物尺寸的相对关系

4. 声波的散射

当声波在均匀媒质中传播时，它的行进方向不会改变。但是，若传播方向上有比波长小的刚体障碍物，或当媒质中存在弹性与密度不同的障碍物时，就会有一部分声波偏离原来的方向。声波朝许多方向的不规则反射、折射或衍射的现象，称为声波的散射。

5. 驻波

两列具有相同频率与振幅的波，相向传播时会产生驻波。当一列波在房子的墙壁之间反射时，入射波与反射波的叠加即有可能产生驻波。驻波的特点是，在房间的某些空间点上，空气分子看似"驻扎"在那里，没有波动，这些点称为波节。该点的压强也因空气分子的聚集而表现为高的声压。在房间中的其他点，有大量的气体分子运动着，运动幅度最大的点叫作波腹。在这些点上气体分子是散开的，因此声压低。理论上可以证明，波节出现在两列声波的相位差恰为180°的位置，而波腹则出现于那些相位差为0°的位置。

在一个具有驻波的房间里，声压从一个位置到另一个位置可能会有明显的改变。通常声压在房间的角落及靠近墙壁的位置最大，在这些地方声音能量都以波节的形式聚焦起来。

在一些经过声学处理的房间内,如测听室,驻波产生的程度不大,但是通常会在播放低频信号时产生驻波。原因可能是铺在墙上的吸声材料对低频处理得不好。

三、声能的衰减

声波自一恒定声源向四周传播,能量会以两种形式逐渐减少。

1. 声能辐射

理想状态下,媒质不吸收声波的能量,声能在波振面上辐射出去。随着距离的增加,波振面扩大,声音的能量被平均地分散到声振面上,通过单位面积的声能减少,声强表现为衰减。

点声源的辐射遵循反平方定律。如图3-6所示,点声源在均匀、各向同性的媒质中,波振面为球面波。声源辐射的总能量 E 均匀地分布在球面上,故距离声源半径为 r 处的声强为:

$$I_r = E/4\pi r^2$$

式中　I_r——声强,W/m^2;

　　　E——声源辐射的总能量,W;

　　　π——圆周率;

　　　r——半径,m。

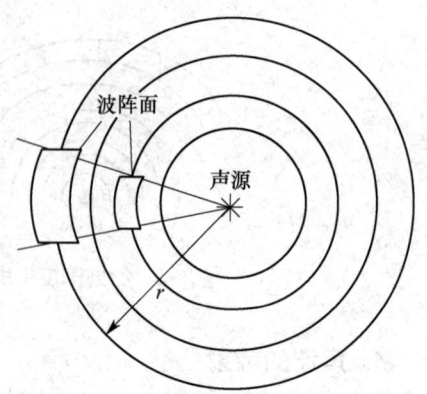

图3-6　点声源产生的球面波示意图

与声源的距离每增加一倍时,声强变为原来的1/4(换算成声强表述,则为衰减6 dB)。这就是所谓的反平方定律。

2. 声能的吸收

声波在媒质中传播,由于媒质分子的黏滞性,媒质质点运动时产生摩擦,一部分能量在摩擦时转化为其他形式的能量(如媒质的内能),这种现象叫作媒质对声能的吸收。媒质的声阻抗率就反映了媒质对声能吸收的本领。声能在空气中的吸收,与空气温度和相对湿度的协同作用有关。

虽然媒质的阻抗率只表现为阻碍的性质,媒质对各频率声波的阻滞作用是一致的,但声能在空气中的吸收仍随着频率的增加而增加,高频声比低频声衰减得快。这是由于空气分子中存在着许多悬浮颗粒(如气体中的尘埃、烟雾等),引起波的散射。随着频率的增加,声波波长逐渐变小,散射作用逐渐增强,使得沿原来方向行进的波的强度有所减弱。

相对而言，声波传播过程中由于空气媒质的吸收而造成的声能衰减是很小的，所以上面对声波特性的描述，都是针对理想的无声能吸收的情况。

四、共鸣

一个弱的声源可在一特定的空间中产生较高的声强——这种现象被称为共鸣。共鸣发生的条件是：空间（如山洞或房间）的几何形状与在此空间中传播的声波的关系达到特定的要求，即声源的频率与该空间的空气媒质构成的声振动系统的固有频率一致。

一些乐器正是利用了共鸣的效果。当演奏笛子时，演员堵住不同的孔眼来变化音调，实际是改变笛子共鸣腔的长度。在一间小浴室中也能体验共鸣，当以某一频率唱歌时，歌声可能会在整个浴室中回响。

1. 亥姆霍兹（Helmholtz）共鸣腔

在电声技术成熟之前，人们利用共鸣现象来分析复合音的组成或给乐器定音，所使用的是德国物理学家 Helmholtz（亥姆霍兹）发明的一套用黄铜制成的球形共鸣器，每球有大小两个开口的管。大管接收外来的声源，声源频率与球体的固有频率一致时，就会产生共鸣，小管插入音乐家的耳中用来听辨定音。

亥姆霍兹共鸣器可以看作弹簧振子在声学中的翻版。封闭在球体中的气体就像一个弹簧，大管内的空气可以看作振子。当外来声波传入大管时，其产生的气压波动会挤压（或拉拽）大管内的空气向下（或向上）运动，相应地改变球体内的压强。由于球内的空气具有弹性，被压缩的气体会向上反弹，被拉拽的气体会向下回复。空气柱上下振动，从而产生一个共鸣音。

 **相关链接**

亥姆霍兹共鸣在助听器耳模声学中是一个非常有名的现象。使用助听器时，耳模会将一定容积的气体堵塞在耳道内。有时为了缓解患者的堵耳效应，会在耳模上开一个小的通气孔，将耳道内的腔体与耳模外的大气直接相连。这样，通气孔和耳道内的腔体就构成了一个亥姆霍兹共鸣器，对耳道中的某一频段的声音进行小幅放大。共鸣的频率大约为 500 Hz，频率

主要由耳模通气孔的尺寸决定，直径越小，共鸣频率越低，如图3-7所示。

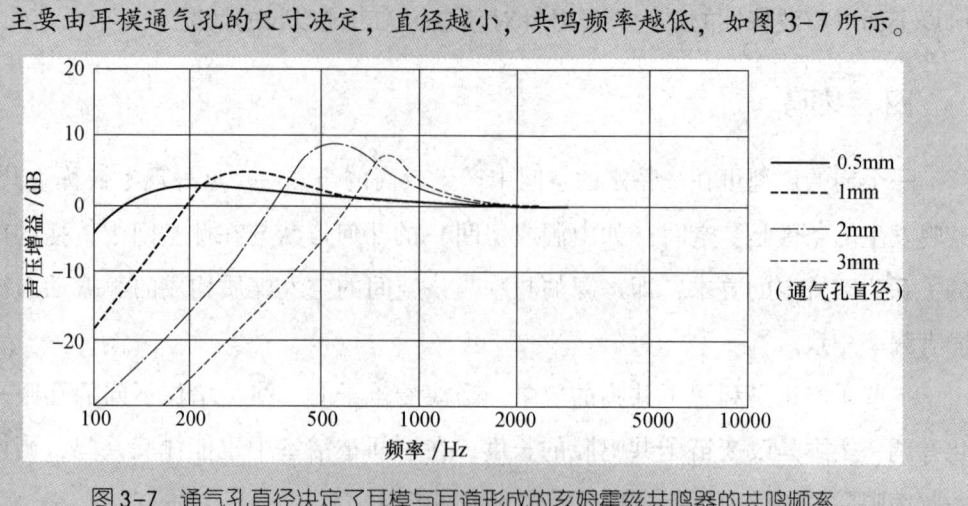

图3-7　通气孔直径决定了耳模与耳道形成的亥姆霍兹共鸣器的共鸣频率

2. 1/4 波长共振

还有一类共振在音乐声学中十分常见，它是发生在特定管腔中的驻波现象。

以一端开口而另一端封闭的管腔或通道为例，入射波在管腔封闭端被反射后与其自身叠加，从而形成一个驻波。在管腔封闭端，入射波与反射波存在180°的相位差，故为波节；而在开口端，空气分子的振动最大，故为波腹。因而，管腔的长度应为共振频率所对应的声波波长的1/4。在管腔开放处（波腹）较小的声压，在封闭端（波节）则被放大至一较大的声压。这就是听力学中特别重要的1/4波长共振。

成人的耳道长度约为 3 cm，一端开放，而另一端密闭在鼓膜处。这意味着共振声波的波长应为耳道长度的 4 倍，即 12 cm。波长为 12 cm 的波，其频率大约为 2 800 Hz。在其临近较宽的频率范围内，声音信号可在鼓膜处放大 10～15 dB，这种效应被称为耳道共振（见图3-8）。

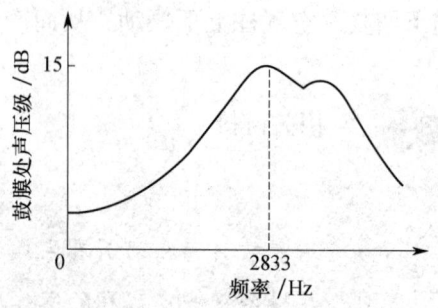

图3-8　耳道自然开放状态下的共振函数

新生儿的耳道更短，且比成人耳道共振提供的放大量要小。相应地，耳道共振更多地偏向高频，为 5～6 kHz。在五岁时，儿童的耳道已经发育成熟，与成人的耳道共振几乎一致。

培训课程 2

声测量的方法及应用

一、强度测量

压强被定义为施加于单位面积上的力的大小,用帕斯卡(Pa)来表示。因为声波产生的压强变量值用帕斯卡表示起来通常都很小,所以声压会以微帕(μPa)来表示,如用 20 μPa 来表示 0.000 02 Pa。

人耳所能听到的声音的声压范围极其广泛。对于频率为 1 000 Hz 左右的纯音,人耳能够听到的最小声压约为 20 μPa;而使人耳产生不舒适感的声压,大约为 20 000 000 μPa。两者相差 100 万倍。如此巨大的声压差,使得用微帕来描述声压变得非常困难,因此引入分贝这个单位。

1. 分贝刻度

在电话普及的过程中,人们迫切需要一个评定声压的单位,便于书写运算且又符合人耳对声级的响度感知。由于人耳对声音响度的感受遵循对数变化的规律,于是引进了对数刻度。

将两个声压的比值转换成以 10 为底的对数,再乘以 2,从 20 μPa 到 20 000 000 μPa 之间的巨大差值就转换为差值仅为 12 的对数刻度,单位为贝尔(Bell),以电话的发明者亚历山大·格拉汉姆·贝尔(Alexander Graham Bell)的姓氏命名。但以贝尔为计数单位分级过粗,因此以 1/10 贝尔,即分贝(dB)为计量单位。这样,在将比值取以 10 为底的对数之后,就应将结果乘以 20。12 贝尔的声压跨度就可以表达成更便于运算的 120 dB。

相关链接

分贝运算举例

两个声压值 20 000 μPa 与 200 μPa 之间的比值是 100∶1，而 100 取以 10 为底的对数为 2，因此两个声压值的差值即为 20×2 = 40（dB）。一个声音比另一个声音大 40 dB。

2. 声压级和声强级

(1) 声压级

分贝反映的是两个声压之间的相对差值。只有规定了作为基准的声压数值，才能表达声压的绝对值，称为声压级（sound pressure level，SPL），记为 L_P。数值以分贝（dB）表示，并加后缀 SPL 表示声压的绝对值。

在空气媒质中，取人耳在 1 000 Hz 所能听到的最小声压 20 μPa 作为基准声压，因此 0 dB SPL 即代表 20 μPa 的声压，而 40 dB SPL 则代表比 20 μPa 的声压值大 40 dB。一般来说，轻声的声压级约为 40 dB SPL。

在周围的声学环境中，声压级范围从 0 dB 到 120~140 dB。表 3-1 提供了不同类型声源的声压级。

表 3-1 不同类型声源的声压级

声源	典型的声压级	声源	典型的声压级
树叶的"沙沙"声	大约 20 dB SPL	摇滚音乐会	90 dB SPL 以上
客厅	大约 50 dB SPL	人耳的痛阈	大约 120 dB SPL
正常的说话声	60~70 dB SPL	喷气式飞机	130~140 dB SPL
工业噪声	大约 85 dB SPL	—	—

(2) 声强级

声场中某点的声强级，是指将该点的声强 I 与基准声强 I_0 的比值，取以 10 为底的对数再乘以 10 的值。I_0 为基准声强，在空气中为 1×10^{-12} W/m²。声强级记为 L_I，数值以分贝（dB）表示：

$$L_I = 10\lg(I/I_0)$$

式中　L_I——声强级；

I——声强;

I_0——基准声强。

I_0 的取值可由公式 $I=P^2/\rho c$ 推算而来,$I_0=P_0^2/\rho c=(20\times10^{-6})^2/415=(400\times10^{-12})/415\approx1\times10^{-12}$(W/m²)。尽管声压级和声强级在物理概念上是不同的,但在数值上却是一致的。在许多不太严格的情况下,对声音强度进行描述时,两者是通用的。

二、频谱分析

1. 倍频程刻度

对频率的计数很少采用线性刻度,多采用对数刻度。这与人对音调的主观感受也是一致的。频率采用对数刻度后,人耳最敏感的频率 1 000 Hz 也恰巧位于 20~20 000 Hz 的对数坐标的中部。如同声音的强度以分贝计量,对频率的计量采用倍频程(octave)刻度。频率每增加一倍,称为一个倍频程,音乐上称为一个八度。

频带的上、下限频率相除,商为 2 的几次幂,就称为几个倍频程。如频率从 f 至 $2f$ 为 1 个倍频程;从 f 至 $4f$ 为 2 个倍频程;从 f 至 $2^{1/3}f$ 为 1/3 个倍频程。

2. 滤波

通过频谱分析的方法,了解了信号的频率组成,也可以通过各种不同的滤波器来对声波信号进行频谱修饰,将不需要的频率成分滤除,将需要突出的频率成分抬升。滤波器按其频率响应(简称频响)可分为高通滤波器、低通滤波器和带通滤波器等。

高通滤波器只允许某一频率以上的高频信号无衰减地通过滤波器;低通滤波器只允许某一频率以下的低频信号无衰减地通过滤波器,其临界处的频率称为截止频率(cut-off frequency)。截止频率是指滤波器的输出降低 3 dB 时所对应的频率。

带通滤波器只允许特定频带的信号通过滤波器,其主要参数是中心频率 f_c 和带宽(包括上限截止频率 f_U 和下限截止频率 f_L),$f_c^2=f_U\times f_L$。以声学测量中常用的 1/3 倍频程滤波器为例,其中心频率已形成一套国际标准化的标称值,分别是 16 Hz、20 Hz、25 Hz、31.5 Hz、40 Hz、50 Hz、63 Hz、80 Hz、100 Hz、125 Hz、160 Hz、200 Hz、250 Hz、315 Hz、400 Hz、500 Hz、630 Hz、800 Hz、1 000 Hz、1 250 Hz、1 600 Hz、2 000 Hz、2 500 Hz、3 150 Hz、4 000 Hz、5 000 Hz、6 300 Hz、

8 000 Hz、10 000 Hz、12 500 Hz、16 000 Hz。带宽为 1/3 倍频程，即 $f_U = 2^{1/3} f_L$。

三、声级计

1. 声级计的功能

声级计是测量声音强度的电子仪器，但它不同于一般的客观电子仪表。它在将声信号转换成电信号时，可以模拟人耳听觉对声波反应速度的时间特性、对高低频灵敏度不同的频率特性以及等响曲线组表现出的强度特性。因而声级计（见图3-9）是一台兼顾了人的主观感受的电子仪器，有许多可调节的部件及不同的组合。

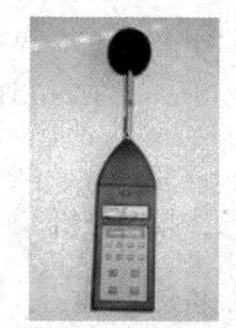

图 3-9 高精度声级计的外观（传声器处加了一个防风球）

2. 声级计的构造

声级计由传声器、衰减器、计权网络、放大器、检波网络和指示器等部件组成。声级计最前端的部件是传声器（microphone，音译成麦克风），它把声能转化成电能后，送至主机的前置放大器，放大后送至衰减器（控制适当的量程范围）及计权网络以后，最后通过检波并由具有一定阻尼特性的指示表显示出声级读数。

3. 计权网络

在听力学、噪声测量等领域，人们希望声级计测得的声级能客观反映人耳的主观响度感受。响度是人耳判别声音由弱到响的强度等级概念，它不仅取决于声音的强度，还与频率及波形有关。

将各频率上响度相等的纯音或噪声的声压级数值绘制成曲线，就构成了等响曲线。依据不同的响度，可以绘制出一系列等响曲线（见图3-10）。把 1 kHz 的纯音的某强度值作为在其等响度曲线上别的频率的纯音的响度级，这个单位被称为"方"（phon）。

40 phon、70 phon、100 phon 三条等响曲线，大致对应声学测量中的 A、B、C 三种计权。最下方的 MAF 为一组耳科正常人在声场双耳聆听时获得的最小可听阈数值。

由等响曲线组可知，人耳听觉对不同频率有不同的敏感度，而且这种敏感度的不同随着响度的增加而变得不那么显著，100 phon 的等响曲线已经变得比较平坦。为了模拟人耳的这种特性，不少噪声测量仪器内都设计了一种特殊的滤波器，称为计权网络。不同频率对总体响度的贡献是不同的，有着不同的权重

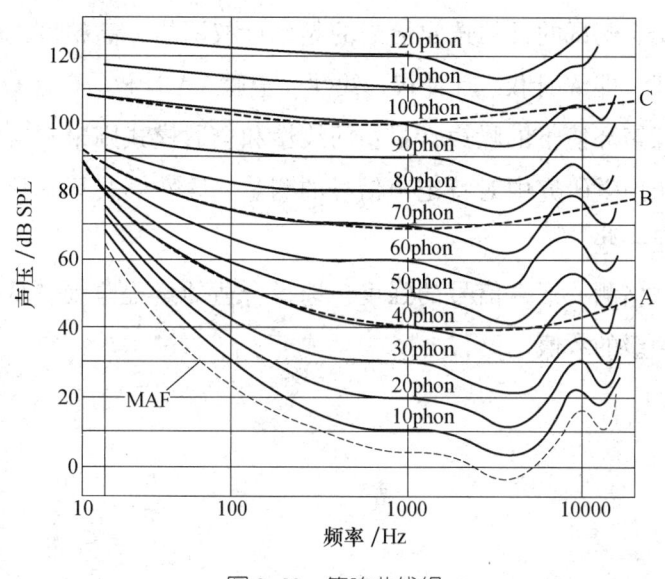

图 3-10　等响曲线组

（响度影响因子），在考察噪声对人耳产生的心理感受时，应将这种"权重"计算进去。

常见的计权网络近似地模拟了 40 phon、70 phon、100 phon 三条等响曲线，称为 A、B、C 计权。A 计权声级是模拟人耳对 55 dB SPL 以下低强度噪声的响度感受，B 计权声级是模拟人耳对 55~85 dB SPL 中等强度噪声的响度感受，C 计权声级是模拟人耳对 85 dB SPL 以上高强度噪声的响度感受。三者的主要差别是对噪声低频成分的衰减程度，A 衰减得最多，B 次之，C 最少。

一般的声级计上均有三种频率计权：线性、A、C。线性表示未使用计权网络，所测声级的数值应标志为 dB SPL；而采用 A、C 计权测得的数值应标志为 dB A、dB C。

4. 使用方法

首先，选用与声级计相互配套的传声器，安装在声级计的传声杆上，在户外有风的情况下应加罩上一个防风球。若希望实现远距离测量，或者声源与测量者分处两室，还可使用传声器延长电缆。使用某些传声器时，声级计还需施加一定的极化电压。测试前还应使用活塞发声器对传声器进行校准。

其次，应针对所测声信号的特点确定声级计的时间响应。声级计一般都应具有三种时间计权：慢速 1 000 ms、快速 125 ms 和脉冲 35 ms，分别对应稳态信号（如纯音或持续平稳的噪声）、瞬态信号（如言语声）和脉冲信号（如枪声）的测量。

再次，应结合测试的目的选定恰当的频率计权网络。高精度的声级计大多具有四种选择模式，即 A 计权、C 计权、线性、全通。A 计权、C 计权一般分别用于常规环境和高噪声环境下的噪声计量；而线性和全通模式则未对各频率成分作计权处理，多用于声学研究中对特定声信号的测量，线性模式只是比全通模式的频率范围略微窄了一些。

最后，大致估测一下声信号的强度，选择合适的量程范围，从指针表或数字液晶屏上读取声级的数值。

培训课程 3
听力学中常用的声信号种类及应用领域

临床听力诊断和实验研究常用的声学信号主要有以下几种：纯音、调制声信号、短时程信号、言语信号和噪声信号等。由于它们的声学特性不同，各自的用途也不相同。

声音兼具时域与频域特性，而耳蜗就是一个频率分辨精细、响应时间很短的频谱分析仪。从听觉研究的角度出发，理想的刺激声应是时域上极短而频域上又极窄的信号。但现实中不可能同时兼备这两个极端条件：作用时程短的声音，其频谱必定宽；而要使频率成分简单，声音的时程必然很长。常用的刺激声只能是两者的折中，按实际需要而偏重其一。纯音和短声就是临床听力学中最常用的两类声信号：纯音侧重于频率的单纯，而短声偏重于时程的短暂。

一、纯音和调制声信号

1. 纯音

纯音信号的时域函数可表达为单一频率的正弦函数，主观听感上具有"单纯"的音调感觉，故而称为纯音。评价患者各频率听敏度的听力图就是以不同频率的纯音作为测试音的。

纯音的频谱只有单一一条谱线（见图3-11）。纯音的持续时间越长，其谱线越"纯"。在实际应用中，可人为设定一个时窗：时程在1 s以上，并有数十毫秒的起始和结束时间（称为上升和下降时间）。这个时窗所截取的纯音段，可近似地被认为是纯音。所以纯音测听的规范中要求，纯音的给声时间为1~2 s。

2. 调制声信号

调制声是持续作用的声音，其某一参量（如频率、幅度、相位等）按照另一特定信号的时间模式而变化，称为调制。其原始的声信号称为载波，控制参数变

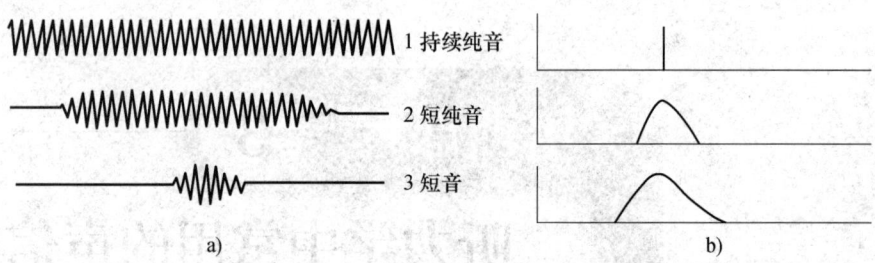

图 3-11　持续纯音、短纯音和短音的持续时间及其对频谱的影响
a）持续时间　b）对频谱的影响

化的特定信号称为调制波，调制波可以是正弦波、梯形波、语音或其他波形。无线电调幅（AM）或调频（FM）广播，即是以语音信号调制电磁波的幅度或频率而实现的远距离传播（见图 3-12、图 3-13）。

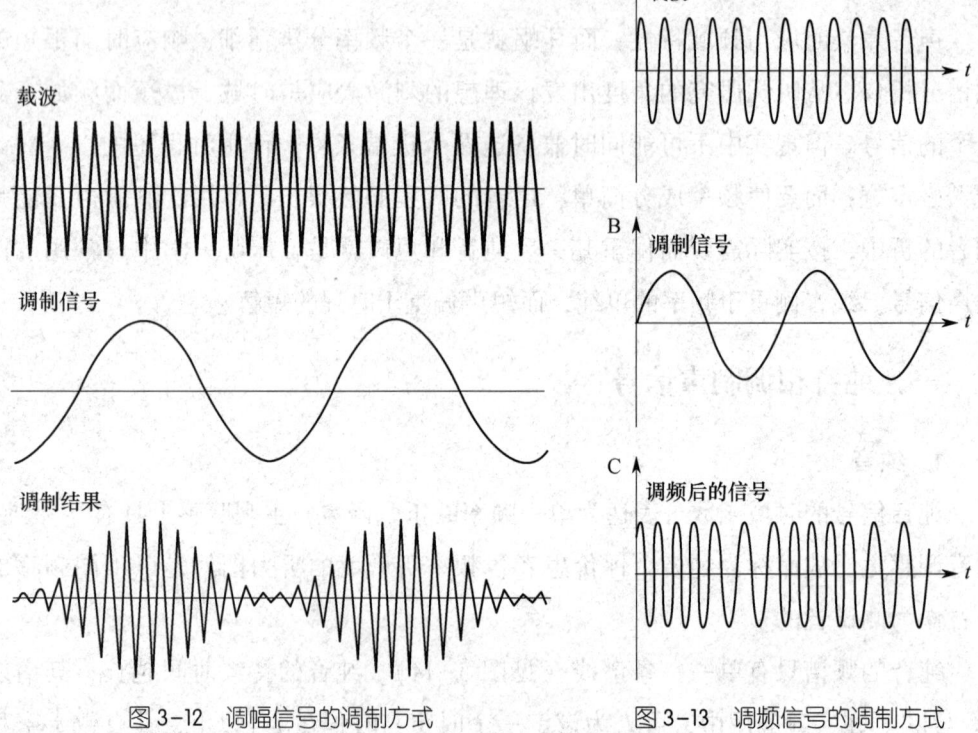

图 3-12　调幅信号的调制方式　　　　图 3-13　调频信号的调制方式

调制声是参数较多但易于控制的复杂声。其持续给声的特点又保证了频谱成分的相对单纯，所以在听觉测试中有独特的优势。记录听觉稳态反应（ASSR）时所用的刺激声就采用了调幅和调频声信号。纯音听力计也可对纯音信号进行 5% 的调频处理，转化为啭音输出，用于特定条件下的听阈测定。

二、短时程信号

时程小于 200 ms 的声信号称为短时程信号。记录听觉诱发反应、诱发性耳声发射时所用的短纯音和短声等都是短时程信号。

1. 短声

脉宽为 50~200 μs 的矩形电脉冲输出到耳机或扬声器，即为短声。脉冲冲击能量的大小决定了短声的强度。短声时程的长短取决于耳机的频响特性，而不是冲击脉冲的宽窄。作用时间可短至数毫秒以内。短声的频谱甚宽，理论上可与白噪声相仿，其实际的频谱能量分布取决于耳机或扬声器的频响特性。由于时程短促，便于引发听神经纤维的同步放大而获得较大的电反应波形，因而是记录听觉诱发反应时最常用的刺激声信号。

2. 短纯音与短音

与纯音具有类似的音调感觉，但时程仅为数十至数百毫秒的纯音段，称为短纯音（tone burst）。其频谱已不是单一谱线，而有一定的宽度（见图 3-1）。短纯音因有一定的频率特征，同时又是一短时程信号，便于引起听神经纤维的同步放电，常用于听觉诱发电位的叠加记录，以了解听觉系统对该频率的听敏度。

短音（tone pip）为周期数固定、外包络呈菱形的一段正弦波，总的波形及频谱特征与滤波短声颇为相像。

无论是短纯音还是短音，都可以看作一个时窗对纯音的截取，截取的结果是获得一个具有一定外包络的纯音段。外包络的形状称为窗函数。窗函数可以是矩形的，但大多数都是由一个平台期（plateau）和上升/下降（rising/fall）时间段构成。

矩形时窗的时程如果很短，则会发生瞬态畸变，听起来也不像纯音，频谱上很宽泛，不再是一根谱线，其能量向较高和较低频率扩散。随着时窗平台期的延长，频谱变得相对较纯。

三、言语信号

言语信号是准周期性声信号（元音）与非周期性声信号（辅音）的结合。元音形成于喉部，来自肺部的气流受到喉头的节制，该处声带产生周期性振动，带动空气以周期性波的形式向外流动，并在咽腔及口腔产生共振。其他的一些声音（辅音）则是由于空气经过声道的狭窄处产生的噪声，如气流通过双唇时发出的声音。

人讲话时，软腭、舌、嘴唇、下颌不断地改变位置，位置的改变使咽腔及口腔的共振也发生变化。所以，每个音位的共振峰也不尽相同。

四、噪声信号

从声学的角度看，一切不规则的或随机的声信号都称为噪声信号。而从心理学的角度看，一切不希望存在的干扰声，都称为噪声。即使是优美的音乐，如果它干扰人们的睡眠或思考，则也属于噪声。以下描述的噪声信号，主要从声学角度考虑。

1. 白噪声

白噪声是听觉研究中十分有用的一类噪声。就如同在光学中包含了各种颜色的光是白光一样，白噪声的名称就已经说明了它的性质。它是指在较宽的频率范围内，各等带宽的频带所携载的声音能量均相等的噪声。

2. 带通噪声

具有连续谱和恒定功率谱密度的白噪声，经过带通滤波器滤波后，就成为带通噪声，可分成宽带噪声和窄带噪声。

3. 脉冲噪声

脉冲噪声是指持续时间短促的噪声。枪炮等武器发射、爆炸和工业中的气锤、冲床等发出的声音都属于脉冲声。有时把峰值压强超过 177 dB SPL、持续时间较长的脉冲信号称作冲击波或压力波。

4. 言语噪声

言语噪声是为了临床言语测试等目的，人为对白噪声进行特殊的滤波处理而获得的噪声信号，其在 250~1 000 Hz 为等能量，而在 1 000~6 000 Hz 每倍频程递减 12 dB。

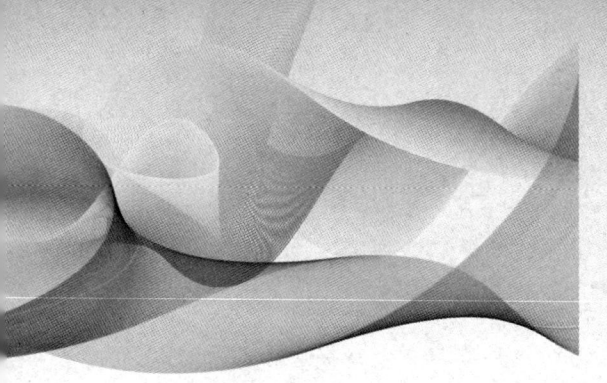

职业模块 ④ 心理声学

培训课程1　阈值

培训课程2　响度和音调

培训课程3　双耳听觉的优势

培训课程 1

阈值

心理声学是心理物理学的一个分支，是研究声刺激引起心理反应的一门科学。在心理声学中，刺激信号为声音（物理量），感觉为听觉（心理量），它注重对声音感觉的定量及物理量与心理量相关性的研究。

一、听阈

1. 阈的概念

阈值（threshold），词义是门槛，又叫临界值，泛指界限或范围，是指一个效应能够产生的最低值或最高值。此名词广泛用于各方面，包括建筑学、生物学、飞行、化学、电信、电学、心理学等，如视阈、听阈等。一般无法直接测量一个人的感觉，尽管电生理和影像学技术的进步加深了人们对于中枢神经系统神经活动部位的认识，但一个人对于声音的感受主要还是根据其行为来判断的。

2. 听阈的概念

刚能引起人耳听觉反应的最小声音刺激量，称为听阈。将各频率的听阈以线段连接，形成听阈曲线。听阈从字面理解，是描述人所听到声音的界限，这个界限表明刚能听到最小声音的能力。当自然界的声音传入人耳时，声音所含的能量会刺激听觉神经，引起大脑听觉中枢的声音感觉。但并非任何大小的声音都能引起人耳的听觉，必须在声音的强度达到一定的量值时，才能引起人耳的听觉，20~20 000 Hz 声频范围内，能引起人耳听觉的最小声音强度叫作人耳的听阈。

听阈测试是指在规定的条件下，给以规定的声信号，在多次重复实验中，有一半以上次数的，能正确引起听觉的最小声压级或振动力级的最小声音。由听阈的定义可以看出，听阈是评价听力的一个界限，它反映听觉感受器的灵敏程度。评价听力好坏通常以听阈的高低来表示，听阈低，表示很小的声音都能听到，说明听力好或听觉灵敏度高；反之，听阈高，表示很大的声音才能听到，说明听力不好或听觉灵敏度低。

声学中，具有单一频率成分的声音称为纯音，纯音听阈测试最为常用，按上述听阈定义推论，多次播放特定频率的纯音，其能被察觉的次数约占50%时所对应的声刺激强度称为该频率纯音的听阈。确定纯音听阈的测试方法称为纯音听阈测试。纯音听阈测试是目前能够准确反映听敏度，确定听阈高低，了解听力损失程度，评价听力现状的常规主观测听法，在科研和临床得到广泛应用。人耳对不同频率声刺激的敏感性不同，以中频声音（1 000 Hz）最敏感，高频声音次之，对低频声音的敏感性最差。

纯音听阈测试的是觉察阈，觉察阈的基本原理如图4-1所示。

图4-1中刺激强度即纯音的强度以横轴表示，从小到大，表示从不能听到声音至可以听到。反应的测量即觉察，以纵轴表示。"阈"就是从不能听到至能听到之间的一个界限，低于该强度的声音不能被听到，高于该强度的所有声音都能被听到，这一过程在图中以实线表现

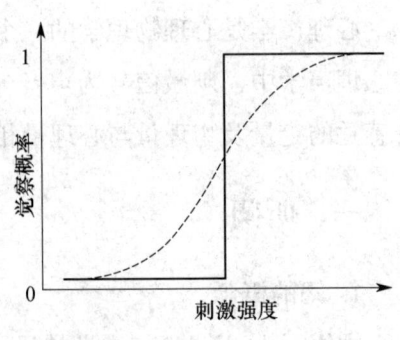

图4-1 觉察阈的基本原理

出从听不到到听到之间突然的变化。此函数称为"阶梯曲线"，斜率为无穷大。但是，人和动物实验结果显示，其反应都不是"全或无"的，因此用图4-1中虚线反应觉察过程更准确。在一定强度范围内，如果声音能被察觉到，受试者对声音作出反应的概率就会随着声音强度的增加而增加，在虚线中不能找到一个明确的"阈"点，表示声音的觉察概率随着刺激强度的变化而变化。

根据心理物理学实验结果，觉察实际上可以看作是一个概率过程，它能够解释阈值测量为何存在差异。

若继续增加声刺激强度，刚能引起人耳不适或疼痛的最小刺激量，称为痛阈。将各频率的痛阈以线段连接，形成痛阈曲线。听阈曲线与痛阈曲线之间的范围，称为听觉区域或听觉动态范围（见图4-2）。

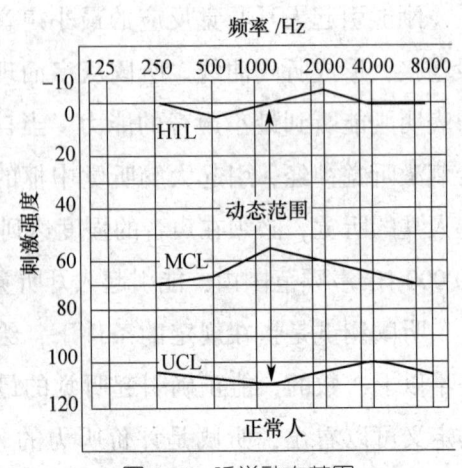

图4-2 听觉动态范围

动态范围的上限取决于人耳对响度的感知，此响度有不同的定义，有的将其定义为声音太大令人不舒服的强度，而有的将其定义为声音太大产生疼痛的强度。

3. 影响听阈测试结果的因素

影响听阈测试结果的因素很多，有以下几种。

（1）测试方法

如上升法和下降法测出的结果可能不同，前者是首先给出一个受试者听不到的声音，逐渐增加强度；后者是先给出受试者能清楚听到的声音。由于节律反应的影响，上升法比下降法测得的阈值要高一些。

（2）受试者

受试者对测试的理解程度可能不同，这种理解差异会导致不同的反应标准而导致测试结果的不同。如有人可能对作出反应的标准比较保守，只有听到确切的声音才作出反应，这样会造成他听到一些声音但不反应。相反，有人可能表现积极，多数情况下能够准确地反应，但这又可能会导致过度反应（假阳性）。以上两类人即使听敏度是一样的，测试结果也会产生差异。另外，从声信号的产生到声音的传递过程存在许多环节，如中耳内声能向机械能的转换、耳蜗内机械能向神经冲动的转换、中枢神经系统内神经冲动的传导、听者对声音的感觉和认知过程、产生反应的有关肌肉运动环路等，上述任何环节都会在受试者的行为反应测试中产生差异。

（3）噪声

内部和外部噪声均会影响听阈测试结果。

（4）测试者和受试者动机

如因各种原因导致的伪聋患者听阈常比真正听阈高，同时，测试人员的技能、技巧及主观意识也会影响测试结果。

二、差别阈

差别阈定义为物理量发生改变时能被感觉到的最小值。这时测量的不是刺激的最小阈值（或绝对阈值），而是能听到声刺激的最小改变。在心理声学中要讨论的内容包括强度或响度差别阈、频率或音调辨别阈、时间辨别阈、相位辨别阈等。下面重点讨论强度差别阈和频率差别阈。

前述的用于阈值的测试方法也可用于差别阈的测试，不同的是受试者应在有最小的声音变化时就作出反应。有实验证实，对许多物理量来说，差别阈与刺激量的大小是成比例的。此结论被称为韦伯定理，用公式可表达为：

$$\Delta I/I = 常数$$

式中　I——刺激量；

　　　ΔI——差别阈。

1. 频率差别阈

声音频率上的改变在心理声学上体现为音调的变化。频率辨别敏感性指的是人耳能仅因两个声音之间的频率差异而辨别其音调不同的能力。测试频率差别阈有两种方法：一种方法是在很短的时间间隔内给出两个频率不同的声音，让受试者指出哪个音调高；另一种方法是用调制频率很低的调制音，受试者能听到调制信号时的调制频率即为调频差阈。纯音频率的频率差别阈随着绝对频率的变化而变化，当刺激频率增高时，频率差别阈变大。如果测试频率不变，在阈上强度测试时，频率差别阈随着刺激声音强度的改变而改变，通常强度增加频率差别阈减小。

2. 强度差别阈

声强的变化在心理声学上体现为响度的变化。声强辨别敏感性指的是人耳对两个声音之间最小的声强差异能辨别其响度不同的能力。测量方法通常包括三种：第一种是通过改变调幅音的调制幅度，受试者能听出调制信号时的调制幅度即为强度差别阈；第二种是在连续背景噪声的某一段时程中增大声强，受试者能辨别出响度的变化；第三种是让受试者听两个间隔较短的不同声强的声音，让受试者分辨哪个声音响度大。人们对强度差别阈的研究发现，当刺激频率和刺激强度发生改变时，强度差别阈要较频率差别阈的变化小，在安静环境下，强度差别阈在中等强度到高强度只发生轻微的降低。

培训课程 2

响度和音调

一、响度

响度（loudness）是人耳对声音强度产生的心理上感受的量，即声强感知或心理印象，是人耳听觉对声音强弱属性的判断。

1. 响度的生理基础

响度的感觉可能和听神经系统中的两个神经参数有关：神经冲动的速率和发生冲动的神经的数量。

动物实验证实，在阈值以上的纯音刺激，强度越大则发生冲动的神经数量就越多。随着刺激强度的增加，神经元发生冲动的频率也增加，其频率可为 150~200 Hz。

每一个特定的听神经的神经冲动频率的动态范围可在 30~40 dB 的声压级，而人类的听神经系统的实际动态范围在 100 dB 左右，所以一定还有别的机制在起作用。

2. 影响响度的因素

响度是一个主观指标，它不能由声信号的强度来直接推断，但响度也受到信号的频率、时值等因素的影响。

（1）频率对响度的影响

人耳对不同频率的纯音有不同的敏感度。如使用 TDH39 耳机（ISO 389 标准）1 kHz 的纯音在 7.0 dB SPL 时就可被察觉；而 20 Hz 的纯音在 70 dB SPL 时才可被察觉。这种对不同频率的声音有不同的敏感度也表现在听阈以上的情况。所以当不同频率的声音有同样响度的时候，它们的强度并不一定是一样的。这样就产生了等响度曲线，即把不同频率和不同强度的纯音和 1 kHz 的纯音做等响度的配对。

把 1 kHz 的纯音的某强度值作为在其等响度曲线上别的频率的纯音的响度级，这个单位被称为方（phon）。

获得等响度曲线的条件是：听者要面对声源入射方向；当听者不在时，声场为平面自由行波；声场的声压级应在听者不在场时测得。等响度曲线中最下端的一条曲线为人耳在各频率所能听到的最小强度，称为双耳声场最小可听阈曲线（minimum audible field，MAF）。在临床听力检测中，为了解受试者的听力水平比正常人损失了多少，通常将声场最小可听阈曲线作为基准零级，叫作双耳听力零级（见表4-1）。由等响度曲线组可知，人耳听觉对不同频率有不同的敏感度，而且这种敏感度的不同随着响度的增加而变得不那么显著，如 100 方（phon）的等响曲线已经变得比较平坦。

表 4-1　正常听力者在不同频率的听力零级声压

频率/Hz	125	250	500	1 000	1 500	2 000	3 000	4 000	6 000	8 000
零声压级/dB SPL	45	25	12	7.0	6.5	9.0	10.0	9.5	15.5	13.0

响度衡量单位是"宋"（sone），宋是响度衡量实验的结果，受试者必须判断某声音比一个标准声的响度大多少。约定俗成的标准是以 40 phon 的 1 kHz 纯音（即 40 dB SPL）的响度为 1 宋（sone），比这个标准声大 N 倍的声音响度即为 N 宋（sone）。实验数据表明，纯音的强度每增加 10 dB，响度则加倍。

（2）时值对响度的影响

1）时值的整合。在时值小于 200 ms 时，纯音的响度将随着给声时间的减少而降低。这就意味着如果使用很短的纯音，需要一个较高的强度才能使受试者听到，或者说受试者的听阈会被提高。这就是为什么在进行纯音测听的时候，给声的时间不得小于 500 ms。

随着给声时间的缩短，阈值就会提高，这是因为响度逐渐下降。

2）响度适应和听觉疲劳。

①响度适应。响度适应是听觉系统对响度感觉的改变。在保持响度不变的条件下，一个信号的持续刺激往往伴随着响度感觉的下降，即在刚开始刺激的几分钟内响度的下降。该现象早在 50 多年前就被人们所认识，但是对适应现象的测量并不是一件容易的事情。其测试必须在有刺激的情况下进行，如响度平衡实验。如果用纯音作为测试声，只有在感觉级小于 30 dB 时才会有适应的现象。

沙尔夫（Scharf）采用直接响度量级评估法所做的一系列实验说明答案是肯定的。总的来说，高频率的声音可引起更明显的适应现象，而调制音可以减少适应现象的发生。单耳适应和双耳适应没有明显区别，但是两耳间可能存在适应程度和速度的差别。在双耳条件下适应变化的程度取决于适应程度较小的那一只耳朵。

②听觉疲劳。当刺激声强度持续超过可以保持生理性反应的强度时，所发生的听敏感度下降的现象，即阈值的改变，称为听觉疲劳。

听觉疲劳的明显表现和度量指标是暂时性阈移（temporary threshold shift，TTS）。TTS 受到下列因素的影响：

a. 刺激结束后的时间。在恢复的起始阶段有个反弹，然后从 2 min 开始到 16 h 有个缓慢的恢复过程。恢复的情况和时间有一定的关系。

$$恢复(dB) = k\lg(RI)$$

式中　k——常数；

RI——恢复时间。

b. 刺激的强度。在低强度的范围内，TTS 随着强度的增长而渐渐地加大。TTS 的分布是以刺激频率为中心对称分布的。在高强度的范围内，TTS 增加得很快，其峰值向高频有半个倍频程的移动。

c. 刺激的时间。TTS 和刺激时间的对数成比例。

d. 刺激声的频率。

e. 测试声的频率。

TTS 可能与噪声所致的永久性听阈的改变有关，但其生理机制还有待证实。

（3）背景噪声对响度的影响

当背景噪声与信号频率重叠部分的强度超过信号时，信号将听不到，这就是掩蔽。如果噪声的功率没有超过信号，那么人耳仍然能够听到信号，但是其响度将下降。这就是部分掩蔽。与部分掩蔽有关的一个有趣的问题是信号与噪声的相对强度对部分掩蔽效应的影响。当信号强度刚刚高于掩蔽噪声时，也就是说刚刚高于掩蔽阈值时，对响度的影响最大。但是随着信号强度的增高，响度表现出异乎寻常的快速增长。部分掩蔽下的响度增长与下面讨论的响度重振有很多相似之处。

（4）异常响度现象

1）病理性的适应。病理性的适应是指在阈上连续给声时，患者的主观响度很快地下降，发生在耳蜗后的病变。其原因可能是由于神经的病变而不能维持所需要的冲动。临床上用音衰试验来测试。

2) 响度重振。临床上与响度感觉相关的一个现象是重振，重振（又称为复响）常见于耳蜗病变导致的听力障碍，有别于蜗后性的（即病变在耳蜗之后的听觉通路上）听力障碍，后者多无重振。有重振的病人，其听阈尽管升高，但在阈上的响度感觉随声音的增高而迅速增强，在高声强时，患耳的响度感觉与正常的响度感觉相等或是超过正常耳的响度感觉。对病人的重振评估，在诊断和治疗上具有重要意义，如给具有明显重振的病人配助听器时，应考虑到由于声音得到放大，响度将增大很多，因此，病人能耐受的声强动态范围会很有限。

(5) 频率带宽对响度的影响

如果把一个窄带噪声的波宽逐渐加大而保持总的声压级恒定，可以发现在到达一个"临界带宽"以前响度不变，而在到达临界带宽以后响度逐渐增加。临界带宽对很多心理声学实验都是很重要的。

二、音调

音调又称音高，是频率的主观属性。音调的变化构成了旋律，音调通常与频率密切相关，但在许多场合，人们听到的音调所对应的频率并无能量存在。

1. 音调的衡量方法

音调是不能直接量化的主观感受，需要一个可测量的参数对其进行间接量化。对制定响度衡量单位（宋）做出贡献的斯蒂文斯（Stevns）又设计了音调衡量单位。Stevns 让受试者将不同范围的纯音归类于等音调区，以音调为纵轴，频率为横轴（取对数坐标），绘成音调衡量法曲线，音调单位称为美（mel），并决定 1 kHz 的纯音的音调为 1 000 mel。结果发现，音调和频率的关系并不是一对一的关系，尤其在高于 1 kHz 时，频率每增高一倍，音调呈等间距增加。如当频率由 1 kHz 增高到 2 kHz 时，音调由 1 000 mel 增加至 1 400 mel；而当频率由 2 kHz 增高到 4 kHz 时，音调由 1 400 mel 增加至 1 800 mel。

Stevns 早年的音调实验结果表明音调还随着声音强度的变化而变化。2~3 kHz 的纯音变化不明显，高于此频率范围，纯音的音调随声强的增高而增高，而低于此频率范围纯音的音调随声强增高而有所降低。但是，在现实生活中这一现象并不重要：其一，日常听到的声音并不是纯音；其二，环境的声音频率和强度时刻变化，人们无法注意到随声强变化的音调的细微变化。

然而，美（mel）在听力学上并未得到普遍采用。在音乐界，音调的计量单位为分（cent）。音乐上每八度为一个倍频程（octave），含 12 个在对数上等分的半音（semitone），每个半音又被对数等分为 100 分（cent），这样，一个倍频程含有 1 200 分，这便是以分为单位的音调衡量法。

2. 音调的感受

（1）影响音调的因素

音调和声波的重复速率有关。对纯音来说，即为其频率；对复合音来说，往往是基频。

音调不但受到频率的影响，还受到声音强度的影响。对低频的声音来说，强度越大则音调越低；对高频音来说，强度越大则音调越高。

（2）音调感受理论

音调感受理论有两种：位置学说和时间学说。

1）位置学说。位置学说假设声音在耳蜗特定的部位产生反应，耳蜗及听觉中枢系统在频率上有序的排列，导致不同频率在听觉系统不同部位产生反应而产生不同的音调感受。此学说可以解释某些噪声的音调感受机制。如宽带噪声在某频率带内能量集中，那么该噪声的音调便与对应于此频带的纯音音调一致，因此，频谱的位置与声刺激的音调有关。位置学说有其局限性，不能解释复合音音调感受机制。如由 100 Hz、200 Hz、300 Hz、400 Hz、500 Hz、600 Hz、700 Hz、800 Hz 8 个等强度的谐音复合而成的复合音听起来的音调与 100 Hz 纯音一致，虽然在 100 Hz 处有能量，但在其 7 个谐音频率处也有相等的能量，而音调只是由最低的频率即基频所决定，这一点光靠位置学说难以解释。更令人费解的是，由 300 Hz、400 Hz、500 Hz、600 Hz、700 Hz、800 Hz 这 6 个谐音复合而成的复合音听起来仍与 100 Hz 音调一致，显然复合音在基频（即 100 Hz）处并无能量，这一现象称为"遗失基频"现象。

2）时间学说。时间学说认为复合音在频域上虽然无基频能量存在，但在时域波形上仍有 10 ms 的周期性，即听神经对时域上的波峰有跟随反应，称为锁相能力，因此，时域上的周期可编码于听神经的锁相反应里而传入听觉中枢，从而产生低频的音调感，这一音调常被称为周期性音调或残留音调。

但并不是所有的音调现象都能由位置学说和时间学说来解释，如 325 Hz、425 Hz、525 Hz、625 Hz、725 Hz、825 Hz 6 个谐音复合音，此时其基频是 25 Hz，而受试者感受的音调是 104 Hz。这一复杂的心理声学现象不能得到很好的解释，因为，在 104 Hz 处并无能量存在，时域波形中无 104 Hz 周期存在。因此，音调感受的复杂性至今仍为心理声学面临的理论上的难题。

3. 音色

音色（timbre）是与声音频谱总体特性有关的主观感受，也是一种声音的属性。聆听者可用这种属性来鉴别两个具有同样响度和音调而听起来又不同的声音。如不同的乐器可以有同样的音调但有不同的音色。许多因素可以影响音色，如声音的频谱能量分布、波形的包络复合音中的单音及其和谐程度，以及调频和调幅的状况。

对音色的分析可分为三类：钝和尖锐，紧密的和松散的，色彩丰富的和色彩不丰富。有关的物理因素可为：高频的成分、各个成分之间的和谐性，以及频谱能量分布。音色在音乐中起了重要的作用，但是目前为止还没有一个完整的关于音色的理论。

培训课程 3 双耳听觉的优势

一、双耳声源定位和降噪

1. 声源定位

声源定位是听觉系统对发声物体位置的判断过程,它包括水平声源定位和垂直声源定位以及与听者距离的识别。对声源方位的识别是人和动物对环境感知的一种基本方法,有利于动物捕捉猎物、寻找配偶和躲避危险。在多声源的复杂声场中,声源定位功能更有助于从背景声中锁定声学目标,分离有用信息。

人类拥有声源定位能力的机制是声音传到双耳的时间、相位和强度的差异。每个人的声源定位能力是不一样的,双耳听觉平衡的好坏是这一能力的决定性因素之一。就如同单眼观察一个物体时无法判断物体的远近一样,单耳听觉同样没有办法确切判断声源的位置。

对于双听觉障碍患者而言,如果只对一侧耳朵进行助听,无论来自什么方向的声音大多数都会被听力阈值较好的一侧听到,这样就无法判定声源的方向。

2. 抑制噪声

听觉系统是一个很好的降噪系统。如果双耳接收信号的信噪比有大小,中枢会偏向分析信噪比高的耳朵,这样可以减小噪声对言语理解的影响,同时听觉系统整合来自两侧耳蜗的波形后,会产生一个内在的信号,该信号的信噪比高于单侧耳。也就是说双耳比单耳能更有效地减少噪声,在噪声中听得更清楚;两只耳朵在接收同一信号时,会有微小的时间差及相位差,大脑可以利用这些差异,辨别出想听到的声音而忽略噪声。

二、双耳的交互作用

1. 整合效应

传入双耳的声音信号会经过两侧听神经传至听觉中枢，双侧大脑皮层将信号整合后作出相应反应。研究表明，双耳听觉比单耳听觉可多获得 3 dB 的增益。由于双耳佩戴助听器能够提高整合效果，特别是对低频声音的能量整合减小，同时可以降低助听器的整体输出增益，所以助听器的外壳或耳模可以在条件许可的情况下做短做松，通气孔加大，给耳道内部留有尽量大的空间，以减轻堵耳效应带来的烦恼。对于双耳重度、极重度听力障碍患者来说，这种整合、累加效应则更加重要。

2. 听觉融合

自然界中成千上万个声源发出的声音萦绕在人们周围，各种声音拥有不同的频率和强度，这些混乱的声响从不同方向传至双耳，每只耳朵听到的声音频率、强度都不相同，通过听觉融合效应，能有效地综合传至双耳的不同声响，使之融合成为一个声音，提高声音的立体感和音质。

三、头影效应和听觉剥夺

1. 头影效应

双耳因为声源位置的不同而听到的声音强度不同，当声音从左侧发出时，则左耳听到的声音要明显比右耳大，这一现象即为头影效应，它是由于头部的屏障作用而产生的。

如果一个患者双耳的听力损失不对称，当声音来自听力较差一侧耳的方向时，就会将听力较好的一侧耳朝向声源，同样，如果双耳都有听力损失（对称或不对称），而在选配助听器时只选择单耳佩戴的话同样存在这种现象。因为，当声源来自另一侧耳朵时，头颅对声波的传送起到阻碍和衰减作用，尤其是对高于 2 000 Hz 的高频率的声音，其衰减可达到 10~17 dB。因此，会大大地降低助听器的清晰度。有相当多单侧选配的患者在听来自对侧耳的声音时，会表现得非常困难，往往会将助听器的佩戴耳朝向另一侧。如果患者是选择双耳佩戴的话，就会解决头影效应现象，也就不会出现侧耳听声音的尴尬，能够轻松自如地聆听来自多方位的声音。

2. 听觉剥夺

听觉剥夺是指双侧对称性听力下降患者长期获得一侧耳的补偿听力，则未补偿耳的言语识别率会随着时间的推移出现进行性下降。这一现象的发生与双耳长期接受不对称的声音刺激、不等量的信息输入有关。当患者一侧耳接受助听后，可以获得相对较多的声音信息，而未助听耳不能受到充分的声刺激，其耳蜗传至中枢听觉系统的信号较弱，因此受到助听耳传出信号的压制，久而久之大脑似乎放弃了处理未助听耳传来的信息，以致产生听觉剥夺效应。听觉剥夺现象在未助听耳通过一段时间适当的听力补偿后，言语识别率会得到一定程度的恢复，有些甚至可以恢复到初始水平。

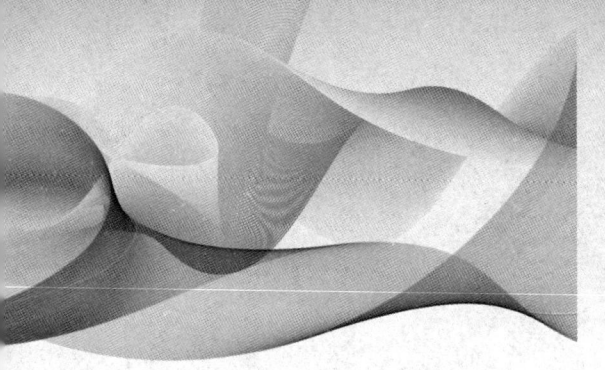

职业模块 ⑤ 语音学

培训课程1　音位、频谱图和语谱图的概念

培训课程2　元音和辅音的发音原理

培训课程3　汉语普通话的语音学特点

培训课程4　语音学在听力学中的应用

培训课程 1

音位、频谱图和语谱图的概念

一、语音学中的基本概念

语音学（phonetics）是语言学的一个分支，研究人类言语声音的学科，内容包括语音的产生、语音的接收以及语音是如何携带意义的。这些过程可以用言语链来说明（见图 5-1）。根据对言语链中不同部分的研究，可将语音学分为三个分支，即生理语音学、声学语音学和感知语音学。

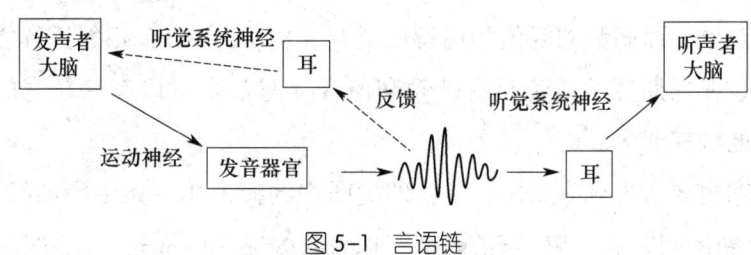

图 5-1　言语链

语音是人类发音器官所发出的代表一定意义的声音。声音是一种机械振动波，是一种物质，因而语音可谓语言的物质基础。即便是由人类发音器官发出的声音，若不代表一定意义则不能称之为语音，如打鼾、咳嗽等并不能被称为语音。不同的语言在语音学上既有相同点也有不同点。这里主要介绍英语语音学的概念，其中很多内容是适用于汉语的。

1. 音位

能够区别意义的最小语音单位被称为音位（phoneme）。音位是根据语言学而不是声学所定义的，它指的是一组有相同语言学意义的声音。音位是一种语言中可划分的最小的一组语音。例如："拼/pin/"和"宾/bin/"的差别只在第一个辅音，也就是可以产生差别的最小的语音单位。/p/和/b/分别都是一个音位。

实际上，一个音位并不是孤立不变的，其周围语音的发音部位不同可以影响到这个语音的发音，如："把/ba/"中的/a/发音部位偏前，而"卡/ka/"中的/a/发音部位偏后，因为/b/是双唇音，而/k/是舌后音。也可以因为后面的语音不同而发音略有不同。例如：/ai/中的/a/发音部位在前，而/ang/中的/a/发音部位则偏后。这样，把属于同一音位的不同个体称为音素（phone）。属于同一音位的两个音素互称为音位变体（allophone）。例如：/t/在英语单词 but 和 butter 中的发音不同。这两个发音不同的/t/即为音位变体。前述的/a/因发音部位不同也有音位变体。

音位分为元音（vowel）和辅音（consonant）。发元音时声带振动，声道相对开放。发辅音时经常是气道受阻。由于发声方式的不同，元音和辅音的声学特征也有所不同。

2. 频谱图

为了研究言语中所包含的频率，可以用频谱图（spectrum）来表示某一瞬间的波形图中的频率分布。频谱图（见图 5-2）表达了声压或振幅和频率的关系。其横轴为频率，纵轴为振幅。一个持续的元音可有一个稳定的频谱图，图中最低频率峰值即为基频，而高频的峰值为谐音或泛音（harmonics）。相邻泛音之间的间隔相当于基频。非周期性的语音没有基频和谐音，但常常可以有一较宽的频带，其振幅较周围的频率要大。

对频谱图也要考虑到频谱图包络，即把图中的幅值用一条平滑的线连接起来。在频谱图包络中可以有一些较宽的峰值，称为共振峰（formant）（见图 5-2）。

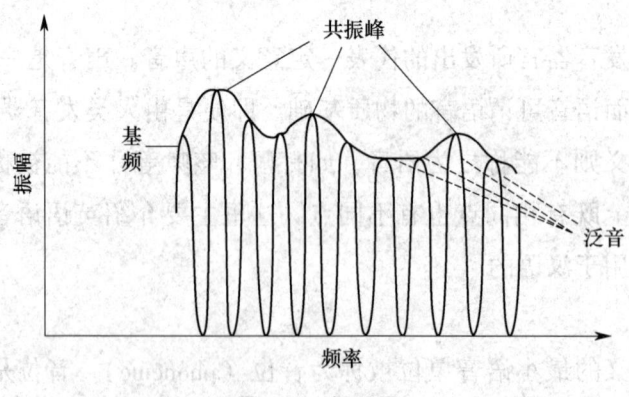

图 5-2 频谱图

3. 语谱图

为了要研究一段时间内的言语声的变换，特别是频率的变化，需要使用语谱图（spectrogram）。语谱图的横轴为时间，纵轴为频率，强度则用灰度来表示。对于一个有经验的人来说，可以从语谱图上看出言语的内容。根据滤波器的带宽可将语谱图分为两类。带宽为 300 Hz 的宽带语谱图（见图 5-3）可以显示细致的时间结构，但谐波结构不太清楚。对于一个有声带振动的声音来说，语谱图上有垂直的条纹，每一个条纹代表了声门的一次开放。而宽的横带则为共振峰。带宽为 45 Hz 的窄带语谱图（见图 5-4）使时间的结构模糊，但是频率的信息较好。在较宽的共振峰带中可以看到个别的谐波频率。

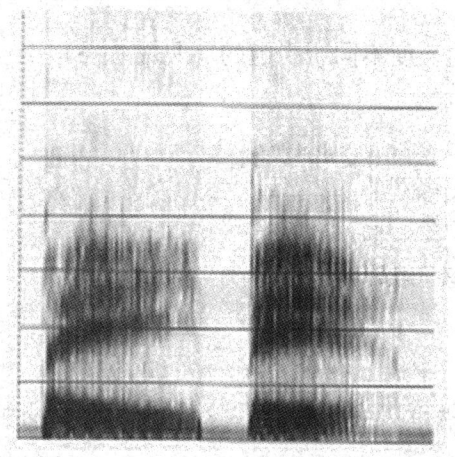 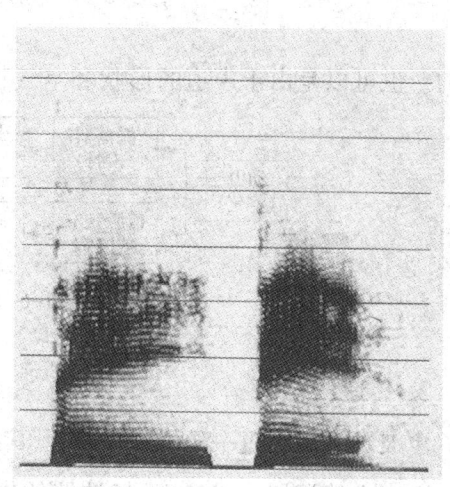

图 5-3　宽带语谱图（滤波器带宽 300 Hz）　　图 5-4　窄带语谱图（滤波器带宽 45 Hz）

人们能在语谱图中识别出以下的声学特性：瞬音、共振峰转移、静音、浊音横杠、共振峰、擦音、低频鼻音。还能从语谱图上估计出基频（F_0）、第一共振峰（F_1）、第二共振峰（F_2）和第三共振峰（F_3），并判断元音、瞬音和紊音等的持续时间。通过系统地使用这些信息，可以在语谱图中识别一些音位和单词。

二、言语产生的三个阶段

言语的产生要经过三个阶段（见图 5-5）：发音—传递—感知。

1. 发音

一切声音的产生都源于发音体的振动。发音体振动时，会扰动周围的空气或其他媒介，使之产生波动，这样就形成了声波。

对言语声来说，声音可以由两种方式产生：声带振动或声道狭窄部所产生的涡流。声音经过气流通道所形成的共鸣系统或经过滤波器以后，频谱发生改变，再经过口唇和鼻腔时频谱又发生改变。不同音位之间的差别可以是由于发声源引

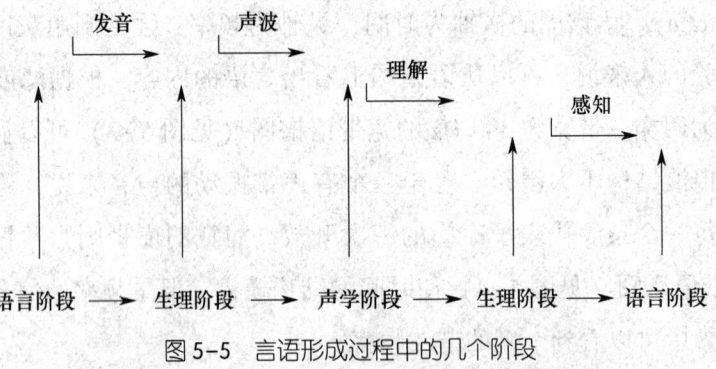

图 5-5 言语形成过程中的几个阶段

起的,也可以是由于声道的形状和空气柱的长度不同所引起的(见图 5-6)。

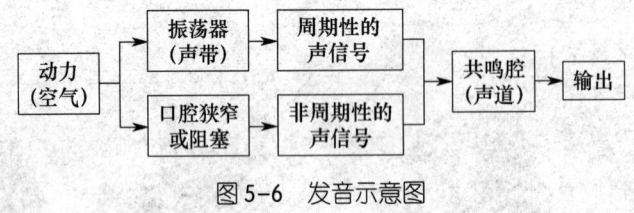

图 5-6 发音示意图

2. 传递

声波发生后经过一个共鸣系统,其频谱可以发生变化。这样的共鸣系统相当于一个声学滤波器(filter)。滤波器的作用可以用频响曲线,即各个频率的增益或输出来表达。滤波在言语的产生过程中起了重要的作用。咽喉、口腔、牙齿、口唇、鼻腔组成了一个声道,此声道即为一共鸣腔,对从气管或声带发出的声波进行滤波。之后,通过外部空气的传导,到达人的耳朵里,就产生了言语声的感觉。

3. 感知

当听话人的耳朵接收到说话人的言语声波时,听觉神经系统便把内耳转化成的电信号传导至大脑皮层,被大脑感知。感知的内容包括语音的音高、音强、音长、音色和语调等复杂信息,听话者从而能明确地判断说话人的意思。

三、声道包含的主要器官

声道的主要结构为:声带、咽腔、喉腔、口腔、鼻腔、软腭、硬腭、舌、牙齿及口唇。

1. 声带

声带位于喉腔内,下接气管,左右两边各有一片,为富有弹性的纤维质薄膜。声带一端的勺状软骨运动时引起声带的开闭。声带之间的部分称为声门。在吸气的时候，声带开放。在说话时，声带的后端开始闭合，而声带的中部随着从肺部来的气流的压力大小而开闭。当气管内的压力变大时，声带被冲开；而当气流冲出后，声带上下的压力得以平衡，声门又关闭。同时，由于伯努利（Bernoulli）作用，两侧声带之间的气流使其压力变小，这也促使声门的闭合（见图5-7）。

    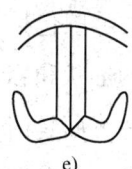

图 5-7 不同状态下的声门开闭情况
a）正常呼吸 b）深呼吸 c）假声说话 d）正常说话 e）声带闭合

这样，声带的反复开闭产生了周期性的三角形的气流波（见图5-8）。每个人的气流波形是不同的，因而每个人的嗓音有所不同。如果气流波形中的开放相较短，峰值较高，则产生较强的高频成分。基频的大小取决于声带的长短、张力和质量。声带越长、越松、质量越大则基频就越低。这些解剖学的因素导致了男人、女人和不同年龄段儿童的基频的差异。气管内的高压也可产生高强度的高频的基频声。基频的平均范围在 60~500 Hz。

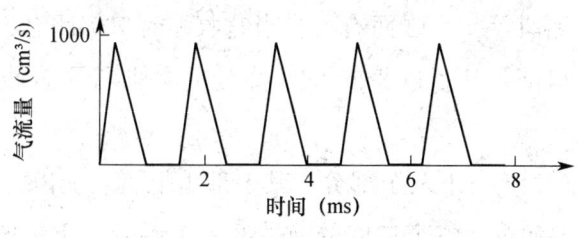

图 5-8 声门气流图

基频的平均值为：成年男性 120 Hz，成年女性 225 Hz，小儿 265 Hz。

严格地说，人体的声源器官只有声带。它的振动虽然不能直接形成语声，但对语声的音高和音色有着重要的影响。

2. 咽喉

咽喉分为咽腔和喉腔。

（1）咽腔

咽腔是一条前后略扁的漏斗形肌性管道，也叫咽管。咽腔是一个容积较大的交叉路口，它上起颅底，下连食管及喉腔，前壁与鼻腔和口腔相通，后壁附于脊柱。从上至下，咽腔可以分为三个部分：鼻咽、口咽和喉咽。咽腔为喉、口、鼻三腔的合称，是气流和声波必经的管道和三岔路口。咽腔的形状变化可以改变整个声音质量，它对声音的扩大以及美化都起着很大的作用，是人体发声的重要共鸣腔体。

(2) 喉腔

喉腔包括介于声带与假声带之间的喉室以及位于假声带之上的喉前庭部。喉室的形状和容积是可以发生变化的，因而整个喉腔的形状和容积也可发生变化。这一方面是由于假声带的活动。假声带是声门以上的第一对门户，它们平常是张开的，当它们靠拢或下压时，就使喉室的形状和容积发生了变化。另一方面喉口肌肉的收缩也可以扩大喉室，同时使喉口变细，从而改变喉室的形状和容积。喉腔是声波经过的第一个共鸣腔体，声带振动发出的声波，首先经过喉腔，从而得到最初的共鸣。喉室虽小，但它的形状和容积变化可以改变整个的声音质量。

3. 口腔及其附属器官

口腔是结构最复杂、动作最灵活的共鸣腔体。口腔骨架由颌骨构成。颌骨有上颌骨和下颌骨之分。上颌骨是固定的，下颌骨通过下颌关节的开闭活动、前后活动和左右活动，实现张口和闭口等动作，并能控制口腔的开度。下颌关节的活动主要由两颊的咀嚼肌（提颌肌）和开颌肌控制。咀嚼肌是运动下颌关节的主要肌群，包括嚼肌、颞肌等；它强而有力，当它收缩时口部闭合。开颌肌位于舌骨上，当它收缩时，口部张开。口腔的开合就在咀嚼肌和开颌肌的拮抗作用中完成。

口腔内部可以分为上、下两个部分。其上部由上唇、上齿、上齿龈和腭构成，下部包括下唇、下齿和舌。整个口腔的前端经上下唇及上下齿与外界相通，后端经咽门与咽腔连接。其中，与口腔共鸣有直接关系的是唇、腭和舌。尤以舌头为最，它是最灵活的发声器官，它在口腔中的位置和形状，对口腔共鸣起着非常重要的作用。

4. 鼻腔

鼻腔是上呼吸道的入口，正中的鼻中隔将其分为两个对称的部分，前方有两个鼻孔与外界相通，后方有两个后鼻孔与鼻咽腔相通。鼻腔和口腔两者之间靠软腭和悬雍垂分开，由于软腭和悬雍垂的调节，人体可以发出不同的声音。当软腭和悬雍垂下垂，而口腔内发声器官又未形成任何阻碍时，由肺部呼出的气流就可以同时通过鼻腔和口腔，发出带鼻音色彩的音，即鼻音。当软腭和悬雍垂上升，堵住了气流到鼻腔的通路时，绝大部分气流就会从口腔呼出，只有相当小的一部分气流通过缝隙沿鼻咽后壁传到鼻腔，产生鼻腔共鸣。

鼻窦是鼻腔周围面骨和颅骨内的空腔，共有4对，分别是额窦、筛状窦、上颌窦和蝶窦，它们各有小孔与鼻腔相通。这些窦体都是含气的骨腔，发声时，经过头骨的传导产生共鸣。

培训课程 2

元音和辅音的发音原理

一、元音

1. 元音的发音特点和舌位图

（1）元音的发音特点

元音也叫"母音"，其发音有以下几个特点：元音发音时，气流在咽头口腔不受任何阻碍；发音器官各部位保持均衡紧张状态；声带颤动，气流较弱处于缓和状态；声音响亮、通畅，音波都是颤动规则的乐音，可以唱歌。

（2）元音的舌位图

声道中可移动的部分为舌、软腭、下颌及口唇。当这些部分移动的时候，声道的形状发生改变，其共鸣特性亦随着发生改变。舌在所有可移动的部分中活动度最大，对声道的共鸣作用也影响最大。所以用舌头的位置来对元音进行分类。

以舌头最高的部分在口腔中的"高、低、前、后"来描述舌头的位置（见图5-9）。/i:/是一个舌前高位的元音。发这个音的时候，舌尖靠近上门齿。/æ/是前低位的元音，口张开，舌尖邻近下齿。/a:/是个后低位的元音，舌根高于舌尖，但位于口腔的底部。/u:/是后高位的元音，舌根高于舌尖，靠近软腭。有时候把这四个元音称为角元音，因为它们处于所谓的"元音舌位图"的四个角上。元音舌位图是用来代表发元音时舌头的位置图。所有的元音都在这个四边形之内（见图5-10）。

2. 元音的共振峰

在研究元音的声学性质的时候，把声道视为一端（口）开放，另一端（喉）封闭的管腔，因为在发音的时候，气流只能从气管内出来而不能进入气管。

/ə:/是舌位在口腔中央的简单元音。整个声道显得均匀一致。把这样一个声

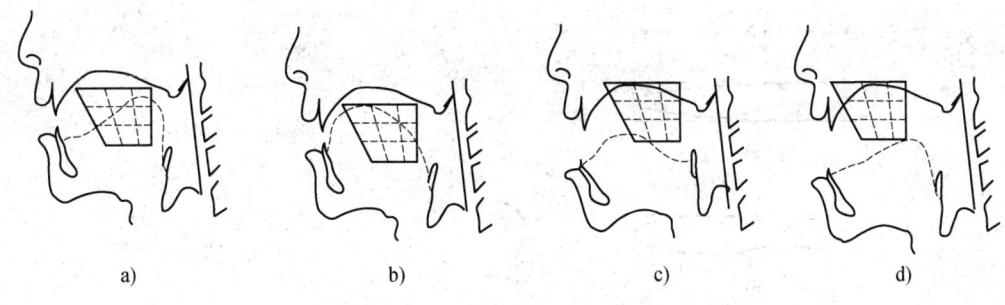

图 5-9 四个角元音的舌位

a)/u:/ b) /i:/ c)/æ/ d)/ɑ:/

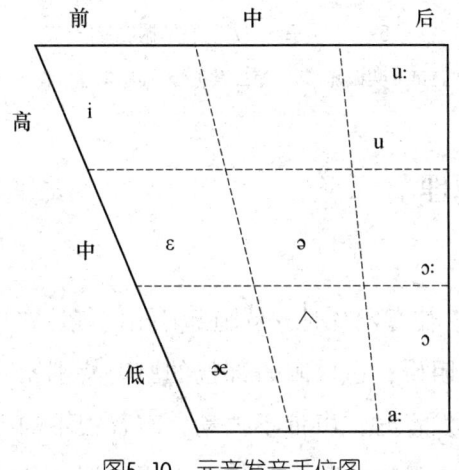

图5-10 元音发音舌位图

道定为一个一端封闭的、均匀的管道。一个成年男性的声道从喉到唇部的声道长度约为 17 cm。如果一个声波的波长的 1/4、3/4、5/4 为 17 cm，则这个声波就会产生共鸣。这样的波长分别应为 68 cm、23 cm、14 cm。

根据声学公式：波长×频率=波速（340 m/s）

理论上，频率为 0.5 kHz、1.5 kHz、2.5 kHz 的声波可以在长度为 17 cm 的一端开放，另一端封闭的管腔内共鸣。这三个频率即为/ə:/的三个共振频率，分别记为 F_1、F_2、F_3。在频谱图包络中表现为三个峰值。从澳大利亚成年男性测得元音 /ə:/ 的三个共振峰 $F_1=0.475$ kHz，$F_2=1.515$ kHz，$F_3=2.535$ kHz（见图 5-11）。

每一个特定个体的共振峰也可有变化。这与言语的内容、健康状况、情感的变化、谈话中句子的词汇和重点有关。

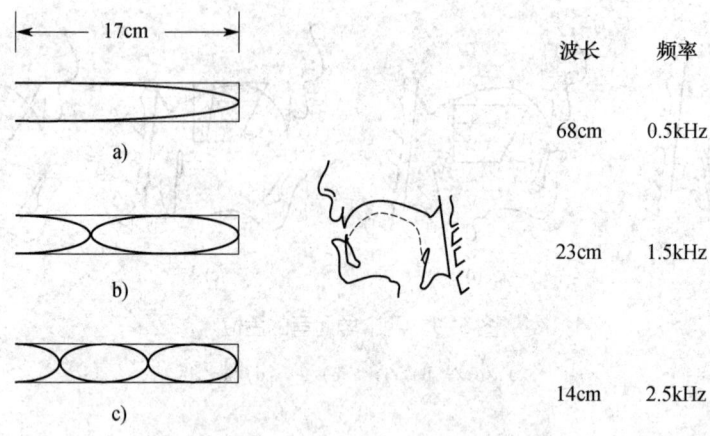

图 5-11 元音/a:/三个共振峰的形成
a) 第一共振峰 b) 第二共振峰 c) 第三共振峰

二、辅音发音原理

1. 辅音的分类

辅音也叫"子音"。辅音发音时，从肺部呼出的气流在口腔或咽头不同程度地受到各部位不同方式的阻碍，造成阻碍部位的肌肉特别紧张，较强气流突破阻碍而成音。绝大多数辅音发音时，声带不振动，声音很不响亮，而且发音器官各部分用力不均衡，只有构成阻碍的起封闭气流作用的那部分特别用力，这是和元音发音时不同的一点。

对辅音的分类可以按照发音部位（place）和发音方式（manner）分类，在汉语中还要考虑是送气，还是不送气。

（1）按照发音部位分类

发音部位是指气流在口腔中受到阻碍的位置，也就是某两个发音器官为发音而接触或接近所形成的阻气的着力点，这个着力点会因接触面的变化而形成不同的阻气部位。

在英语中辅音按发音部位分为 7 类：双唇音、唇齿音、舌齿音、舌齿槽音、硬腭音、软腭音和喉音。

（2）按照发音方式分类

发音方式是发音器官构成阻碍和除去阻碍的方式。基本的方式有两种，一种是发音器官完全闭塞形成阻碍。另一种是发音器官主动部分与被动部分接近，形成适度的缝隙，使气流从缝隙中摩擦经过。

辅音按照发音方式可分为：塞音（爆破音）、擦音、鼻音、半元音、边音和塞擦音（见表5-1）。

表 5-1　辅音分类表

辅音分类		双唇音	唇齿音	舌齿音	舌齿槽音	硬腭音	软腭音	喉音
塞音 （爆破音）	清音	p			t		k	
	浊音	b			d		g	
擦音	清音		f	θ	s	ʃ		h
	浊音		v	ð	z	ʒ		
鼻音	浊音	m			n		ŋ	
半元音	浊音	w				j		
边音	浊音				l, r			
塞擦音	清音					ʧ		
	浊音					ʤ		

2. 辅音的声学特点

辅音根据发音时声带是否颤动有"清音"和"浊音"之分。发音时，不颤动声带，声音不响亮，带有噪声成分的音叫清音。发音时，声带颤动，声音较响亮，带有乐音成分的音叫浊音。

（1）塞音（stops，explosives）

发音时，成阻的发音部位完全形成闭塞阻住气流，从肺部呼出的气流充满口腔后不断冲击成阻部位，成阻部位突然解除阻塞使积蓄的气流冲破阻碍爆发成音。

共振峰的转移可以为浊塞音提供重要的发音部位信息。为了要在辅音和元音之间平缓的过渡，声道中的舌、唇、下颌要从一个音位的位置运动到另一个音位的位置。这样，元音的共振峰就会受到发辅音时的位置的影响。虽然这些运动是很短暂的，但是在声学上的影响是很明显的。随着发音器官的运动，共振峰就发生了改变，因而出现了共振峰的转移。共振峰转移的方向和幅度取决于辅音的发音位置和位于其前后的元音。发音器官的运动主要发生在口腔内，所以第二共振峰的转移比第一共振峰的转移更为重要（见图 5-12）。值得注意的是共振峰转移时所指向的频率，称为音征（locus），即如果是辅音在先的话，音征指的是共振峰转移开始的频率。如果，辅音在元音之后，音征指的是共振峰转移结束时的频率。如前所述第二音征（second formant locus）较为重要。

在此图中可以看到双唇音、舌齿槽音、软腭音的第二共振峰音征有所不同，

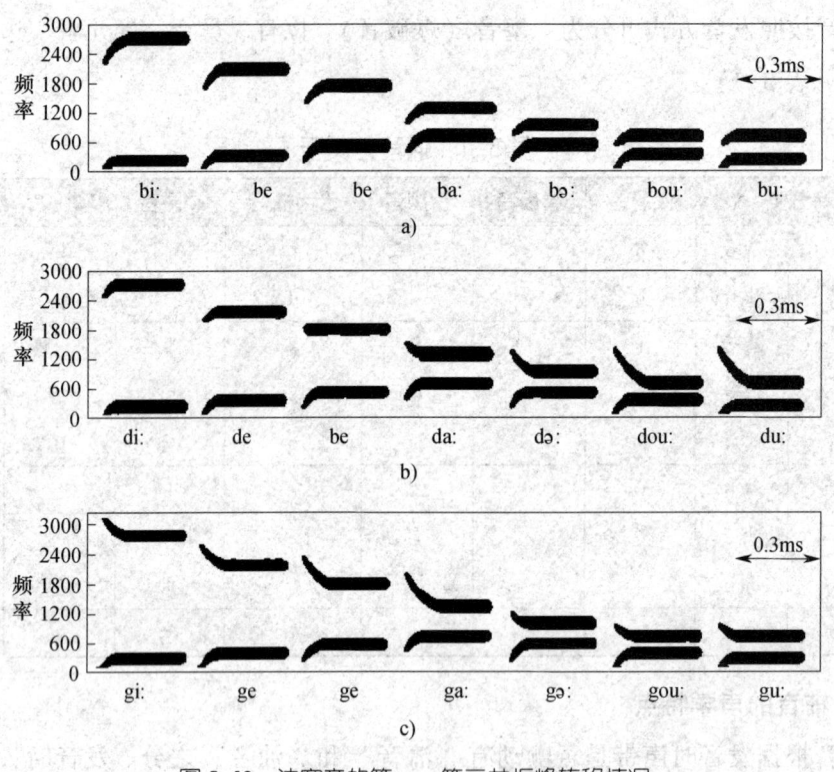

图 5-12 浊塞音的第一、第二共振峰转移情况
a) 双唇音 b) 舌齿槽音 c) 软腭音

而第一共振峰音征却没有明显的差异。

双唇塞音的 F_2 音征较低,软腭塞音的 F_2 音征较高,齿槽塞音的 F_2 音征居中。F_2 的走向与 F_2 音征和元音的 F_2 有关。

从瞬音的持续时间上可以获得关于清浊音的信息。从瞬音释放到元音起始的时间被称之为浊音起始时间（voice onset time，VOT），也就是从塞音除阻到声带振动的一段时间。VOT 能较准确地说明塞音的清浊和送气的情况。清塞音的 VOT 通常大于 70 ms，而浊塞音的 VOT 多短于 30 ms。

除了瞬音（burst）给出的信息外，言语段的持续时间对于区别清浊音也非常有价值。自前置元音结束到瞬音释放的时间被称为关闭时间（closure time）。一般情况下浊塞音的关闭时间比清塞音的关闭时间短。浊塞音的前置元音持续时间较清塞音的前置元音持续时间长。这一点对于处于单词末尾的塞音尤为重要，因为这些塞音在实际言语中发得很轻或近于无声，如英语中的 dog、dock。清浊音的信息分布于整个言语频谱内，其中包括瞬音和基频。对于高频听力损伤的患者而言，会丢失一部分也会保留一部分清浊音信息。清塞音和浊塞音的差别见表 5-2。

表 5-2　浊塞音和清塞音特性表

	浊音横杠（voice bar）	前置元音持续时间	关闭时间（closure）	瞬音持续时间	浊音起始时间（VOT）
浊塞音	有	长	短	短	<30 ms
清塞音	无	短	长	长	>70 ms

（2）擦音（fricative）

在发这些音的时候，气流不是完全被阻滞的，而是一股持续的气流通过一个狭窄的结构从而产生了湍流并且发出了噪声。在发浊擦音时，声带振动产生了低频声音，并且通过声门的气流速率的变化对湍流声起了调幅作用。这种声音的频谱在很大程度上取决于声道中的狭窄结构的大小和位置。

在发舌齿槽音/s/和/z/时，狭窄结构位于舌和齿槽之间，这样产生了一个管道，包括一个大约 2.5 cm 长的狭窄部分及前方一个大约 1 cm 长的较宽的开口。这个 2.5 cm 长狭窄管道两端开口，所以管腔长度等于频响曲线中的最高频率（6 800 Hz）的波长一半，也等于最低频率（3 400 Hz）的波长的 1/4。在频谱图中相当于最高频率一半的最小频率被称为频谱零点。在频谱图中，频谱零点为一个低谷，位于口腔前大约 1 cm 的管道实际上为一端闭合另一端开放的管道，它所产生的共振峰（8 500 Hz）波长的 1/4 等于管道的长度。所以对于这样长度的管腔，零点频率在 3 400 Hz，而共振峰在 6 800 Hz 和 8 600 Hz。

擦音前后的元音位置的高低和前后可以影响擦音本身的舌位和发音时狭窄部分的长度，这将改变零点频率和低频声的共鸣。不同说话者会有不同的共振频率。女性的/s/的频率一般比男性的高，这与嘴形的大小有关系。实验中可以记录一个真实的人发出的/s/频谱图和模型计算的频谱图进行的对比。零点频率大约在 3 500 Hz，峰值在 5 kHz、7 kHz 和 9 kHz。

（3）鼻音（nasals）

鼻音是用嘴唇或舌将口腔阻塞并且开启软腭，让声音通过鼻腔产生的。鼻音全部是浊音，而且它的共振峰结构和元音类似，但是声道更长，开口较小，且有一个侧腔（闭合的口腔）。这种变化使得全部共振频率降低，减小了声音的振幅，并产生了一个频谱的"零点"。在共振系统中大部分声能的衰减和零点都是由侧腔所产生的。进入侧腔的声音被反射，并且在软腭处依据波长的不同，声波的振幅可能抵消或者得到加强，因此，零点处的频率也取决于侧腔长度。

就双唇鼻音/m/而言，阻塞出现在口腔的前部，侧腔相对较长。这样就给出了一个低的"零点"频率。

对于/n/音，阻塞发生在口腔的稍后部位。侧腔在口腔的更后部位，并且更短些，产生的"零点"频率较高。

而/ŋ/音，其阻塞出现在口腔的最后部位，因而产生的"零点"频率也最高。

鼻音的低频共振称作"低频鼻音"（nasal murmur），而非 F_1 频率，它由相当于波长 1/4 长度的整个声道共振产生，其频率通常为 250 Hz。

（4）半元音（semivowel）

要考虑的最后一种辅音发音方式的类型是半元音/l，r，w，j/。这些辅音有时被称为滑音（glide）、边音（lateral）/l/或流音（liquid）/l，r/。语音学符号/j/对应于"y"的发音。这些半元音类似元音，有共振峰结构并且声带振动。之所以称它们为辅音是因为它们发音时声道有阻碍，比元音发音更轻且变化快。同时它们也具备了位于元音之间的辅音所特有的语言学功能。可根据辅音中的共振峰频率及音征把不同的半元音区分开。

培训课程 3

汉语普通话的语音学特点

现代标准汉语——普通话是我国的官方推荐语言,同时也是联合国的使用语言之一,约占世界1/5的人口在使用它。汉语普通话是一种声调语言,与其他语言相比,其语音学特征既有共性,又有其特殊性。

一、汉语拼音方案

1. 字母表

a b c d e f g h i j k l m
n o p q r s t u v w x y z

2. 声母表

b p m f d t n l g k h
j q x zh ch sh r z c s

3. 韵母表

韵母表见表5-3。

表5-3 汉语拼音韵母表

	a	o	e	ai	ei	ao	ou	an	en	ang	eng	ong
i	ia		ie			iao	iou	ian	in	iang	ing	iong
u	ua	uo		uai	uei			uan	uen	uang	ueng	
ü			üe					üan	ün			

4. 声调符号

阴平 阳平 上声 去声
 -    ′   ˇ   \

5. 隔音符号

隔音符号用"'"表示，例如：tinglizhang'ai（听力障碍）。

二、普通话音节

普通话是以北京语音为标准音，以北方官话为基础方言，以典范的现代白话文著作为语法规范的通用语。其音节是最自然的语言单位，一个汉字读出来就是一个音节（儿韵尾除外），汉字的字音恰好等于音节的数目。现代汉语普通话的音节总数是 410 个左右。

1. 音节结构

音节结构的四种基本类型，即：

V（元音 vowel）型	例如：ai（爱）
C（辅音 consonant）-V 型	例如：bai（百）
V-C 型	例如：ang（昂）
C-V-C 型	例如：dang（当）

汉语音节结构对以上四种基本类型的扩展是有严格限制的，以下框架式可以表示汉语音节的 14 种结构方式：

$$(C)+(V)V(V)+(N,P)$$

注：N——鼻音，P——爆破音。

2. 常用和次常用音节

音节在实际语言中的出现频率是很不相同的。经统计分析，将汉语音节分为常用、次常用、又次常用及不常用四类。

常用音节（14 个）：de shi yi bu you zhi le ji zhe wo ren li ta dao。

次常用音节（33 个）：zhong zi guo shang ge men he wei ye da gong jiu jian xiang zhu lai wu di zai ni ke xiao yao chan sheng jin jie yu zuo jia xiao quan shuo。

以上常用音节与次常用音节相加仅 47 个，却占总出现率的 50%，如果再加上又次常用音节，也只有 109 个，占总出现率的 75%。

三、声母和韵母

汉语音节由声母、韵母和声调组成。音节开头的辅音称为声母，声母后面部分统称为韵母，如果音节的开头没有辅音，则这个音节叫作零声母音节。韵母又分为韵头、韵腹和韵尾三部分。

根据声母和韵母的分析方法，汉语音节的结构框架可以改写为：

（C） + （V）　　V　（V、N、P）
声　　　韵　　　韵　　韵
　　　　头　　　腹　　尾
母　　　韵　　　母

韵尾（V、N、P）是互相排斥的。

1. 声母的分类

汉语音节中共有 22 个辅音，除辅音 ng 外，其余 21 个辅音都可以作声母。半元音 y、w 分别为 i、u 前面没有声母时的书写方式。根据发音部位和发音方法将全部声母列成表 5-4。

表 5-4　汉语声母表

方法		部位					
		双唇音	唇齿音	舌尖音	卷舌音	舌面音	舌根音
塞音	不送气	b		d			g
	送气	p		t			k
塞擦音	不送气			z	zh	j	
	送气			c	ch	q	
擦音			f	s	sh	x	h
鼻音		m		n			
边音				l			
通音					r		

2. 声母的发音方法

普通话中 21 个声母及半元音 y、w 的发音方法见表 5-5。

表 5-5　声母发音方法

字母	发音特点	发音方式
b	双唇不送气清塞音	发 b 的时候，双唇闭合，截住气流，接着气流冲开双唇，形成塞音。气流呼出时，声门完全敞开，声带不颤动
p	双唇送气清塞音	发音时，双唇闭合，截住气流，接着气流冲开双唇，形成塞音。气流呼出时，声门半开半闭，声带不颤动

续表

字母	发音特点	发音方式
m	双唇不送气浊鼻音	发音时，双唇闭合，接着声带颤动、气流冲开双唇，形成鼻音
f	唇齿送气清擦音	发音时，上齿尖与下唇边靠近，保持一条最小通道，呼出的气流从中摩擦而过，声带不颤动
d	舌尖中不送气清塞音	发音时，舌尖中抵住上齿龈，截住气流，接着使气流向外冲开舌尖，声带不颤动
t	舌尖中送气清塞音	t是d的清送气音
n	舌尖中不送气浊鼻音	发音时，舌尖中抵住上齿龈，截住气流，声带颤动，软腭下垂，气流由鼻腔通出，同时舌尖放开
l	舌尖中不送气浊边音	发音时，舌尖中抵住上齿龈，截住气流，舌面边缘抬起，与前白齿接近，舌面当中凹下，使气流从舌面边缘（一边或两边）通出，不发生摩擦，声带颤动
g	舌根不送气清塞音	发音时，舌尖后缩，抬起舌根，抵住软腭，截住气流，接着使气流冲开舌根和软腭，声带不颤动
k	舌根送气清塞音	是g的送气音
h	舌根送气清擦音	发音时，舌尖后缩，舌根抬起与软腭靠拢，气流从中摩擦而出，声带不颤动
j	舌面前不送气清塞擦音	发音时，舌面前部抬起，先抵住上齿龈和硬腭，截住气流，声带不颤动，造成塞音成分；接着气流冲开舌面前，使舌面前与上齿龈和前硬腭保持一条最小通道，气流通过时造成擦音成分。塞音成分的除阻与擦音成分的成阻重叠，造成塞擦音
q	舌面前送气清塞擦音	是j的送气音
x	舌面前送气清擦音	发音时，舌尖抵住下齿背，舌面前部抬起，与上齿龈和硬腭前部靠近，气流从中摩擦而过，声带不颤动
zh	卷舌不送气清塞擦音	发音时，舌尖翘起接触前硬腭，截住气流，造成塞音成分。当气流向外流出时，先冲开舌尖，使舌尖后与前硬腭之间保留一条最小通道，造成擦音成分。塞音成分的除阻与擦音成分的成阻重叠，造成塞擦音，声带不颤动
ch	卷舌送气清塞擦音	是zh的送气音
sh	舌尖后送气清擦音	发音时，翘起舌尖，使舌尖后与前硬腭靠近，保留一条最小通道，舌面当中凹下，气流从舌尖后与前硬腭之间摩擦而出，声带颤动

续表

字母	发音特点	发音方式
r	舌尖后送气浊擦音	是 sh 的浊音，声带颤动
z	舌尖前不送气清塞擦音	发音时，舌尖前先与上齿背接触，截住气流，造成塞音成分。等气流冲开舌尖后，接着舌尖前与上齿背之间保持一条最小通道，使气流从中摩擦而过，造成擦音成分。塞音成分的除阻与擦音成分的成阻重叠，造成塞擦音，声带不颤动
c	舌尖前送气清塞擦音	是 z 的清送气音，发音时送气
s	舌尖前送气清擦音	发音时，舌尖前与上齿背靠近，保持一条最小通道，使气流从中摩擦而过，声带不颤动
y	中舌面半元音	送气，声带颤动
w	双唇圆唇半元音	送气，声带颤动

发声母，即辅音时，既有不同的阻碍部位，又有不同的阻碍方式，还有清浊、是否送气等区别。

塞音是典型的瞬音，是突然爆发成声，时间 10 ms 左右，在语谱图上表现为一条细窄的垂直尖线条。

擦音是典型的紊音，是摩擦成声，为可以延续的噪声段，在语谱图上表现为一片杂乱的竖线纹样。

塞擦音则是两者的结合。发浊辅音时声带颤动，产生周期波，在语谱图上表现为横杠。

通音在语谱图上表现为尖峰，颤动几次就出现几次尖峰，一般都非常细，且相互间距离很近，不易辨认。

鼻音和边音的性质接近于元音，语谱图的显示也和元音相似，由于共振峰较弱，显示的横杠比元音要淡一些，和元音相连时，两种横杠之间往往出现断层现象。

从声学角度看，一段语音的声波是个连续的过程，所包括的各个音并不是离散的序列，而是连续不断相互影响的，各个音的声学特征都会对它前后的音产生影响。

3. 韵母的分类

普通话拼音方案中共有 35 个韵母，根据韵母组成的特点，分成三大类。

（1）单韵母

由单元音 V 构成的韵母：a，o，e，i，u，ü。

（2）复韵母

由复元音 VV 或 VVV 构成的韵母，一共有 13 个，分为前响复韵母、中响复韵母和后响复韵母。

（3）鼻韵母

由鼻音韵尾——N 构成的韵母，一共有 16 个，分为舌尖鼻韵母和舌根鼻韵母。

四、声调和语调

1. 声调的定义和标定

汉语声调又称字调或音节声调，它是能区别音节意义的音高。声调音位（phoneme）有 4 个，每一个调位均含轻声作为变体（allophone）。

声调的音高主要决定于基音的频率。从声调的最低音到最高音是基频的变化范围，也就是声调的"调域"，一般约占一个倍频程（octave）。调域的音低和宽窄因人而异，男性在 100~200 Hz，女性在 150~300 Hz，即使同一个人，由于说话时感情或语气不同，调域的高低和宽窄也会有变化。

描写声调最简便有效的方法是五度制标调法（见图 5-13）。

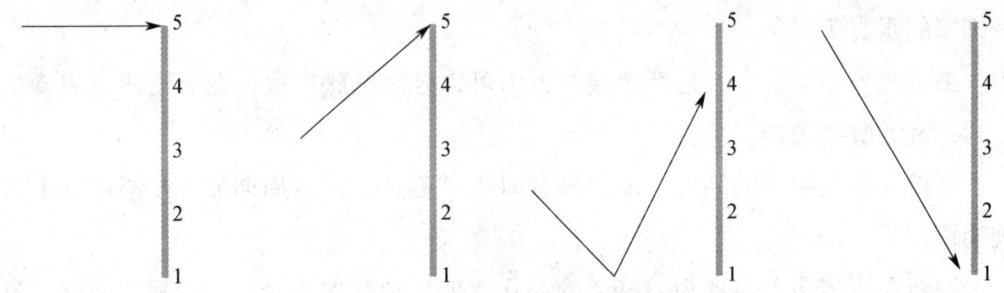

图 5-13　汉语声调的五度制标调法

调值也可以用数字表示，调号写在音节的右上角，如：妈（Ma^{55}），麻（Ma^{35}），马（Ma^{214}），骂（Ma^{51}）。

2. 声调的声学特征

人们通过运用各种声调分析仪，揭示了声调的音高和音长（调长）两方面的声学特征。同时，也注意到了声调和振幅的关系。

（1）声调与音高

声调是响音音高频率变化的表现。音高值、频差和调域是反映声调音高频率变化的三个参数。音高值是声调的频率值，是声调最重要的声学特性。通过测量声谱图上的基频（F_0）可确定声调的音高值。

频差反映声调内部不同音段的频率差别，也反映不同声调之间的频率差别。声调不同调型的产生，便是由声调内部的不同频差造成的。调域是指一个人说话的声调频率高低的活动范围。

（2）声调与时长

声调是一个持续的音段，每个声调都有一定的时长。在语言声谱上，F_0 线条是声调的标志。如果把声调的时长相对地分为四级，即最长、次长、次短、最短四个等级，那么北京话声调中，上声最长，阴平次长，阳平次短，去声最短。

声调最低限度时长是指声调能被感知到的最起码、最必要的时长。

1）阴平/ba 55/，自然时长 350 ms，最低限度时长在 150 ms 左右，而 210 ms 为保持阴平自然度的必要时长。

2）阳平/ba 35/，自然时长 310 ms，最低限度时长在 150 ms 以上，而 230 ms 为保持阳平自然度的必要时长。

3）上声/ba 214/，自然时长为 480 ms，其最低限度时长为 260 ms，而 360 ms 为保持上声自然度的必要时长。

如果以保持声调的自然度为必要时长的话，阴平和阳平都要求在 200 ms 以上，而上声要求在 300 ms 以上。

3. 声调的语言功能

在音系学中，元音和辅音被称为音段音位，而声调及重音等音位，被称为超音段音位。声调除了有区别字义和词义的功能外，还有构形、分界、抗干扰、修辞等功能。

（1）别义功能

别义功能是指声调以其不同的区别特征来识别词意的不同。

音节是由声母、韵母、声调共同构成的，声调的语音区别功能非常丰富，不考虑声调时，非儿化音节只有 408 个，但有了声调时，音节数目骤增 3~4 倍，多达 1 652 个。儿化音节没有声调时，只有 292 个，但有声调后，音节数目多达 1 027 个。

（2）构形功能

构形功能是指声调在语言结构中具有区别语法意义的功能。现代汉语的一部分词中，用去声来区别词性的现象仍然存在，例如：名词→动词，钉^{55}→钉^{51}；动词→名词，卷^{214}→卷^{51}。

(3) 分界功能

声调语言的每个音节都有声调标志。汉语中所有字都有声调，每一种声调都要依附于音节之上，而每个音节从起点到终点几乎全被声调包络，声调和音节的这种相互依存性，使得一个音节的长度，常常相等或相似于它的声调的长度。这样，在语言的连续群里，音节的界线，便常常表现在不同声调之间的分界线上，同声调的分界线相一致，从一种声调变为另一种声调，必然也是从一个音节变为另一个音节。因此，声调具有音节的分界功能（demarcative function）。

(4) 抗干扰功能

声调主要涉及嗓音基本音高，而元音和辅音要靠陪音来表达信息的基本要素，所以汉语既靠基音又靠陪音来表达信息的基本要素；而无声调语言，例如英语，却只靠陪音来表达信息的基本要素。在语言传递中，以声调为载体比以元音、辅音为载体优越，便于在嘈杂的环境中传送。

汉语声调抗干扰能力实验表明：在低通滤波 75 Hz、S/N（信噪比）= 25 dB、有非线性失真的条件下，音节清晰度 28%，声母清晰度 46.7%，韵母清晰度 39.5%，而声调的清晰度却高达 97.7%，很少受到损失。在高通滤波 250 Hz、S/N = 25 dB、有非线性失真的情况下，音节的清晰度为 29.5%，声母清晰度为 48.6%，韵母的清晰度为 38.5%，而声调的清晰度高达 98.8%。由此可见，声调具有很强的抗干扰能力，它在提高语言可懂度方面具有重要作用。

(5) 修辞功能

声调的修辞功能不同于它的别义功能和构形功能，它不是为了表示词义的不同和语法意义的不同，而是为了使语言的表达富于形象性、生动性，增加语言美感。

汉语声调有抑扬起伏、高低升降的旋律性变化，把它运用到诗歌辞赋的创作中，以增强语言的旋律性，会取得良好的艺术效果。诗词的平仄格式便体现了声调的修辞功能。

(6) 轻声

普通话的轻声是指双音节词或多音节词中，以及句子中读得短而弱的字音节而言。《现代汉语词典》中收录的轻声词占双音节词总数的 6.65%，而在普通文艺作品中，轻声词占 15%～20%，所以轻声词在汉语中的使用是比较活跃的。一般认为，轻声不是声调的一种变调，也不是汉语重音左移造成的声调永久性失落；轻声同样具有音强、时长、音高、音色等声学特点，但内容与四声声调差别较大，把轻声看成是汉语轻重音中的轻音较为合理。

4. 声调的感知

基频信息是声调感知的基础，基频越高，感知到的调值也越高。五度制标调是根据听觉的感知来标写的，而声波的基频和感知到的音高并非一致，音高频率的变化是线性的，感知到的音高则是对数性的。由感知确定的五度制的五度，并不是音高频率的等分值，而是与对数等分值对应的频率范围。

声调感知主要依据基频的变化，但基频并不是辨认声调的唯一信息。声调信息广泛分布于音节的各个频带成分中，其信息冗余度是较大的，即只需得到总的信息中的一小部分，便可确定音节的声调（见表5-6）。

表 5-6 不同滤波条件下的声调辨认率

滤去成分/kHz	声调辨认率/%	附注
0~0.3	92.1	除去基频
0~1.2	90.0	除去基频和第一共振峰
0~2.4	89.2	除去基频和第一、第二共振峰
0.3~10	91.5	除去所有共振峰
0~0.3 及 1.2~10	83.0	除去基频及第二共振峰

声调音高的变化，对音长和音强都可能产生影响，在普通话的四个声调中，往往去声最短，最强；上声最长，最弱；阴平和阳平居中，阳平比阴平略长一些。当基频起作用时，这些都只是一些可有可无的辅助的信息；当基频不起作用时，这些辅助信息，都可能成为感知声调的依据。

5. 语调

（1）语调的定义及其与字调的关系

语调是句子的音高变化。平常称字调为声调，句调为语调，普通话中字调和语调会发生叠加现象（addition of tone and intonation）。

（2）语调的性质

语调能够帮助表达说话人的思想感情和态度，主要由超音质成分，即音高、音强和音长组成。在比较长的句子里，有的音节关系比较近，结合比较紧密，有的则比较疏远，形成长短不等的音节组合。每一个音节组合成为一个节拍单位，称为"节拍群"。

普通话节拍群的节拍主要由单音节、双音节和三音节组成，以双音节为主。汉语语句结构中双音节词和意义关系紧密的双音词组占绝大多数，节拍群的组合正反映了这个特点，例如，"中国人民勤劳勇敢"就是由四个双音节节拍组成的。一般说来，节拍音节多，读得就快一些；节拍音节少，读得就慢一些。有快有慢，节拍匀称，再加上声调的高低升降和语调的起伏轻重，普通话的语调听起来就有比较强的音乐感。

不同的节拍组合有时甚至能改变语句结构和全句的意义，例如"三加四乘五"，读成"三加四 乘五"或"三加 四乘五"，结果会不同；读成前者得数是三十五，用算式表示是 $(3+4)\times5=35$；读成后者得数是二十三，用算式表示是 $3+(4\times5)=23$。

智能手机对人们的生活非常重要。　　　　（陈述）
智能手机对人们的生活非常重要。　　　　（强调）
智能手机，对人们的生活非常重要。　　　（沉吟）
智能手机对人们的生活非常重要？　　　　（询问）
智能手机对人们的生活非常重要！　　　　（惊讶）

有的感情语调带有强烈的感情色彩，这时全句的高低、轻重和快慢都有非常明显的变化。例如，情绪高昂时往往语调升高、响度增加，情绪低沉时往往语调降低、语速缓慢，与人争辩时语速往往增快，生气愤怒时往往把一些音节的振幅特别加大。感情的变化是多种多样的，表现出来的语调也是千变万化的，这正是一个朗诵者或演员可以充分发挥自己才能的地方。目前还没有一种能够把感情语调准确描写出来的方法，只能了解到大致的轮廓。

语调的高低升降和基频变化有直接关系。在非声调语言里，从基频的变化可以确定语调高低升降变化的不同模式。在声调语言里，声调调值的高低升降也和基频变化有直接关系，和语调的高低升降重叠交错在一起，都表现在基频的变化上，很难把两者截然分开。但是，听到"他写诗？""三小时？""刚开始？""你有事？"这些问句时，并没有因为语调要求是升调就分不清这四个问句最后音节的四声，可见语调高低升降的变化并没有对声调原有的高低升降模式产生严重的影响。

普通话语调和声调重叠交错在一起，音高、音强和音长的变化极其错综复杂，所表现出来的基频曲线更是千变万化。

培训课程 4 语音学在听力学中的应用

一、言语特性和言语感知

1. 言语的频率和强度范围

正常大小的言语声在中等强度附近。周围环境中有各种不同强度的声音存在，大的声音会干扰言语感知，解决的办法是提高说话者的音强、靠近收听者或去安静些的地方。表5-7为不同声源强度对应的近似声压级值。

表 5-7 声源强度分布表

强度（dB SPL）	声源
130	喷气式飞机（120 英尺）
120	痛阈、风钻（3 英尺）
110	重型机械修理店、摇滚乐队
100	交响乐队的强音合音、汽车喇叭（15 英尺）
90	风钻（4 英尺）、载重汽车（15 英尺）
80	地铁车厢、大声收音机音乐
75	老式电话铃声（10 英尺）
70	上下班时间的主要路口（70 英尺）
60	普通会话（3 英尺）、小轿车行驶（30 英尺）
50	安静的办公室
40	无机动车辆的居民区、轻声对话
30	安静的花园、耳语
20	隔声室、手表声、树叶微动
10	听阈

言语覆盖了一个较宽的频率范围和强度范围，从响元音到弱塞音的所有音位约有 30 dB A 的强度变动范围（见表 5-8）。当言语声降到 30 dB A 左右时，言语识别率开始下降，随着声强进一步下降，识别率可降至 0%。

表 5-8 音位强度分布

	音位	强度/dB A	音位	强度/dB A
元音	/a/	62	/Λ/	62
	/ɜ/	61	/ʊ/	60
	/I/	58	/i/	58
	/u/	58		
半元音	/w/	57	/r/	56
	/j/	56	/l/	56
鼻音和嘶音	/ŋ/	54	/n/	51
	/m/	53	/s/	48
浊塞音	/z/	48	/d/	44
	/t/	47	/g/	47
清塞音	/k/	47	/v/	46
	/b/	44	/p/	43
擦音	/f/	43	/θ/	36

2. 言语会话频谱图

记录一段长时间言语会话，分析其强度变化范围及其与频率的关系，称为平均长时会话频谱图（long term average speech spectrum，LTASS，见图 5-14）。整个言语会话的强度变动范围为 30 dB，在低频区域强度在 40~70 dB SPL，在高频区域强度在 25~55 dB SPL。帮助听力障碍者补偿听力，应使助听听阈进入平均长时会话频谱图，以保证患者能够听到正常大小的交谈声。

3. 林氏（LING'S）五音

林氏（LING'S）五音是指 /a/，/i/，/u/，/ʃ/，/s/ 这 5 个音位。利用它们可进行快速、简便的言语觉察和分辨测试，从而了解患者在不同频率的听力状况。元音的第一、第二共振峰和塞擦音的谱峰覆盖了较宽的频率范围，/a/ 的 F_1 为 0.7 kHz 左右，F_2 为 1 300 Hz 左右；/i/ 的 F_1 为 300 Hz 左右，F_2 为 2 500 Hz 左右；/u/ 的 F_1 为 350 Hz 左右，F_2 为 900 Hz 左右；/ʃ/ 的谱峰为 2 000~4 000 Hz；/s/ 的谱峰为 3 500~8 000 Hz。所以，这 5 个音位的组合基本反映了语音在 250~8 000 Hz 的频率分布。

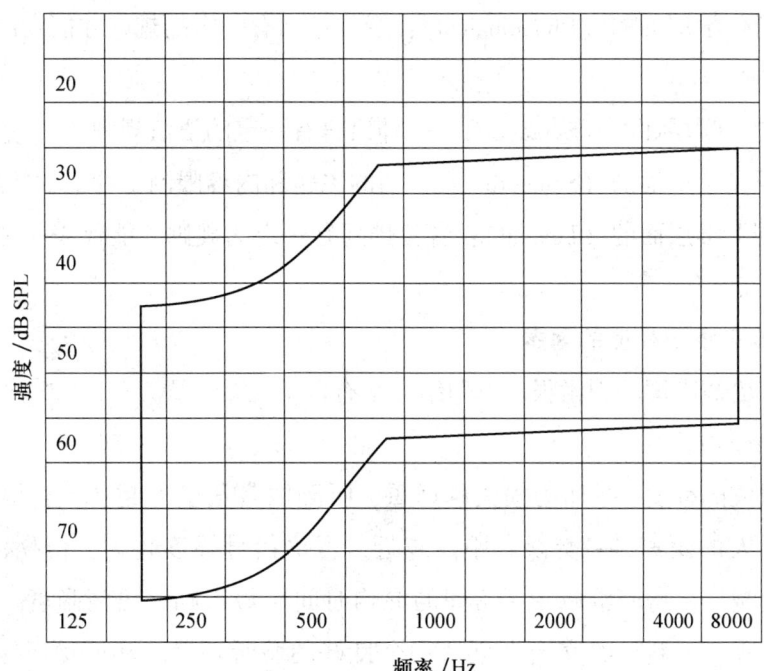

图 5-14　平均长时会话频谱图

4. 看话在言语感知中的作用

看话也称唇读,它可以帮助人们提高在噪声和混响环境下的言语识别能力。看话不易感知超音段音位,基频信息不能感知,记录为 $F_0(-)$;声音大小不能感知,记录为强度(-);可以感知说话时间的长短,但不准确,记录为时间(±)。

看话对于元音可以感知情况如下。

(1) 舌位高度:这与开口大小、下颌运动有关。

(2) 发音位置:这与口形、唇形、舌位有关。

(3) 时间信息:可有一些信息,但不确切。

看话对于辅音可以感知位置信息,可见构音器官前部的发音。发音方式不易感知,声带振动无法感知。

5. 言语冗余度

在正常使用的语言中,存在大量的重叠信息,听觉系统正常的人,不用完全听清楚每一个音节,便能理解对方说出的内容。存在于语言中的重叠信息就叫作言语冗余度。它存在于语言的各个层次。

(1) 语音学层面的(Phonetic):如利用共振峰的转移可估计元音前的辅音是哪一个音位。

（2）音位学层面的（Phonological）：音位排列有一定的规则才能发出正常的语音。

（3）句法学层面的（Syntactic）：一种语言有一定的语法规则。

（4）语义学层面的（Semantic）：谈话的主题和内容限制了词汇的使用。

（5）词汇学层面的（Lexical）：音位排列有一定的规则才能代表一个有意义的词汇。

6. 影响言语清晰度的因素

影响言语清晰度的因素很多，归结起来有以下几个方面。

（1）声学方面

听力损失的程度——听力损失越严重，听到的言语信号越弱，言语清晰度越差。与说话人的距离——交谈者距离越近，言语信号强度越大，信噪比也越高，言语清晰度越好。房间混响——房间的混响时间长短影响言语清晰度。建议房间内表面装饰吸音材料，给交流者创造一个良好的聆听环境。环境噪声——噪声对言语信号有掩蔽和干扰作用。噪声降低了信噪比，使言语清晰度下降。聆听方式（双耳/单耳）——双耳收听增加了信号强度，有助于立体定位，提高了言语分辨能力，可以提高言语清晰度。

（2）语言学方面

语言能力——文化背景高、知识面广的受试者能较多地利用言语冗余度，在相同的听力条件下，可获得较好的言语识别率。语言的复杂性——所用的言语测试材料应简洁、易懂，避免复杂，否则会影响测试分数的稳定性。语言的熟悉程度——初次测试和多次用同一词表测试，得分会不同。所以，在编制测试词表时，应至少编制10套以上，以避免因对词表的熟悉而造成的言语识别率提高。

（3）看话

可提供时间、舌位发音部位、发音方式的部分信息。听力障碍者因听力下降可能会丢失这部分信息，而看话可以弥补这些语音信息，所以，看话可提高言语清晰度。研究证明听觉加上看话可以提高言语分辨力，在同样信噪比的情况下，附加看话的言语理解力比没有看话的要好。

二、听力障碍对言语感知的影响

1. 对阈值、听觉频率范围和分辨能力的影响

听力障碍使患者的听敏度降低，提高了阈值，不利于言语信号的接收。患者

听力阈值的变化在不同频率并不相同。一般而言，高频部分的听力损失往往大于低频部分，而言语声覆盖了较宽的频率范围，是一种复合声，这就造成听觉强度感受在不同频率区域的不均衡，从而降低了言语分辨能力。由于听力障碍者的内耳及听觉神经系统的病理变化，致使他们对声音频率、强度和持续时间的感知能力下降，同样会导致对言语的分辨能力降低。

2. 对元音、辅音及超音段音位的影响

由于辅音音位的能量较低且频率较高，而听力损失常常以高频区域为主，所以，听力障碍对辅音感知产生的影响大于元音。对辅音而言，听力障碍对位置信息的影响大于对发音方式及声带振动与否对信息的影响。对元音而言，听力障碍对 F_2 的影响大于对 F_1 的影响。对超音段音位而言，听力障碍对频率信息的影响大于对时间信息和强度信息的影响。听力障碍者和听力正常的人有不同的言语感知方式，某些声学信息对聋人和听力正常者的意义可以不同。如听障者可借助强度的变化来了解声带是否振动及发辅音的位置，而正常人是靠基频和噪声频谱来决定的。所以，不能仅仅用听力图来预测言语识别率。

3. 言语信息的频率带分布

不同的语音信息有其特殊的频率分布，例如，基频、第一共振峰等。

第一共振峰转移等信息位于 1 kHz 以下的频率范围；而第二共振峰、第三共振峰、第二与第三共振峰转移、辅音信息等多位于 1 kHz 以上的频率范围。表 5-9 详细列出各种语音信息的频率分布情况，供参考。

表 5-9 语音信息的频率分布

频带	信息
125 Hz	男性 F_0
250 Hz	女性和小儿的 F_0，男性的低频泛音，舌高位元音的 F_1，鼻音的 F_1
500 Hz	大多数元音的 F_1 和 T_1，泛音，与后元音有关的塞音，半元音的 T_1，侧音的 F_1，大多数辅音的基本发音方式信息
1 kHz	辅音的辅助发音方式信息，泛音，侧音的 T_1，鼻辅音的 F_2，中后元音的 F_2 和 T_2，大多数塞音的爆发声，半元音的 T_2
2 kHz	大多数辅音的基本位置信息，辅音的辅助发音方式信息，泛音，前元音的 F_2 和 T_2，大多数的塞音和塞擦音的爆发声，擦音 f、ʃ、s 的涡流声，边音的 T_2 和 T_3

续表

频带	信息
4 kHz	辅音发音位置的第二信息,泛音,大多数元音的 F_3 和 T_3,塞音和塞擦音的爆发声,清擦音和浊擦音的涡流声
8 kHz	擦音和塞擦音的涡流声

职业模块 ６
助听器基础知识

培训课程 1　助听器发展概要

培训课程 2　助听器的工作原理和性能指标

培训课程 3　助听器验配流程及特点

培训课程 4　助听器验配用处方公式

培训课程 1

助听器发展概要

一、初期助听装置

1. 集声器

人们在长期的生产生活实践中发现，许多动物的外耳比较发达，耳郭可灵活转动以捕捉周边各种细微的声音。由此得到启发，人将手掌拢在耳后，一方面加大了耳郭的集音面积，另一方面也阻挡了部分来自耳后的声音，声音可在中高频增加 5~10 dB，可以算是最早出现的集声器。之后人们尝试着使用兽角、贝壳等作为集声器。更有效的集声器应属 19 世纪初出现的各种形状的、大小不一的耳喇叭（ear trumpet）、说话管（speaking tube）和号角（horn）。这些装置都是用一个很大的终端来接收声音，声波沿着漏斗状的拾音口进入一个逐渐收窄的喇叭型管道，利用声学共振原理将言语声的局部频段放大，最终送入使用者的耳道中。喇叭型管道如果收窄得过快，大多数声音会被反射掉而进不到耳内，所以有效的集声器的形状都必须是宽长的。但随之而来的问题就是，它庞大的体积又使得它的使用场合比较局限。后来有人发明了一些集声装置，可巧妙地藏在高帽子里、椅子扶手上、扇子或胡须中。

2. 炭精助听器

采用电学放大原理的炭精助听器出现于 20 世纪初。其早期体积较大，随着时间的推移，随身佩戴成为可能。炭精助听器以电池供电，采用炭精传声器、磁性耳机。传入的声波，压迫炭精电阻器的膜片，可使炭精的电阻发生变化，使得流过炭精的电流发生变化，运用电磁学原理放大后，可使磁性耳机中的膜片发生振动，声能增加。炭精助听器的增益较小，许多厂家不得不依靠增加传声器的个数来增加音量；同时噪声较大，失真较多，且炭精易受湿度影响。

3. 电子管助听器

1907年真空电子管放大器问世，1921年英国生产出第一台电子管助听器，电子管需要两个电源供电，A电源电压较低，加热电子管中的灯丝，使之发放电子；B电源电压相对较高，驱动电子通过栅极到达阳极。来自麦克风微小的电压变化，可控制较大电流的波动。通过几个真空管相连，可以实现大功率的放大器。另外其增益的频响曲线也比炭精助听器更易于操控。

早期产品中，传声器和受话器均采用压电晶体，易碎且不能耐受高温、高湿度等条件。刚面世时的电子管助听器体积较大，又需要携带较重的电池，几乎无法随身使用，但其增益和清晰度较好。随着时间的推移，电子管和电池的体积越来越小，1938年第一台可随身佩戴的电子管助听器终于在英国制成。汞电池的出现，使得电池体积显著减小，电池与助听器终于可以合为一体。

二、模拟电路助听器

第二次世界大战中涌现出的各种新技术新材料，如印刷电路和陶瓷电容，使得一体化助听器的体积显著变小。其后半导体技术的出现，更是大大推动了助听器的小型化。

1. 半导体助听器

1954年，出现了第一台半导体眼镜式助听器。由于担心出现声反馈，传声器和受话器分别安装在两个镜腿上。这在无形中形成了一个助听概念——信号对传（contra-lateral routing of signals，CROS）助听器。

1955年推出了整个助听器都在单个镜腿上的耳级（at-ear）眼镜式助听器。同年耳后式（behind-the-ear，BTE）助听器面世，体积不断减小，很快超过眼镜式和盒式助听器，成为销量最大的助听器。

新的技术还一直在不断涌现：新的陶瓷传声器仍然采用压电效应原理，但其频率响应宽阔平坦。钽电容使电容体积进一步减小，晶体管电路向集成电路方面发展。1964年出现了第一台集成电路助听器。1982年出现的驻极体传声器，因对抗强声冲击的能力较强而被许多助听器所采用。

2. 集成电路助听器

随着大规模集成电路的出现，助听器的体积又进一步减小，耳内式助听器（in-the-ear，ITE）、半耳甲腔（half shell）式、耳道式（in-the-canal，ITC）、深耳道式（或称完全耳道式 completely-in-the-canal，CIC）助听器相继出现，很大程度上满足了患者心理和美观上的需要。但这类助听器的体积小，一些功率较大的零部件因体积较大而无法被采用，因而功率普遍不高，仅适用于轻中度听力损失患者。

但限于电子学技术和电声学元器件发展的水平，一直到20世纪80年代中期，助听器还主要是针对声强的一种扩音装置。助听器设计者考虑的主要是如何减小体积和电池功耗，减少电路的热噪声和失真，提高助听器的最大声输出，提供更大的选配灵活性。为了避免对大声的过度放大引起患者不适，以自动增益控制（AGC）电路为代表的一些非线性放大电路被许多助听器所采用。

三、可编程及数字电路助听器

1. 可编程助听器

助听器体积的减小使得对放大参数的调节只能依靠数字存储器来实现。20世纪80年代中后期，数字信号处理（DSP）芯片开始应用，助听器进入了"可编程"助听器时代。DSP芯片有存储和运算的功能：一方面存储听力数据及选配后确定的各种参数；另一方面可动态地分析外界输入信号的不同，确定电路中其他模拟部件的工作过程。

1986年，美国Resound公司推出了可编程的多通道全动态范围压缩电路，第一个将非线性放大的概念引入可编程助听器中，在很大程度上解决了"听得舒服"的问题。这类模拟-数字混合型的可编程助听器具有如下优点和缺点。

（1）优点

DSP芯片可把频率范围划分成多个（2~4个）通道，独立确定其增益、压缩阈值和压缩比率。还可修订通道的分界频率，对于非平坦型听力损失患者尤为适用，它保证了对每个频段的补偿更有针对性。DSP芯片可设定的放大参数更多，调节得更加精细。适配范围也更广，同一台可编程助听器可适配于不同程度、不同听力曲线类型的患者。传统的压缩放大助听器，压缩比率不可改变，并不一定吻合每一个患者具体的响度增长情况。DSP芯片使得压缩比率变得可调。

使用者置身于安静的办公室和嘈杂的马路上，其所要求的声学参数必定不同。计算机编程助听器利用其数字存储能力，可设定多套程序，供多种声学环境下的使用。为了保证多套程序间的转换，可编程助听器的机身上加装了一个转换按钮；但也可通过遥控器来转换程序。遥控器还可控制助听器的开关、音量的增减等，对于手指活动不便的老年人尤为适用。

在助听器耳钩前后各放置一个麦克风，使用者可控制两个麦克风的工作方式，构成全方向性和指向性两种接收方式。运用指向性麦克风，使用者前方较远处的声音也可被接收到，而来自后方的声音则变弱。在人声嘈杂的环境中，使用者面前的谈话人的声音信号，与周围的言语噪声没有频谱上的区分，只能通过指向性麦克风来抑制环境噪声。这一技术已被公认为是在噪声环境下提高言语分辨力的有效方法。而在安静环境下，全方向性接收方式更有利于声音的察知。

(2) 缺点

多通道的宽动态范围压缩电路也存在几方面的问题，在当时的技术条件下（DSP 芯片的运算能力有限），是无法彻底解决的。

重振曲线并非一定是直线，临床选配时以患者的主观感觉作出的响度增长曲线是一个拟合后的直线，并不能完全代表病变耳蜗的输入/输出情况。

日常生活中总是存在着一定的环境噪声，且多以低频噪声为主。假如按照"压缩"方式处理，这部分噪声会被放大到恼人的程度。且低频的向上掩蔽效应会干扰言语分辨能力。以往 WDRC 对低于言语强度下限的信号做线性放大，但如果给予"扩展"处理，则效果更好。

压缩电路是通过一个反馈环路来运作的。该电路启动压缩工作状态或恢复到线性放大状态，均需要一定的时间，称为启动时间和恢复时间。启动时间一般应短于 10 ms，以应付脉冲信号的出现。恢复时间的长短，则各有优劣，应针对不同的目的有所取舍。短恢复时间能体现言语在音节水平上的强度变化，仍能保持言语的抑扬顿挫；但在有微弱背景噪声的环境下，听起来有"嘭嘭"声。长恢复时间能减小失真，并使输出保持在舒适的水平上。缺点是在一个高强度的信号后会有一个无声间歇期。当时的数-模混合型可编程助听器还没有掌握"自适应恢复时间"技术。

通道 (channel) 的划分较粗，若因出现声反馈而需降低高频增益时，较宽范围内的高频信息都会降低。通带的衔接没有进行平滑处理，易引入失真。对轻声元音（低频段）的较大增益，可能会对辅音（高频段）产生向上掩蔽效应。

2. 数字电路助听器

20 世纪 90 年代中期，数字信号处理芯片的功能日臻强大，体积也越来越小，于是第一台全部采用数字技术的助听器诞生了。为区别以往采用模拟-数字混合技术的可编程助听器，人们称为全数字助听器。

全数字助听器是在可编程助听器基础上，技术进步的必然结果。它已不再采用模数混合技术，而全部采用数字技术。整个助听器只包括麦克风、数字处理芯片和受话器三部分。麦克风首先将声音转化为数字信号，然后通过数字处理器进行分析、滤波和放大等处理，能有效降低噪声、消除反馈啸叫、实现方向性接收，最后再由数字信号转化成声音。全数字式助听器继承了可编程助听器的全部优点，而且在人工智能化方面又向前迈进了一步。

全数字助听器的核心部件是一个具有高速运算能力（可与"奔腾"芯片媲美）的数字信号处理器（Digital Signal Processor，DSP）。DSP 又分为通用 DSP 及专用 DSP 两种。通用 DSP 的结构和计算机很相似，也是控制器+运算器+存储器结构，但有两点重要的不同：运算器做专门的设计，适应某一类型数字信号处理的特别需求；程序存储器和数据存储器分开，而不是像（目前的）计算机那样程序和数据共用存储器。这样程序存储器和数据存储器可以分别设计，比如采用不同的字长，以适应数字信号处理器的"控制程序相对简单而数据量巨大"的特点。通用 DSP 相对于专用 DSP 来说，长处是灵活性强，只要重新编写软件，即可以实现不同的功能，有利于用户今后的升级；短处是对于某一个应用来说，总有相当一部分的硬件及软件是"多余"的，如果要达到相当于专用 DSP 的处理速度，势必导致体积增大，成本上升，耗电量增加。

最早的全数字助听器是1996年由 Oticon 公司和 Widex 公司几乎同时推出的 Digifocus 和 Senso，是以硬件为基础的专用 DSP 封闭式平台，完全用数字电路硬件实现。控制程序（即软件）完全嵌入硬件线路，结构中没有多余部分，因此处理速度很高（1 s 内作上千万次运算，而感觉不到延迟），体积微小（如 CIC 可完全置于耳道内）。

现在常见的全数字助听器，大多采用专用 DSP 芯片，运算速度约在每秒 1 亿次左右。运用数字技术噪声低、失真小的特点，开发出不少以人耳听觉感知模型为基础的"人工智能"处理器，并在选配方法上提出了一些新的概念。但也有些厂家仅仅是把可编程助听器的功能用数字化方法实现，推出了一些廉价的经济型全数字助听器，只把"数字化"作为销售的宣传亮点，而并没有把数字技术的优势充分发挥出来。

1998 年，Resound 公司和 Danavox 公司等联合推出了一种基于通用 DSP 芯片的开放平台，把全数字助听器推向了以软件为基础的阶段。通用 DSP 芯片就像一台个人计算机（PC），拥有 RAM 和 ROM 内存系统以及一个操作系统，运算速度可高达每秒 313 000 000 次。它拥有独立的软件和硬件，一旦有新的助听技术出现，可通过软件升级更新现有性能，实现助听器升级。DSP 的强大功能允许实时完成 FFT 频谱分析，将频谱划分成更多的频带，可选用不同的处方公式和非线性处理技术，对环境噪声和反馈啸叫有了智能化的处理。

采用通用 DSP 芯片的全数字助听器屈指可数。芯片体积及耗电较大，都制约了它在 ITC、CIC 助听器中的应用。就像个人计算机一样，人类无法预期未来的声音处理技术对硬件资源的需求，软件升级的空间实际是极为有限的。数字助听器的价格会不会像计算机价格一样下降很快，而不值得升级？这些都使人们不再看好采用通用 DSP 芯片的全数字助听器。

但无论怎么说，全数字助听器中 DSP 芯片的运算能力正在大大提升，全数字助听器得以充分展示其以人耳听觉感知为基础的"人工智能"技术，正在成为未来助听器的发展趋势。

随着数字技术在助听器领域的更新换代，助听器本身的定义也在不断修正和重新界定。正如欧洲助听器行业协会主席恩斯特先生 2006 年所述："众所周知，昔日的助听器除了名字外，和今天复杂的助听系统已经不可同日而语。"今天的助听系统不仅在硬件上和传统的助听器有巨大差别，更重要的是，在其功能和使用范围方面取得了突破性的进展。软件的强大功能对助听器起到了革命性的再创作用，涌现出真耳原位测听、降噪、声反馈消减、自动程序切换、环境自适应、对使用偏好的学习记忆、耳内受话器等技术。正是凭借这些新型技术的推广和使用，今天的助听器已不仅限于对听力损失的补偿，而大大提高了使用中的舒适度，能适合各种声学环境，音质也得到极大改善。助听系统更关注的是患者如何有效地解决听障给他们现实生活带来的困扰，使之变成生活中的一部分，让他们渐渐摆脱所谓残障人士符号的印记。

培训课程 2

助听器的工作原理和性能指标

助听器是一个电声放大器，可将微弱的声音扩大到适应人耳需要的强度。助听器主要由传声器（microphone）、放大器、受话器（receiver，耳机）、电池、各种音量、音调控制旋钮等电声学器件组成（见图6-1）。

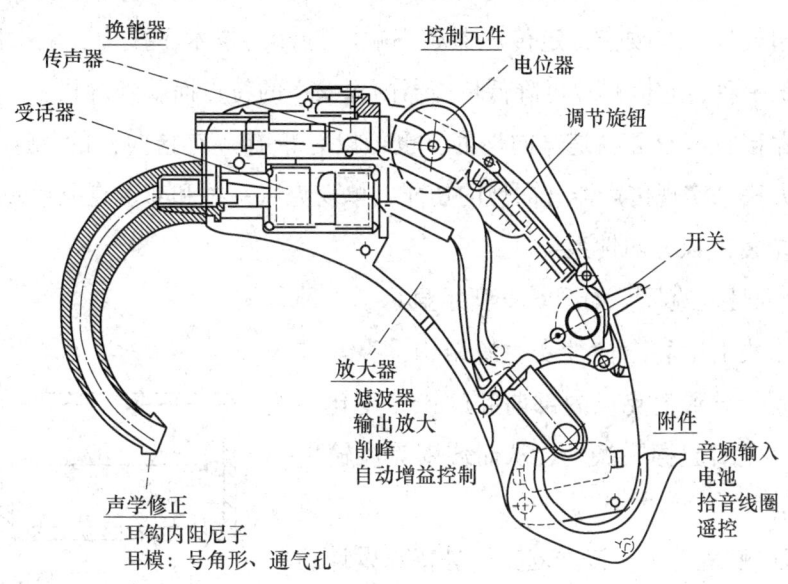

图6-1 助听器的内部构造图

一、内部构造

现代助听器的体积已经很小了，但却集合了大量的电子元器件。这些元器件主要包括以下部件。

1. 传声器

传声器，又常被称为麦克风，其作用是将声波转换成电信号，按工作原理可分成电磁动圈式、压电陶瓷式、驻极体式等类别。

第二次世界大战后普遍采用的是电磁动圈式传声器，但其结构复杂，稳定性欠佳，频响范围仅为300~4 000 Hz，无法满足轻度听障者对助听器品质的需求。

20世纪60年代后期，压电陶瓷传声器问世，频率响应既宽又平。但作为助听器之用仍有一些不足，主要表现在它对低频振动（如摩擦噪声）过于敏感，易引起助听器机械性的声反馈。

20世纪70年代初出现的驻极体传声器弥补了这一不足。驻极体传声器由一层薄的金属膜片和一个栅格状的金属底板构成，二者分别作为这个以空气为介质的电容器的两极。两极上驻有一个直流极化电压。声压振动金属膜片，引起电容值的变化，而最终被转换为电信号。时至今日，驻极体传声器仍是最常使用的传声器，具有频响曲线平滑、对机械振动不敏感等优点。

根据助听器的需要，传声器可有不同的频响和敏感度，还可加载阻尼子对峰值进行平滑处理。在改变特定传声器频率响应特性的技术手段中，电子滤波是运用比较多的一种，它因具有可降低传声器内部噪声的特点而受到青睐。

传声器接收声音可以是全向性的，也可以是带有一定指向性的，这主要通过两种设计方法来实现传声器方向性的功能：单麦克风系统和双麦克风系统。

（1）单麦克风方向性系统

1）全向性麦克风。如图6-2所示显示了一种典型的驻极体式的电容全向性麦克风结构，声音进入麦克风口后，导致麦克风内部前腔的压力变化，这些压力的改变引起振膜振动，从而使麦克风输出一个模拟电信号。

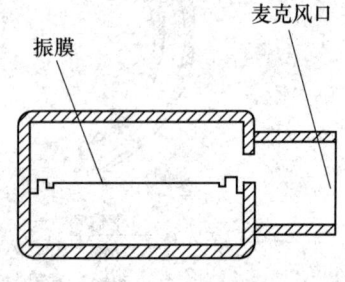

图6-2 驻极体全向性

2）指向性麦克风。该类麦克风是特殊设计的单体麦克风，它有两个进声孔，一个为前向开口，另一个为后向开口，后向开口中有声学延时装置（阻尼器）。麦克风内部设横隔机械振膜，两个进声孔分别连到振膜的两面，通过振膜感受到两部分声音的声压差值，并将其转换成电信号输出。通过调整后向开口的阻尼，就可以产生不同的方向特性，但一个系统只有一种固定极性图，不同的极性图具有不同的方向性指数（见图6-3）。

（2）双麦克风方向性系统

麦克风的工作方式也可以由两个独立的麦克风来达成，分为前置麦克风和后

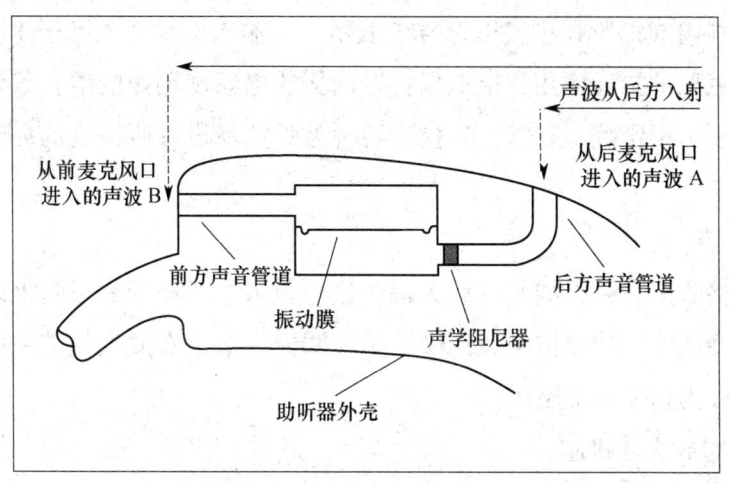

图 6-3 方向性麦克风的声音通路

置麦克风,其中后置麦克风附加有信号延迟电路,这样比较容易得到各种不同的极性。同时,这种设计的另一个好处就是能够方便地在方向性和非方向性(全方向性)之间选择切换。因为只要把延迟电路关掉(延迟为零)即可变成全向性(见图 6-4)。

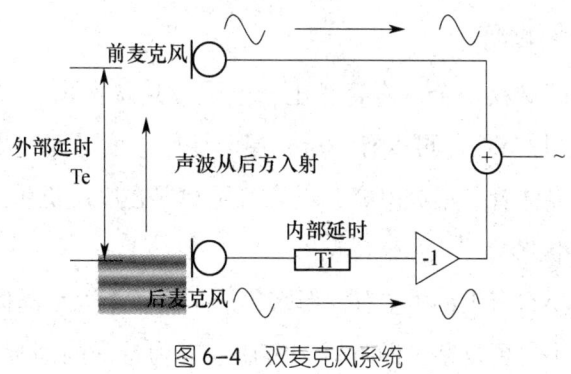

图 6-4 双麦克风系统

与全向性麦克风相比,指向性麦克风的低频敏感度都比较低。再加上对声源的指向性接收,使得患者在嘈杂环境下的言语接收能力大为改善。

尽管指向性麦克风有诸多优点,但使用却很不普及。直到可编程助听器问世后,为了实现在不同程序间全向式与指向式接收的转换,人们改换了思路,引入了双麦克风甚至三麦克风技术提高对某一方向声源的选择性接收,这一提高信噪比的思路才重新被重视。

2. 电感线圈

助听器中的电感线圈,看上去是一个细铜丝包绕的线圈,装配在绝大多数耳后式及少数耳内式助听器中,以符号 T 表示。当输入选择开关置于 T 挡时,该线圈就替代麦克风的拾音作用,拾取以特定的无线电频率调制的语音信号并进行放大。但它必须与影剧院、教堂、学校等场所为听觉障碍者所铺设的环路系统配合使用。

3. 放大器

助听器接收声音后,继而由放大机芯进行放大、滤波等一系列处理。诸如音量调节、削峰调节、功能控制和信号压缩等调控环节也在放大机芯内完成。机芯的工艺水平分为以下四个层面。

(1) 分立放大器机芯

分立放大器机芯焊接在印制电路板上,占用较大的空间,电路热噪声较大,只在早期的一些大体积助听器(体佩式或大的 BTE)中采用。

(2) 薄层放大器机芯

薄层放大器机芯做在一个涂覆了绝缘材料的陶瓷或玻璃薄片的单面上。晶体管、集成电路和电容也都配接在金质连接座上,由特殊焊接工艺联系在一起,体积大、不实用。

(3) 厚层放大器机芯

厚层放大器机芯做在一个薄陶瓷板上,电阻及连接座由一种特殊的丝网技术"印"在陶瓷板上。厚层机芯可以有多层,层与层间、面与面间易于连接。目前厚层技术最为常见,晶体管、集成电路、电容等可焊接在厚层机芯的两面。

(4) 集成电路机芯

集成电路的大小只有 1 cm^2 左右,但却集成了成千上万个晶体管和电阻。集成电路使得助听器更小也更复杂。助听器厂家通常要为特殊的助听器定制集成电路。全数字助听器中的放大器机芯就是一块高度集成化的数字信号处理(DSP)芯片。

4. 受话器(耳机)

受话器将放大后的电信号再转换成声波。受话器的大小决定其敏感度和最大输出,所以耳内式及 CIC 助听器所采用的受话器,都会因体积的限制而舍弃最佳的效果。放大机芯后的功率放大器,通常都与受话器做成一体,受话器也由此而被命名为三类。

(1) A 类受话器

采用 A 类放大电路,无论是否有信号输入,都需要维持一定的静态工作电压,从而电池消耗较快,现已基本上被低耗能的功放取代。

(2) B类受话器

B类受话器也称推挽式（Push-Pull，PP）放大器，是将两个分别处理正相和负相信号的A类放大器组合在一起，信号输出的能力提高了6 dB。由于只放大单相信号，每个放大器的工作点电压可以为零，因此耗能较低。B类放大器的缺点是正相和负相信号在衔接时会出现"交越失真"。

(3) D类受话器

D类放大器又称开关放大器，采用脉宽调制（pulse-width modulation，PWM）技术。首先声信号对一个约100 kHz的载波信号进行调幅。调幅信号送至比较器：信号幅度高于比较电压时，比较器输出为高；低于比较电压时，比较器输出为低。这样信号就被转换成一系列脉宽不等的方波信号。这个经"脉宽调制"的方波，控制电源的开关，正负交替地对受话器中的电磁线圈充电。由于受话器中的线圈不能传递如此高的频率，声音又还原成模拟信号输出。D类受话器的主要优点是能耗低，尽管其静态电流与B类放大器相当，但其工作电流减少20%~40%。另外，其体积和失真也都有所减小。

5. 电池

电池是助听器正常工作的动力源。好的助听器电池应表现为容量高、内阻小、保质期长。容量高可以使用的时间更长；内阻小可以提供更大的瞬态电流使得失真减小；保质期长使得用户不必频繁地去买新近生产的电池，而且可以减少因保质期过短可能带来的容量下降的损失。此外，好的电池在低温环境下仍能保证良好的使用性能。

(1) 电化学原理

从汞电池发展至碱锰电池以及目前广泛使用的锌-空电池，助听器电池经历了不同类型的演变。氧化银电池有很高的电压（1.5 V），但因其价格高而很少使用。汞电池曾经广泛地用于助听器中，它质量稳定，可存放较长的时间，电压稳定、内阻小，能提供较大的电流。但银、汞是重金属，不利于环保。

锌-空电池是以金属锌为负极，以空气中氧为正极，以去极剂、强碱水溶液为电解液的一次性化学电源。空气中的氧通过电池壳体上的孔进入附着在正极的碳棒上，负极锌被氧化，持久的化学反应，产生1.4 V的电压。由于其正极活性材料氧储存于大气中，取之不尽，用之不竭，故该电池的突出特点是电容量高，缺点是内阻高，不能提供大的电流。由于助听器的工作电流很低（一般在零点几毫安到数毫安），锌-空电池完全能满足这种电流要求。它价格适中，使用中不膨胀变形，对环境无污染，所以锌-空电池是目前使用最广泛的电池。其工作温度为 −10~50 ℃，良好保存状况下每年的容降率为 3%。所幸的是，新一代锌-空电池的品质已逐渐接近银、汞电池。

（2）电池的规格

除了盒式助听器使用普通 5 号或 7 号电池外，其他助听器均使用纽扣电池。纽扣电池的规格如图 6-5 和表 6-1 所示。一般而言，助听器的增益和输出越大，所需要的电池能量也就越大，相应的电池体积也应加大。

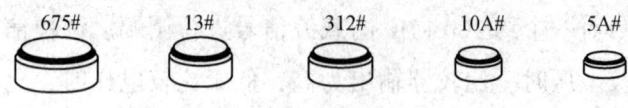

图 6-5　各类电池的外观尺寸

表 6-1　电池的规格与容量

规格	锌-空电池		汞电池	
	容量/(mA·h)	直径 最大~最小/mm	容量/(mA·h)	直径 最大~最小/mm
675#	540	11.60~11.25	270	5.4~5.0
13#	230	7.90~7.55	100	5.4~5.0
312#	110	7.90~7.55	60	3.6~3.3
10A#	55	5.80~5.65	30	3.6~3.3
5A#	—	5.80~5.65	—	2.2~2.0

675#是目前助听器用的纽扣电池中最大的，常用于大功率助听器。

13#厚度与 675#电池相同，但直径减小了，常用于中小功率助听器或耳甲腔式助听器。

312#直径与 13#相同，但厚度变薄了，常用于耳内式助听器。

10A#厚度与 312#电池相同，但直径又减小了，多用于耳道式及深耳道式助听器。

5A#直径与 10A#相同，但厚度又变薄了，但因容量过小，用得不多（见图 6-5）。

（3）电池的使用与储存

使用锌-空气电池时，正负极要放置正确，撕开电池上的小标签，等待 60 s 左右，让足够的氧气进入以激活电化学系统。电池一旦被激活，就慢慢地耗竭了。

不用时，把小标签贴回去可以减小消耗，但它不能完全阻止这一过程。

电池的容量以毫安小时（mAh）表示的。如果一粒电池的容量是 100 mAh，而助听器的平均电池流量是 1 mA，那么它可以使用 100 h。助听器电池的实际使用时间与助听器型号、数字智能处理、增益、听力损失程度、气候等因素有关，差别非常大，实际上很难精确估计。一般来说，助听器所用电池越大，听力损失越轻，使用时间就越长。

原则上，电池在储存过程中均会损耗能量。这与其内在固有的电化学系统逐步损耗电能的自放电现象有关。温度是影响自放电现象的最主要的环境因素，温度降低，损耗减小。湿度是另一环境影响因素。锌-空电池的气孔直接与周围环境相连，如果相对湿度太低，电池中的电解质会慢慢变干；相对湿度太高，系统会存储水分，两者都会间接影响锌-空电池的性能。

6. 助听器的功能调节旋钮

模拟电路助听器上常有一定的调节旋钮，助听器验配师可针对患者不同的情况作出个性化的设置，使用者不应随意改变。当然还有一些患者能自行操作的功能旋钮（见图 6-6）。

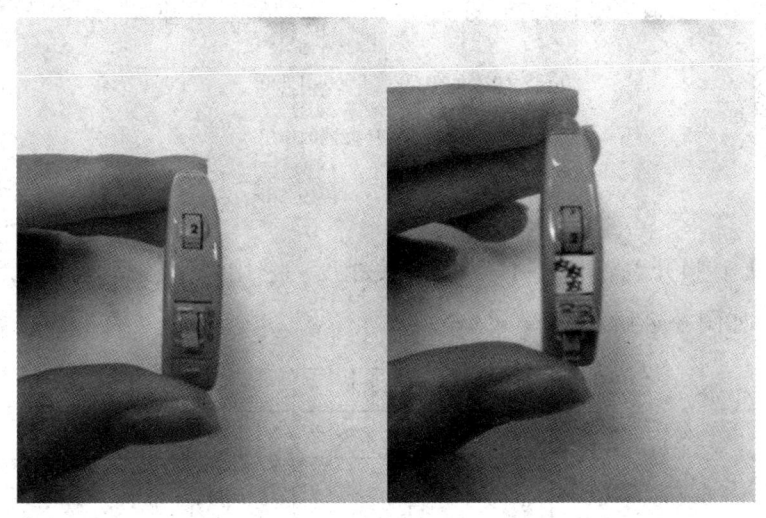

图 6-6　助听器调节装置

（1）使用者可操纵的调节装置。

1）音量控制旋钮。使用者调节音量控制旋钮可调整音量。某些数字式助听器实现了音量自动控制，所以省略了音量控制旋钮。

2）On/Off 开关。患者通过此开关来打开或关闭助听器。它可以是一个小的拨动开关，也可以与电池仓做成一体。

3）M-T 转换开关。使用 M-T 转换开关，助听器可在麦克风（M）和电感线圈（T）两种接收方式中转换。助听器处于 T 挡时，麦克风就失效；反之亦然。可是在某些场合下两种方式同时使用最为有利，比如在观看电视时，既想通过 T 挡来听电视，又希望能听到家人的插话或门铃等环境声。这样一些助听器上会多加一个挡位 MT。

4）N-H 转换开关。一些较简易的助听器，没有供听力师调节的旋钮。对于频响的改变，仅能通过机身上的 N-H（Normal response/High tone）转换键。置于 H 挡，会衰减低频、克服向上掩蔽效应，达到突出高频、改善言语分辨的目的，如图 6-7 所示。

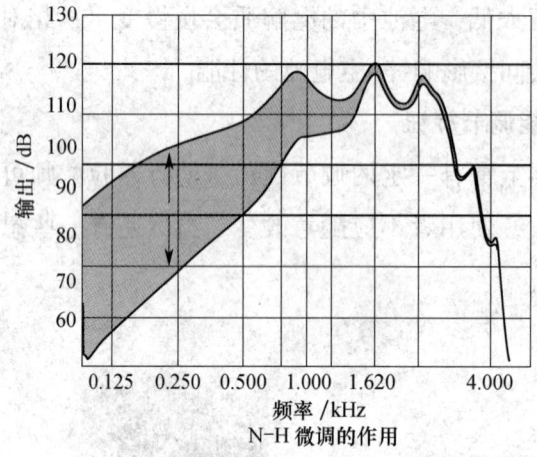

图 6-7 N-H 微调示意图

5）N-L 转换开关。与 N-H 转换开关相反，它用来削减高频增益，从而突出低频补偿，如图 6-8 所示。

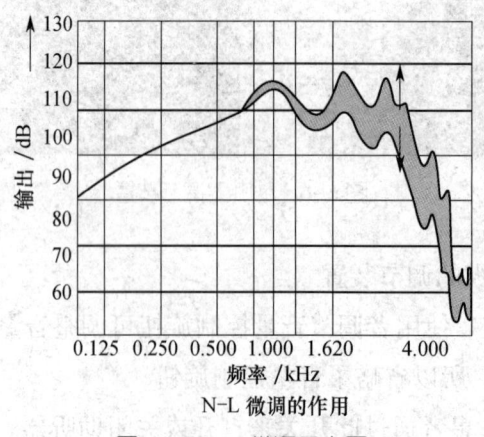

图 6-8 N-L 微调示意图

6) 程序转换钮。可编程及全数字助听器，比集成电路助听器具有更多的调节参数。针对不同的声学环境，助听器验配师可设置各调节参数的多套程序，让用户自行转换。

7) 遥控器。可编程助听器及全数字助听器在多套程序基础上，可能还需要有一定的自主调节能力；助听器的体积更加小巧美观（如深耳道式助听器），已不允许用手动方式来调整。这时就需要通过遥控器来实现参数调节。遥控器的工作可有红外线、超声波或电磁波等方式。

（2）调整的参数

不同档次的助听器，验配师可以调节参数的多少和种类也有所不同（见图6-9）。但无论是通过旋钮还是可编程的数字存储器，调节参数无外乎以下几类。

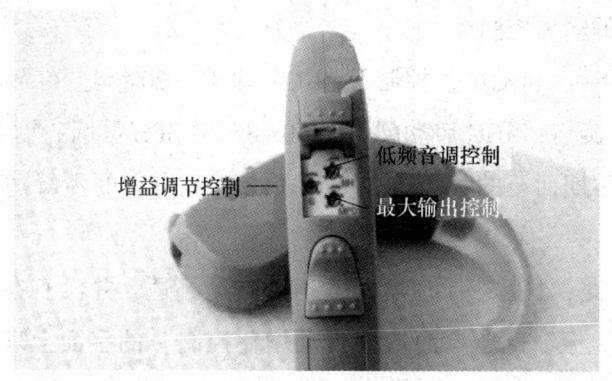

图6-9　助听器微调

1) 预设增益。预设增益钮可使增益最大降低20 dB，它与音量控制旋钮共同决定了最终的增益大小。若预设增益值较高，音量控制旋钮的数值就应较低；反之，预设增益值较低，音量控制旋钮的数值就应较高。为使患者自行提升或降低音量的余地都较大，音量控制旋钮一般都置于中间位置，应在这种状态下预设增益。

不少助听器没有预设增益钮，那么助听器的增益控制就全部由音量控制旋钮决定，日后调节的范围就较局限。但只要助听器的功率选择恰当，没有预设增益钮的助听器也是可行的。

2) 滤波器。

①Low-Cut滤波器。低频削减滤波器（或称高通滤波器），用来降低对低频的放大。一些听力损失者的低频听力是接近正常的，低频不需要放大；患者在嘈杂环境中觉得过于杂乱，降低低频后会有所改善。

②High-Cut 滤波器。对一些重度听力损失者，使用高频削减可降低出现声反馈的概率。对于初次使用助听器的患者，常使用这个滤波器来衰减高频，帮助患者度过最初的适应期。随后再逐渐提高对高频的放大量。

3）输出限制。助听器放大后的声音既要能使患者听到，同时又不能引起患者不适。声音的最大输出是由削峰电路或 AGC 压缩电路来控制的。

4）削峰。早期助听器主要通过削峰（Peak Clipping, PC）电路，将信号中超过输出限制值的峰值部分削去。削峰会引起较大的失真。但削峰时放大器的增益并未降低，一些极重度耳聋患者偏好大的声响来帮助唇读，削峰也许是不错的选择。

为克服削峰造成的失真问题，也为了解决患者对大声的耐受问题，人们提出了压缩限幅方式的输出控制。

5）压缩限幅——自动增益控制（AGC）电路。20 世纪 80 年代的线性放大助听器大都有 AGC 旋钮，AGC 启动阈值在 60~85 dB SPL 可调。输入声超过该阈值，增益开始下降。不期而至的大声，放大后不会超过患者的不舒适阈，而且失真大为减小。

这种 AGC 电路，只解决了患者对大声的响度不适，并没有在各个响度级上解决感音性聋的"重振"问题。而从"自动增益控制"的字面上理解，随着输入声的增加，增益应被"压缩"，所以 AGC 的概念被拓展成"压缩"。而这种传统形式上的 AGC 电路，人们现在更倾向于使用"压缩限幅"这一名词来取代它。

压缩概念的演变如图 6-10 所示。

6）压缩。压缩放大是区别于线性放大而言的。在压缩放大的概念提出之前，助听器都采用线性放大。线性放大电路的输入-输出函数呈线性关系，斜率为 1，即输入信号变化多少，输出信号相应也变化多少。不论助听器的输入为多少，其增益均为一定。这对于补偿传导性听力损失（动态范围未变）十分有益。

但对于一个具有重振特点的感音性聋（耳蜗病变）患者，设想其言语听阈为 60 dB SPL，不舒适级（UCL）为 95 dB SPL，动态范围为 35 dB。一般而言，听力正常人的日常言语中，轻、中、响三种声量大致对应于 50 dB SPL、65 dB SPL、80 dB SPL。若采用线性放大，对低、中、高强度的语声都给予 25 dB 的放大，分别变为 75 dB SPL、90 dB SPL、105 dB SPL，则低、中强度的语言声仍在患者残存的言语动态范围；而中等声量以上的强度（>65 dB SPL）经线性放大后，就会超出患者的动态范围（见图 6-11）。

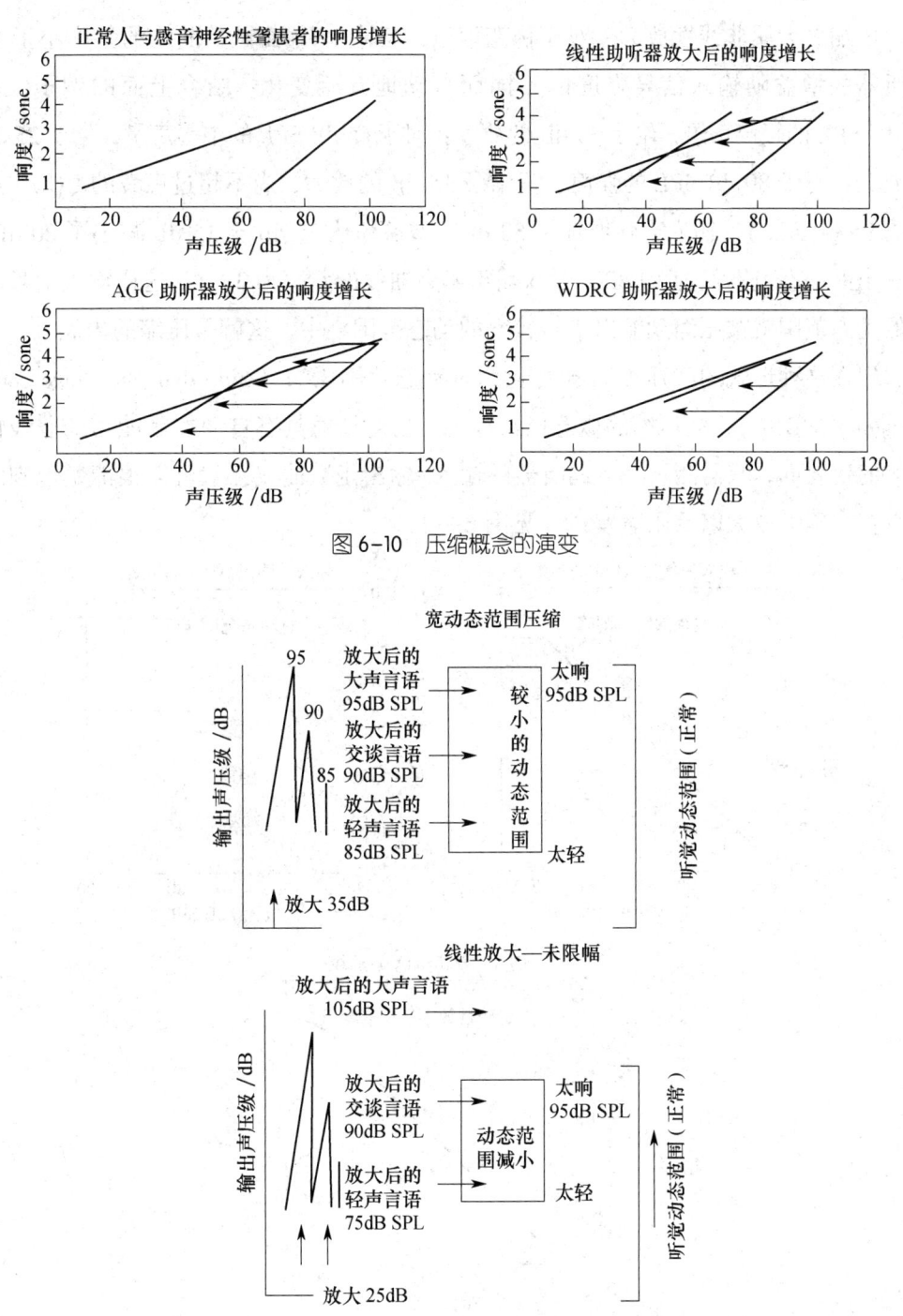

图 6-10 压缩概念的演变

图 6-11 线性放大与压缩放大

那么，如何将较宽范围的输入声强，经助听器放大处理后，仍落在患者较窄的动态范围之内呢？这促使人们提出了压缩放大的概念。

压缩放大属非线性放大。对于稳态信号，其输入-输出函数曲线的斜率小于1，助听器的增益随输入信号强度的不同而自动地有所变化。结合上面的例子，对50 dB SPL 的轻声言语，给予35 dB 的放大；对于65 dB SPL 的中等声量，给予25 dB 的放大；对于80 dB SPL 的强声，只给予15 dB 的放大，尚不超过患者的 UCL（此例为95 dB SPL）。输入声强增加了30 dB，增益却从35 dB 至15 dB 减小了20 dB，声输出的动态范围仅为10 dB，输入输出函数曲线的斜率为3∶1。这样输入信号较宽的动态范围就被压缩到输出信号较窄的动态范围之中，这就是压缩的内涵。

现在这种形式的"压缩"被特化为宽动态范围压缩（wide dynamic range compression，WDRC），而压缩的概念已经成为一切对增益具有自动控制能力的非线性放大的代名词。只需测量一下助听器的输入-输出函数曲线，就可以很清楚地判断是否存在压缩放大以及压缩模式（见图6-12）。

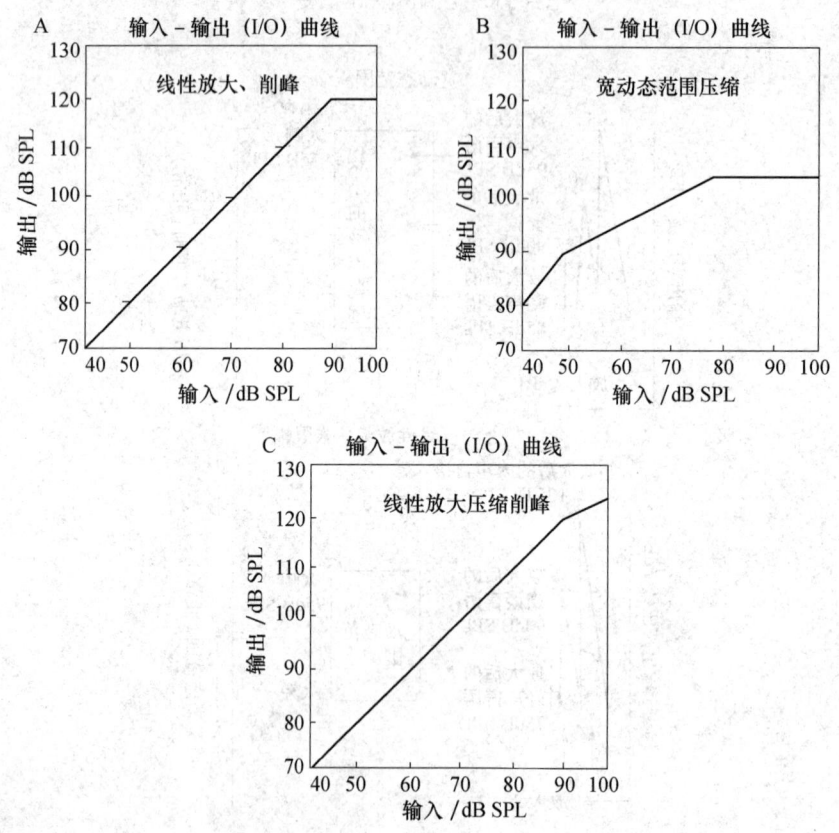

图6-12 不同类型压缩模式的 I/O 曲线

压缩电路是通过一个反馈环路来运作的。如图6-13所示是一个压缩电路的示意图。一个监控电路随时测量信号的电压或电流，从而决定是否把输出信号的一部分反馈到放大器的输入端。压缩电路的雏形是 20 世纪 70 年代的自动增益控制（AGC）电路。AGC 电路放在音量控制器（Volume Control，VC）的前面，AGC 的启动是由输入声级的大小是否达到一定的压缩阈值决定的。一旦超过该阈值，则信号被反馈回去，电路的增益降低，进入压缩工作状态；反之，仍为线性放大。这种增益调控方式称作输入 AGC（AGC_i），压缩阈值与 VC 的设置无关，输出随 VC 增减而增减。

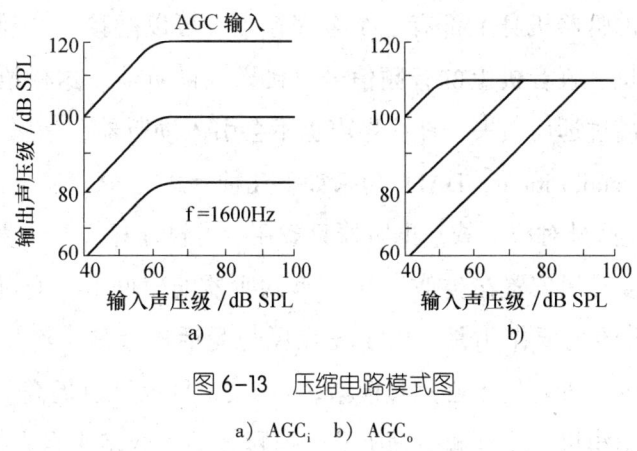

图 6-13　压缩电路模式图

a) AGC_i　b) AGC_o

AGC 电路也可放在音量控制器（VC）的后面，AGC 的启动是由输出声级的大小是否超过一定的输出限制值决定的。这种增益调控方式称作输出 AGC（AGC_o），AGC_o 要确保输出声级不论 VC 的设置怎样，都不会超过预设的输出限制值。

随着压缩技术的发展，又出现了其他形式的压缩电路。如在同一台助听器中同时运用 AGC_i 和 AGC_o 的宽动态范围压缩电路。虽然压缩这一概念被广泛采纳，但在描述压缩电路的工作原理时仍采用 AGC_i 和 AGC_o 的说法。

二、听觉辅助器件

1. 环路系统

环路系统包括环路放大器和环路线圈。一个运转良好的环路系统可以在环路内产生电磁波，剧院演员的台词或教室中老师的声音经电磁发射装置在环路内发射，患者使用 T 挡就可以清晰地听到这些语音，而周围的环境噪声不被接收。这样，声音强度不因距离而产生衰减，不受混响及环境噪声的影响，能保持较好的信噪比。

一个小的环路系统也可以用于家庭，如将电视伴音信号接入环路系统，患者在环路内的任何位置都可通过 T 挡接收。环路甚至可以小到项链大小。

这一设计还可以帮助患者更好地接听电话。电话听筒若仍采用电磁式耳机，其产生的电磁信号一般也可以为 T 挡所接收，但受电磁信号强度以及电感线圈敏感度的制约，可在听筒上加装一个电磁信号扩增器。若电话听筒不再采用电磁式耳机，听筒上就应用一个适配器来产生电磁信号。

2. 直接音频输入

许多耳后式助听器机身上都有三个金属接点，可以配接一个靴状适配器，将声音信号或电视机、收音机上的音频信号直接送入助听器。这样语言信号中的高频成分不会因距离过远而损失，环境噪声也不会引入助听器，信噪比会明显提高。音频输入（direct audio input，DAI）包括如下几种形式。

（1）CROS（信号对传）式。助听器只戴在听力较佳耳上，但麦克风移至对侧听力较差耳上，麦克风安置在类似于 BTE 型助听器的模件上，通过靴状适配器连至助听器。CROS 的主要作用是：由于麦克风与受话器远离，产生反馈的概率很小，可以开耳佩戴（即耳道不必用耳模堵塞）；放大量也可以提高。对于某些特殊情况：如出租汽车司机，左耳佩戴助听器，但顾客的声音多来自右侧耳，CROS 非常适用。

（2）BICROS（bilateral CROS，双侧信号对传）。患者双耳均有不同程度听力损失，听力较佳耳选配了一个助听器，但较差耳也有一个麦克风，通过靴状适配器传至对侧助听器。

（3）手持式麦克风。在噪声环境下，为了提高信噪比，讲话者手持麦克风，将语音信号通过适配器和导线直接传入助听器。这种手持式麦克风非常适于听障儿童的听力语言训练。在预先安装了通话线路的教室中，讲台上麦克风接收的信号也可直接输入到儿童助听器的音频输入端。

3. FM 系统

FM 系统可以理解为一个无线麦克风，它包括一个方向性麦克风，一个调频转换器和调频接收器。讲话者将麦克风别在衣领上，导线将声信号送至腰间的调频转换器，以特定的调制频率发射出去。每一个患者的助听器上都加装一个调频接收器，将声信号还原出来。这非常适合在听障儿童教育中使用。

FM 教师系统，类似于舞台上的无线麦克风。教师在领口夹上一个小的麦克风，语音信号通过随身佩戴的 FM 发射器在 100 m 左右的范围内以调频广播的方式发射，听障儿童随身佩戴的 FM 接收器将语音接收后，送入音频输入端，这样保证了儿童即使在户外也能无线接收到清晰的语音。

4. 天线设备

利用蓝牙技术实现天线信息传输的产品越来越多,无线麦克风、无线编程器、无线助听音响等设备使助听器验配和收声更方便、灵活。

三、主要性能指标

助听器标准规定了对其进行计量的主要技术指标及其测试方法。生产厂家也必须给出十分详尽的性能参数,而验配师则希望所测试的指标尽可能简单实用,易于重复测量。

下面以 IEC 118—0 为例,介绍常规助听器电声参数定义,并描述其测量方法。

1. 常规助听器的性能指标

(1) 饱和声压级

1) 最大饱和声压级。饱和声压级是指助听器放大电路处于饱和状态时在堵耳模拟器上测得的声压级频响曲线上的最大值。

2) 输入声压级为 90 dB 时的输出声压级(output sound pressure level at 90 dB SPL input,SPL_{90})。将助听器增益设为满挡(其他调节旋钮的设置也要保证最大增益的实现),输入声压级在各频率均为 90 dB SPL 时,在堵耳模拟器上产生的声压级即为输入声压级为 90 dB SPL 时的输出声压级(output sound pressure level at 90 dB SPL input,$OSPL_{90}$)(见图 6-14)。在此测试条件下,几乎所有的助听器都会进入饱和工作状态,故常以 $OSPL_{90}$ 的测量等效饱和声压级的测量。

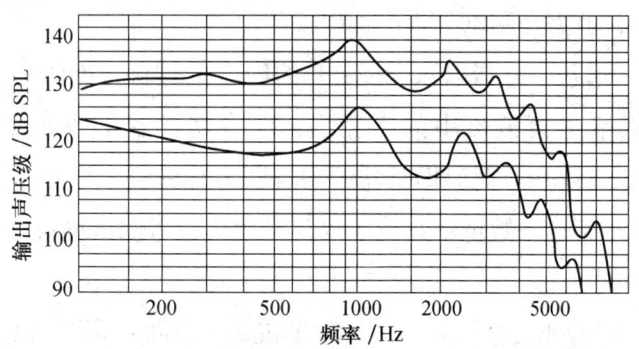

图 6-14 输入声压级为 90 dB 时的输出声压级($OSPL_{90}$)

(2) 满挡声增益

声增益是指在特定的工作条件下,助听器在堵耳模拟器上产生的声压级与麦克风所在的测试点的输入声压级之差（见图6-15）。满挡声增益多用于描述放大电路的最大放大能力，要求电路不能饱和，输入输出关系曲线基本为线性。测量时，音量电位器置于满挡，输入声为中等强度（60 dB SPL），在200~8 000 Hz范围内扫频，测得满挡增益的频响曲线。若60 dB SPL的输入声已使输入输出曲线出现饱和，则考虑使用50 dB SPL输入声，但须注明输入声级。对于不能手动关闭AGC功能的助听器，也要采用50 dB SPL输入声使其AGC功能不被启动。

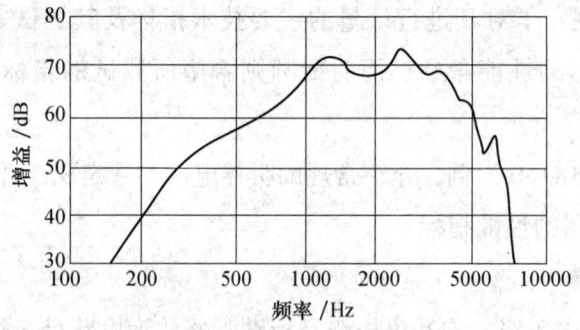

图6-15 满挡声增益频率响应

在描述满挡声增益时，既可以绘成频响函数，也可以用指定频率（多为1 600 Hz或2 500 Hz）处的满挡声增益数值来作为助听器的标称值。

1）参考测试频率和参考测试增益。助听器在实际使用时，不会也不应处于饱和状态，实际的增益值远小于满挡声增益。为了评判助听器在实际使用时的效果，IEC 118规定了参考测试频率和参考测试增益。

2）参考测试频率。通常设定为1 600 Hz。在某些情况下，为了反映高频特性，也可取2 500 Hz，但需在测试报告中加以说明。

3）参考测试增益。是指以60 dB SPL的纯音信号输入助听器，一边调节增益旋钮，一边测试堵耳模拟器中的声输出，使参考测试频率处的声输出恰好为$OSPL_{90}$以下（15±1）dB。此时助听器的增益即为参考测试增益。若增益已调至最大，输出仍不能达到这一数值，则取满挡声增益为参考测试增益。

（3）频率范围

1961年助听器行业大会（Hearing Aid Industry Conference，HAIC）提出了描述助听器性能的标准方法。其中将500 Hz、1 000 Hz、2 000 Hz处的平均增益称为HAIC增益。在增益的基本频率响应曲线上，低于HAIC增益15 dB的水平线与基本频率响应曲线相交的高、低频两个频率点，就决定了助听器的频率范围，称为HAIC频率范围。

(4) 频率响应特性

1) 频率响应曲线。其可以是助听器的声输出、增益等声学参数随频率变化的函数曲线,纵坐标为线性 dB 刻度、横坐标为对数频率刻度,且在绘图时横坐标上十倍频程的长度应等于纵坐标上 50 dB 对应的长度。上文在述及饱和声压级、满挡声增益时,均提到了它们各自对应的频响曲线。

2) 基本频率响应曲线。在参考测试增益下(该增益值至少要比最大增益值低 7 dB 以上),在 200~8 000 Hz 范围内以 60 dB SPL 的扫频纯音作为助听器的输入,测量堵耳模拟器中声压级随频率的变化,得出声输出或增益的基本频响曲线(见图 6-16)。测试基本频率响应的目的在于,了解助听器在没有声反馈和机械反馈(振动)的前提下的频响特征。将基本频率响应曲线与满挡增益频响曲线相比,则可鉴别出声反馈和机械反馈的有无。二者曲线的形状越接近,助听器则越稳定。

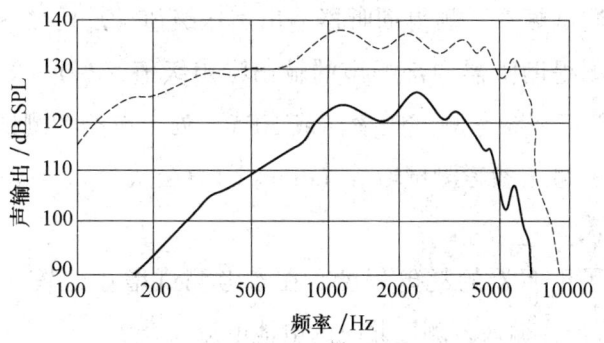

图 6-16 声输出或增益的基本频响曲线

(5) 输入-输出曲线

输入-输出曲线,即在参考测试增益下,参考测试频率所对应的输入声与输出声的声压级变化关系。

(6) 助听器的失真

助听器失真包括谐波失真和互调失真。谐波失真的概念是,当某一单一频率 f_0 的声信号输入助听器后,输出信号中除有 f_0 频率成分外,还会产生 $2f_0$、$3f_0$、…谐波成分,出现这些谐波成分即为谐波失真。互调失真的概念是,当某两个单一频率(f_1、f_2)的声信号输入助听器后,输出中除有 f_1、f_2 成分外,还产生 f_1-f_2、f_1+f_2、$2f_1-f_2$、…互调失真成分。

互调失真在助听器中表现不明显,国际标准规定的对助听器非线性失真度的测量仅局限于谐波失真。具体的计量方法是,在参考测试增益下,在 400~1 600 Hz 选取厂家指定的频率作为 f_0，以 70 dB SPL 的纯音输入助听器，输出信号中二次谐波处 $2f_0$ 的声压级（dB 值）与 f_0 处的声压级（dB 值）之差，换算成百分比，即为二次谐波失真度。依此类推，可以得出三次谐波、四次谐波……的失真度。不过总谐波失真中以二次谐波的成分最为显著。

（7）等效输入噪声

等效输入噪声是评价助听器的内在固有噪声的一个指标。内在噪声往往是由电子元器件工作时产生的热噪声引起的。内在噪声大的助听器，即使在没有输入声的情况下，也会明显地听到一个嘈杂的输出声。将输出的噪声声压级 dB SPL 值，减去助听器的增益 dB 值，即把内在噪声近似等效还原成输入噪声，此值即为等效输入噪声。

等效输入噪声应在参考测试增益下，在参考测试频率处计量。计量的步骤是：将增益调节旋钮大致调节到参考测试增益位置，输入 60 dB SPL 的纯音（L_1），纯音的频率为参考测试频率，测得助听器输出声压级值（L_s），L_s-L_1 为参考测试增益。关闭声源，测得助听器内部噪声的输出噪声级值（L_2）。等效输入噪声级值（L_N）(dB SPL) 等于在参考测试频率（或 HFA）处、在参考测试增益下的输出噪声级值（dB SPL）减去参考测试增益（dB）。计算公式为 $L_N = L_2 - (L_s - L_1)$。

（8）电池电流

该参数反映了助听器的耗电程度。在参考测试增益位置，以参考测试频率 60 dB SPL 的声音作为输入，测定此时的电池电流。

（9）电感拾音线圈最大灵敏度

对于带有 T（Tele-coil）挡的助听器，使用者可借助助听器内的电感拾音线圈直接接收诸如电话听筒中的电磁语音信号，电感拾音线圈的最大灵敏度是很重要的指标。测试方法如图 6-17 所示。

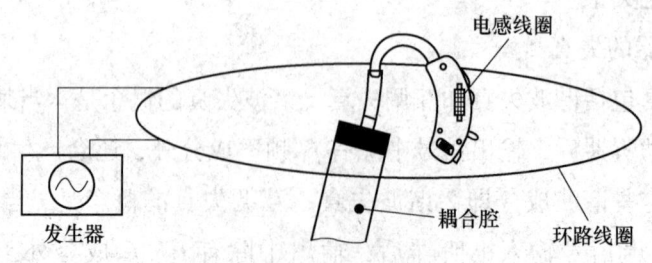

图 6-17　拾音线圈测量

2. 非线性放大助听器的性能指标

（1）静态压缩特性

静态压缩特性是指助听器中与时间量无关的参量，主要包括压缩阈值、压缩范围、压缩比率，而这些参数大多都可在输入增益曲线上得到体现。

1）增益。与线性助听器不同，压缩放大助听器的增益随输入声强改变而改变，为了满足对助听器电声学特性的质量检测，多数厂家应用 50 dB SPL 较低的输入声级来测量增益，或者报告助听器处于线性状态下的增益值。但更为普遍的是应用输入-输出（I-O）曲线（ANSI，1987）或一组在不同输入声级下测得的增益频响曲线（ANSI，1992；IEC 118—2）来描述增益的变化特点。以图 6-18 显示的 I-O 曲线为例，输入在 60 dB SPL 以下时，增益为 30 dB；输入为 70 dB SPL 时，增益为 25 dB；输入为 80 dB SPL 时，增益为 20 dB。

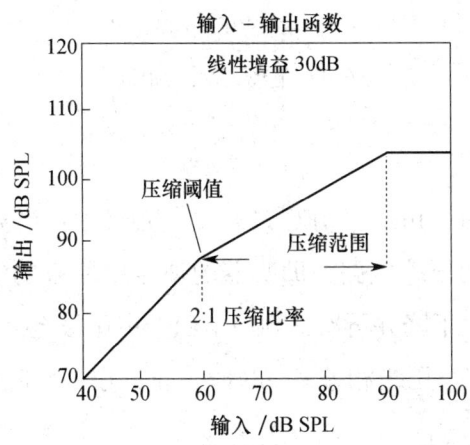

图 6-18　输入-输出曲线显示不同的静态压缩特性

2）压缩阈值（compression threshold，CT）。压缩阈值代表助听器由线性放大刚刚进入非线性放大时的输入声级。在 I-O 曲线上这一点经常被称为"拐点"。在图 6-18 中，CT 值为 60 dB SPL。在 IEC 118—2 中，CT 被定义为：助听器的增益由线性放大开始下降（2±0.5）dB 时所对应的输入声压级（见图 6-19）。

3）压缩范围。是指压缩放大器对多大声强范围内的输入声进行压缩。

4）压缩比率（compression ratio，CR）。助听器处于压缩工作状态时输入声压级对输出声压级的微分，即为压缩比率。如图 6-18 所示的例子中，CR 为 2∶1 [(90-60)/(105-90)=2]，I-O 曲线的斜率为 0.5。

（2）动态压缩特性

由于反馈环路的运作，压缩工作状态的启动与恢复均需要一定的时间，称为

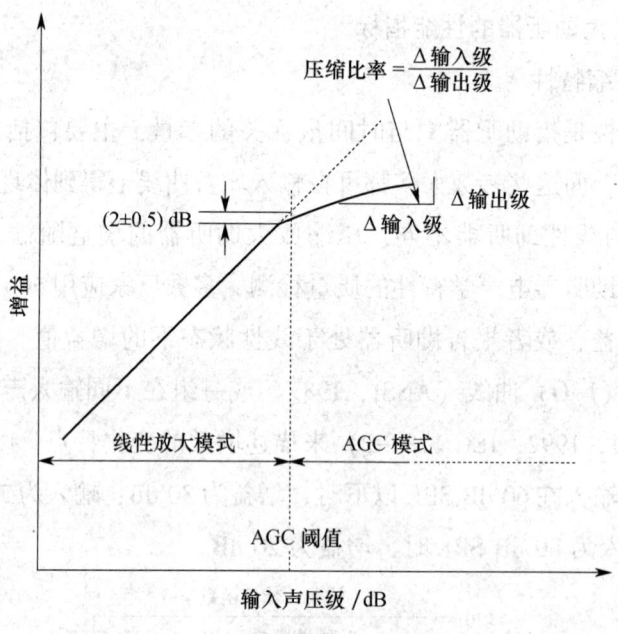

图 6-19 静态输入-输出曲线

启动时间和恢复时间。

1）启动时间（attack time）。IEC 118—2 的定义为：当输入信号声压级突然增加到某一声压级，启动压缩电路，助听器的增益由原来的线性状态值逐渐下降，输出"上跳"后也随之下降并再次达到一个稳态声压级上。从压缩电路启动开始，到输出值与最终的稳态声压级相差±2 dB 时为止，这一瞬时间隔，定为启动时间，以 t_a 表示（见图 6-20）。

①语言常规动态范围的上升时间。当输入声压级由 55 dB SPL 增加到 80 dB SPL 时，测得的上升时间定义为语言常规动态范围的上升时间。IEC 118—2 及 ANSI S3.22—1987 均采用这一定义。

②高声级上升时间。输入声压级由 60 dB SPL 增加到 100 dB SPL 时，测得的上升时间为高声级的上升时间。

2）恢复时间。当输入信号声压级突然减小到某一声压级，助听器由压缩状态恢复到线性放大状态，增益由原来的压缩状态值逐渐上升，输出"下跳"后也随之上升并再次达到一个稳态声压级。从线性电路恢复开始，到输出值与最终的稳态声压级相差±2 dB 时为止，这一瞬时间隔，为恢复时间，以 t_r 表示。如图 6-20 所示。

①语言常规动态范围的恢复时间为：输入声压级由 80 dB SPL 下降到 55 dB SPL

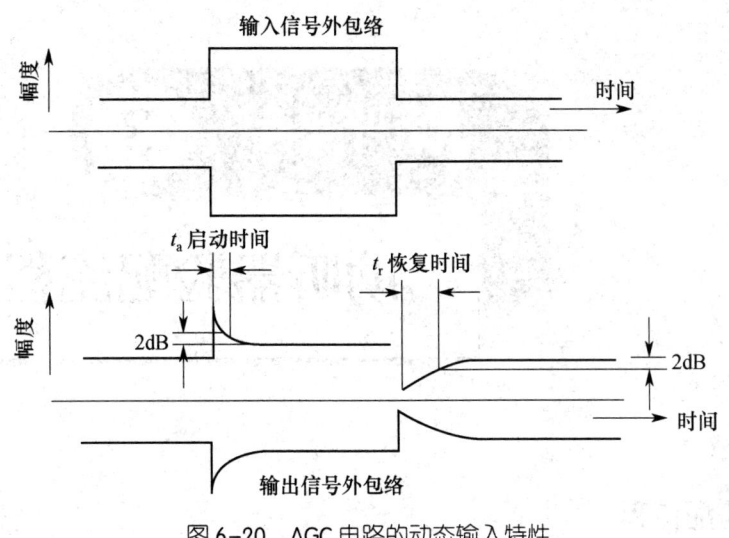

图 6-20　AGC 电路的动态输入特性

时测得的恢复时间。

②高声级的恢复时间为：输入声压级由 100 dB SPL 降到 60 dB SPL 时，测得的恢复时间。

培训课程 3

助听器验配流程及特点

一、验配流程

1. 年龄在 7 岁及以上人群

（1）预约、接诊、建档

为了减少患者的等候时间，提高验配工作效率，验配机构都应建立约诊制度，向社会公布预约电话和（或）预约网址，最大限度地方便验配者。

接诊后按常规为患者建立康复档案，包括一般资料、耳聋病史和耳科检查结果。

遇到以下情况之一者，应停止推荐助听器并做转诊处理。

1）传导性耳聋。

2）近 3 个月内发生的快速进行性听力下降。

3）波动性听力下降。

4）伴有耳痛、耳鸣、眩晕或头痛。

5）外耳道耵聍栓塞或外耳道闭锁。

（2）听力评估

一般来说，这个年龄段的患者，纯音测听即可达到评估听力的目的，如遇特殊情况，可选择言语测试或客观听力检查以补充纯音听力测试的不足。需要强调的是在做纯音听力检查时，除测定气导听阈和骨导听阈外，还应同时检查舒适阈和不适阈。

（3）助听器预选

预选的目的是确定助听器的种类、形状、最大声输出、频响曲线等。这就要求验配师要了解各种助听器的性能和特点。

预选的助听器应符合国家和行业标准。同时要推荐 2~3 款供患者选择。

应坚持双耳同时选配。如因特殊情况要求单耳佩戴，一定要向患者讲清单耳佩戴的缺点。

(4) 取耳样，制耳模

耳模不但可以使得助听器佩戴舒适、防止反馈啸叫，更重要的是可以在一定范围内改善助听器的声学效果。因此，凡是选配盒式和耳背式助听器时，必须制作相应的耳模。

制取耳模的第一步是取耳样，在检查耳郭和外耳道没有影响印模制取的因素后，在耳道的相应位置放置耳堵，用特制的注射器将印模材料注入，一定时间后取出，由专门的机构制作耳模。

根据制作材料和工艺的不同，耳模可分为软耳模、半软耳模和硬耳模三种。要根据听力损失的程度和使用者的年龄确定耳模的类型和声孔以及泄孔的形状。

耳模材料应为不产热，无形变，对人体无毒、不产生变态反应，符合国家有关规定的化工产品。

(5) 助听器调试

根据听力损失的性质、程度和佩戴者的年龄，调整已经预选好的助听器的各项性能参数，以尽量满足患者听取的要求。对于模拟助听器来说，这个过程主要是通过调整它的音调、音量、声输出限制或耳模声孔和泄孔的形状来完成；对于数字助听器来说，主要通过选择编程软件中设定的程序和验配公式来达到目的。目前可供选择的验配公式有很多，验配师应熟记不同公式的特点和应用范围。

调试完成后要对助听器的效果进行初步评估，目前国内常用的是真耳介入增益和助听听阈测试法。

无论成人还是儿童佩戴助听器后都需经过一段时间的适应性训练，这个过程的时间长短因人而异，一般与初次佩戴的年龄成正比。

(6) 助听器效果评估

助听器效果可通过数量评估、功能评估和满意度问卷调查等几方面来进行。

1) 助听器效果评估标准（见表 6-2）。

2) 评估方法

①听觉能力数量评估。在声场条件下，测试助听器佩戴者对不同频率的纯音、啭音或窄带噪声的听敏度，然后与言语香蕉图或 SS 线进行比较。

表6-2 助听器效果评估标准

音频补偿范围/Hz	言语最大识别率/%	助听效果满意度	康复级别
250~4 000	≥90	最适	一级
250~3 000	≥80	适合	二级
250~2 000	≥70	较适	三级
250~1 000	≥44	看话	四级

②听觉功能评估。要通过言语听觉测试来完成。大龄儿童言语识别测试推荐选用中国聋儿康复研究中心研制的以图画为主要表现形式的儿童言语测听系列词表；成人言语识别测试推荐选用北京同仁医院研制的汉语最低听觉功能测试系列词表来完成。

③介入增益测试。通过测量施加在助听器佩戴耳鼓膜处的声音压力转绘成的真耳声压曲线与根据听力损失计算出的听力补偿目标曲线进行比对，间接判断助听器听力补偿的效果。

④助听效果满意度问卷。问卷可采用两种形式：一种是直接询问患者或其家人一些问题，然后计分，了解佩戴助听器后改善情况；另一种是使用设计好的问卷，分别测试佩戴助听器之前和之后的听觉变化，分别记录得分情况。

（7）助听器的使用、维护、指导

助听器验配之后很重要的一步是向患者或其家属交代如何佩戴和使用助听器，包括电源的开关、音量的控制、电池的更换、耳模的清洁、助听器的保养等问题，特别要告知助听器的防潮、防水的常识。同时要向他们介绍助听器辅助装置的性能和使用方法，包括磁电感应装置、无线调频系统以及音频输入技术等。目前，我国对这些装置和技术的使用还不太普遍。实际上，如能灵活地运用这些装置和技术，将是对传统助听器使用方式的极大补充和拓展。

（8）随访

助听器验配结束后，验配人员的工作并没有结束，还要定期对患者进行随访，了解他们听力的变化、助听器的效果以及辅助装置的使用情况等，以便于及时指导，并制定好随访流程。随访的方式可以预约他们到机构，也可以上门服务。随访间隔时间一般是第一年3个月1次，以后每半年1次。对于家住偏僻地区的患者，也可以采用电话咨询或问卷调查的方式进行。

整个助听器的验配流程如图6-21所示。

约诊、建档──→听力评估──→助听器预选──→取耳样、制耳模

随访←──使用、维护、指导←──助听器效果评估←──助听器调试

图 6-21 助听器验配流程图

2. 年龄在 7 岁以下的小儿

7 岁以下小儿的特点是大部分初次佩戴助听器时没有语言，并且不懂主动配合，对于他们，助听器验配程序与大龄儿童和成人基本相同，但要注意以下问题。

(1) 验配前的准备

1) 详细向监护人了解并记录小儿的现病史和既往病史，力求找出导致和影响耳聋的原因。特别注意区分是否为遗传性聋或药物中毒性聋或自身免疫性聋，因为这些耳聋都有可能导致听力的渐进性下降。

2) 进行耳常规检查，要注意鼻咽部、咽鼓管和中耳腔的病变，这些部位的病变常可导致听力的波动。

3) 对疑有脑瘫、智力低下、孤独症、多动症、交往障碍等疾患的小儿，要请求神经科和精神科的帮助，以排除非听力性言语障碍。

4) 学习能力检查不仅仅是对智商的了解，还是对于小儿交往能力，应对能力、思维能力、逻辑推理等综合能力的掌握，其结果对于制订小儿的训练计划和预测训练效果有着重要意义。

5) 影像学检查可以排除和确定内耳及相关结构的异常，常规应做 CT 和 MRI 检查。

(2) 根据年（月）龄的不同，采取相应的行为测听方法

建议：0~3 个月，采用听性反射；4~6 个月，采用听觉行为反应；7 个月~2.5 岁，采用视觉强化测听；2.5 岁~5 岁，采用游戏测听；5 岁以上，采用纯音测听。

客观听力测试能够较准确地确定听觉反应阈，可采取的方法主要有：听性脑干反应、40 Hz 听觉事项相关电位、耳声发射、声导抗、多频稳态反应等，其中声导抗可以排除中耳疾患，耳声发射可鉴别蜗后病变，应列为必查项目。新近推出的多频稳态反应是一种既有频率特性，又可对耳聋程度作出判断的客观测听方法，对于小儿的助听器验配具有较高的参考价值，值得推荐。

(3) 耳模的更换

由于小儿的耳郭和外耳道的不断发育，一段时间后，其密封性会降低，对于

听力损失较重者，会出现反馈啸叫，影响助听效果，因此需定期更换耳模。对于听力损失较重，佩戴的助听器声输出较大的小儿，更是如此。一般，3岁以内儿童，每2~3个月换一次；3~5岁儿童，每3~6个月换一次；5岁以上儿童，每6~12个月换一次；成人每年更换一次。

(4) 助听器的选择

1) 助听器形状的选择。小儿应首选耳背式助听器，因其不但佩戴方便，而且声输出的设计上具有很大的灵活性。

2) 助听器技术线路的选择。全数字助听器具有声音分析能力，分辨率高、佩戴舒适并且能有效地保护残余听力，因此小儿应首选此类助听器。但对于听力损失严重又没有条件植入人工耳蜗的小儿，为保证对声音的听感知，模拟助听器也是一种选择。

3) 助听器声输出的选择。助听器的最大声输出应与听力损失相适应，一般在听力损失稳定的情况下，轻度听力损失选择最大声输出小于 105 dB SPL 的助听器；中度听力损失选择最大声输出为 105~114 dB SPL 的助听器；中重度听力损失选择最大声输出为 115~124 dB SPL 的助听器；重度听力损失选择最大声输出为 125~135 dB SPL 的助听器；极重度听力损失选择最大声输出为 135 dB SPL 以上的助听器。但对于听力损失呈渐进性下降的小儿，如前庭水管综合征者，所选助听器的输出应适当放宽一些。

4) 助听器的佩戴耳。为防止"听力剥夺"现象的发生，小儿应坚持双耳同时佩戴助听器。

(5) 助听器的验配、效果评估

1) 助听器的验配提示。助听器验配的合理性和有效性在很大程度上取决于听力测试的准确性和对听力测试结果的正确分析，小儿行为测听的听阈往往比实际听阈要高，特别是对于初次接受纯音测听的小儿，此点应引起充分注意。而现在的各种客观测听方法均有局限性，绝不能单独使用任何一种方法作为助听器验配的依据。正确的选择是综合分析多种测听的结果。需要强调的是，对于助听器验配，行为测听的结果尤为重要。

根据听力测试结果，选择助听器的增益、输出和输出限制是最常用的验配方法，但是由于小儿的外耳道容积和中耳系统的阻抗与成人有很大的不同，因此在确定目标增益时，不但要考虑到验配公式的选择，还要测试并修正外耳道的共振峰曲线。真耳耦合腔差（RECD）的测量和应用，在考虑小儿听觉器官特点的同时，还修正了由于耳模和耳内机壳对声压物理量的影响，虽然比较繁杂，但对于验配的准确性十分必要，值得提倡。

2) 助听器的效果评估。大部分初次佩戴助听器的小儿，很难像成人那样可以与验配师默契配合，更不能准确描述助听器佩戴后的感觉，因此，小儿的助听器效果评估需要多种方法和多次测试才能准确。目前常用的方法有行为观察法、数量评估法、林氏五音法、言语测试法、功能评估法、介入增益法、问卷评估法等多种方法，应根据小儿的年龄和配合程度自由组合。无论选用何种方法，均应先对双耳分别评估，再对双耳同时进行评估，部分小儿会出现双耳助听效果与单耳助听效果不一致的现象，应根据其主诉进行调整，直至满意为止。

助听器的听力补偿效果不仅取决于助听听阈，而且与助听后的不适阈有很大的关系。对于每一佩戴助听器的小儿，在测定助听听阈的同时应常规测定不适阈。

值得注意的是，任何一种助听器效果评估方法，均需要在不同的声音环境下进行才有实际意义，特别是数字助听器，只有在嘈杂环境下，才能充分显示其作用。因此在进行评估时，至少应在不同的模拟噪声环境中让小儿听取测试音，有条件时应让佩戴者亲自到各种环境中体会助听后的感觉。

(6) 适应性训练

对助听器的效果进行初步评价后，要在成人的陪同下让小儿进行适应性训练，这期间注意观察小儿的躯体行为有无异常、耳模对软组织有无损伤、助听器有无反馈啸叫、小儿对各种不同声音的反应等。

几乎所有小儿在佩戴初期，均对助听器或多或少地有些不适应，反应强烈者会出现拒戴现象。此时绝不能采取强制措施，应设法转移他们对助听器的注意力，或将音量降低甚至将其关闭。在进行听觉练习时，应先在相对安静的环境中听取节奏明快但韵律柔和的声音，以增加"听"的兴趣。为防止产生听觉疲劳，开始练习时，声音应由小到大，佩戴时间应由短到长，声音环境应由简单到复杂。在进行适应性训练的时候，还要让小儿练习听取并分辨听力测试和助听器效果评估时使用的声音信号，如纯音、啭音、窄带噪声、言语噪声、音响器具声等，以备再次检查和评估之用。

(7) 康复训练辅导

助听器佩戴的目的是声音的听取和语言的学习，为达此目的，验配师应根据小儿的听力损失程度、学习能力水平、助听器佩戴效果、家庭配合程度等制定相应的听觉语言训练计划和阶段目标，由语言训练师与家长共同实施。

(8) 随访

在使用过程中，助听器的工作状态会发生变化，小儿的听力状况也可能会发生变化，这些都会影响助听器的使用效果，因此应定期对其进行随访。届时主要是重新测试听力，检查助听器性能，评估并调整助听器工作状态，制订下一步训练计划，确定新的训练目标。一般的做法是，在佩戴助听器的第一年应每 3 个月复查 1 次，以后每半年 1 次。随访也可以通过问卷的方式进行。

小儿助听器验配流程图总结如图 6-22 所示。

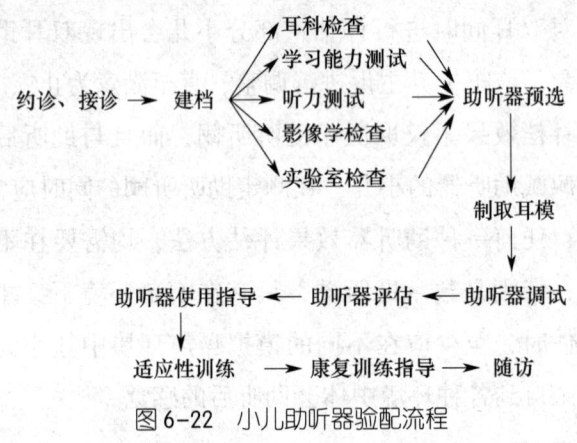

图 6-22　小儿助听器验配流程

二、成人和小儿助听器验配特点比较

1. 听力测试

由于年龄的影响，在进行听力测试时，成人和小儿的配合程度有很大的区别，因此需要测试的项目也会有一些区别。

对于成人来说，由于能正确理解验配师的指令，他们只需要施行纯音测听基本上就可以满足助听器验配的需要。通过分析气导和骨导曲线之间的关系，可以确定耳聋的性质，决定助听器选配与否；通过分析舒适阈和不适阈曲线的关系，可以确定听觉动态范围，决定助听器声输出限制的方式；通过分析气导曲线在各频率点上的变化，可以判断听力损失的程度，决定助听器的最大声输出（助听器的功率）。需要指出的是对于老年患者，由于听觉传导路和听觉中枢的听能力也会受到影响，因此言语测听应列为必查的听力检查项目。

小儿，特别是低龄听障者，由于认知能力达不到准确理解各种主观测听意义的要求，因此，他们主观测听的准确性会受到一定的影响，测听的结果不能准确地反映他们的真实听力，这一点一定要记住。也正因为如此，小儿的听力测试要尽量增加客观的方法，如前面提到的听性脑干反应、声导抗、多频稳态反应等，或者说小儿助听器验配时要尽量参考他们的主观、客观测听结果，才能使得验配更准确。

2. 助听器各项功能的使用

成人对助听器验配的目的十分清楚，因此他们能主动地去适应助听器，能从主观上去克服一些助听器带来的不适感；而小儿往往是被动地接受助听器，他们对助听器的适应是半强制性的，在他们不愿意佩戴时，要采取一些分散注意力的方法，靠时间的推移让他们感到助听器的益处后才能真正愿意使用。

成人可以主动地去调节和开发助听器的各项功能，因此验配时在音量的大小、程序的切换、电池的更换等设置上要多给他们一些自主权；而对于小儿则不然，应该尽量在编程时给予设置，以防止他们误操作导致助听器的功能不能正常发挥。一般来说，对于初次佩戴助听器的低龄听障儿童来说尽量做到：不设音量手动调节功能；程序尽量减少；高、中、低频的补偿要均衡；电池仓要上锁；设置LED提示功能等。等他们或他们的家长熟悉了助听器，并了解了自己孩子的听力补偿情况后，再逐渐增加一些可以自己调节的功能。

3. 验配和评估

成人的助听器验配要充分考虑佩戴者的主观感觉，小儿的助听器验配更多的是靠验配者的经验。

成人能很好地表达听到声音信息的质量，因此，对于他们，助听器效果的评价应以功能评估为主，注意一定要在不同的声音环境中去进行评估；而对于小儿，由于没有听取经验，无法正确描述听到的声音的含义，因此，助听器效果的评价方法多以数量评估为主。

4. 康复指导

虽然成人大多数都有成熟的语言听取的经验和体会，有良好的语言基础，但在佩戴助听设备后也需要进行言语康复的训练。他们佩戴助听器后的康复指导主要包括：告诉他们如何使用和维护助听器，例如怎样开关、怎样安装和取出电池、怎样调节音量、怎样切换程序、怎样摘戴耳模、怎样干燥助听器等；如何尽快适应助听器，刚开始佩戴助听器时，佩戴的时间由短到长、助听器的音量由小到大、环境由安静到嘈杂等；学会使用助听器辅助装置，例如磁电感应装置、无线调频系统等。

小儿助听器佩戴后的康复指导要以听觉训练和言语训练计划的制订为主，让他们尽快完成听觉察知、听觉分辨、听觉识别和听觉理解的过程，并在这个过程中学习、掌握和使用语言。

培训课程 4

助听器验配用处方公式

面对着千差万别的听力损失，面对性能参数各不相同的助听器，验配师该如何入手呢？根据听力损失者的纯音听力图进行助听器预选，是极其重要的一环。

人们在纯音听力图的基础上，结合言语频谱和患者的听觉响度信息，曾发展出一系列不同的处方公式，来计算患者"理想的"助听器的参数，这一概念的提出已经有50多年的时间了。但在真耳分析仪出现之前，由于需要在声场中反复测定助听器的功能性增益，耗时多且不准确，所以预选处方公式并没有得到普遍应用。真耳分析仪的出现，开辟了一条快捷便利的选配道路，它可以很方便地测量助听器在患者真耳上的增益，并与处方公式相对照以验证选配效果，使得对处方公式的研究开始升温。

使用处方公式选配助听器是基于这样一个认识：不同个体的听力损失状况不同，其助听器的电声参数也必将不同，以对应补偿每一个个体的听力损失。确定处方公式时主要考虑了以下因素：

所需要的增益与听力损失的程度有关；

频响与听力图的形状有关，也与语音信号的频谱有关；

对低频信号的放大应适当降低，以避免低频信号的向上掩蔽问题；

助听器的最大声输出应远大于听阈，但不能超过不舒适阈；

随着助听器技术的不断发展，为了满足不同需求，不同的助听器处方公式被研发出来。

一、线性放大的处方公式

国际上先后出现了多种针对线性放大助听器的处方公式，如1/2、1/3、Berger/POGO、Libby、Keller、NAL等。

1. "1/2 增益原则" 公式

大多数的选配处方公式都是基于纯音听阈的，采用的是"1/2 增益原则"，即感音神经性听力损失要达到舒适听觉，所需增益应是听阈提高程度的一半。这一原则是 1944 年，莱巴格（Lybarger）提出的，见表 6-3。

表 6-3　1/2 增益公式

频率/Hz	增益	频率/Hz	增益
250	1/2 HTL	2 000	1/2 HTL
500	1/2 HTL	3 000	1/2 HTL
750	1/2 HTL	4 000	1/2 HTL
1 000	1/2 HTL	6 000	1/2 HTL
1 500	1/2 HTL	—	—

2. "1/3 增益" 公式

莱永（Leijon）、艾蒂克森-曼戈尔德（Etiksson-Mangold）、贝奇（Bech）和卡尔森（Karlsen）的研究显示，1/2 增益法并不适合轻度听力损失患者，于是有人提出了 1/3 增益法。利比（Libby）收集了 1 000 例采用介入增益测量设备进行选配的数据，得出结论：轻中度、重度、极重度听力损失所需的增益约为其听阈值的 1/3、1/2 和 2/3。

3. POGO 公式

博格（Berger）公式是最早被认可的一种基于 1/2 增益原则的处方公式。POGO 公式与 Berger 公式并无大的差别，更像是 1/2 增益原则的翻版。

POGO 公式是 1983 年由美国犹他州大学的麦坎德利斯（McCandless）和丹麦奥迪康（Oticon）公司的莱里加尔（Lyregaard）首先介绍的。POGO 公式仅适用于感音神经性聋，对于传导性或混合性聋的听力补偿没有述及，见表 6-4。

表 6-4　POGO 公式

频率/Hz	增益	频率/Hz	增益
250	1/2HTL-10	2 000	1/2HTL
500	1/3HTL-5	3 000	1/2HTL
1 000	1/2HTL	4 000	1/2HTL

1987 年推出的 POGO Ⅱ 对于 ≥65 dB 的听力损失给予了更多的补偿。修正后的公式为：

$$IG = 1/2HTL - C + 1/2(HTL - 65)$$

其中，$C = 10$ dB（250 Hz）

$C = 5$ dB（500 Hz）

$C = 0$ dB（其余频率）

保留增益为 10 dB。

$$MPO = (UCL500 + UCL1\,000 + UCL2\,000)/3 \text{ dB HL}$$

将 MPO 加上 4 dB，转换成 SPL，以比较助听器在 2 mL 耦合腔上测得的最大声输出值（dB SPL）。

为了与助听器出厂时在 2 mL 耦合腔上测得的标称值相比较，要在 POGO 公式计算出的 IG 值上再加上一个修正值，见表 6-5。

表 6-5　POGO 公式应用于 2 mL 耦合腔时的修正值

频率/Hz	250	500	1 000	2 000	3 000	4 000
ITE/dB	3	1	2	−6	−6	5
BTE/dB	3	1	0	−2	−11	0

4. NAL-RP 处方公式

1976 年澳大利亚国家声学实验室在 1/2 增益原则的基础上，提出了 NAL 处方公式，着重使言语频率范围的声音处于舒适级。1986 年，考虑到斜坡形听力损失的特点，增加了 500 Hz、1 000 Hz、2 000 Hz 平均听阈的修正，对 NAL 公式做了修改，称为 NAL-R 公式。由于 NAL 公式主要面向轻度到中、重度的感音神经性听力损失，1991 年又在原有公式基础上增加了一个深度聋校正因子，称为 NAL-RP 公式，该公式通过增加低频响应、减少高频增益，使其更适用于重度和极重度聋的患者。

$$TG_i = X + 0.31AC_i + k_i + PC + 0.25ABG$$

$$X = 0.15 \cdot H_{3FA} \qquad H_{3FA} < 60 \text{ dB}$$

$$X = 0.15 \cdot H_{3FA} + 0.2(H_{3FA} - 60 \text{ dB}) \qquad H_{3FA} \geq 6 \text{ dB}$$

TG_i 为目标增益；AC_i 为气导阈值；k_i 和 PC 为修正值（有专门的表格）；H_{3FA} 为 500 Hz、1 000 Hz、2 000 Hz 的平均阈值；ABG 为气、骨导阈值差。

修正值见表 6-6，深度聋各频率的校正因子见表 6-7。

表 6-6　修正值

频率/Hz	250	500	750	1 000	1 500	2 000	3 000	4 000	6 000
k_i/dB	−17	−8	−3	1	1	−1	−2	−2	−2

表 6-7 深度聋各频率的校正因子

PC(f, AC₂ₖ) AC₂ₖ	频率/Hz								
	250	500	750	1 000	1 500	2 000	3 000	4 000	6 000
95	4	3	1	0	-1	-2	-2	-2	-2
100	6	4	2	0	-2	-3	-3	-3	-3
105	8	5	2	0	-3	-5	-5	-5	-5
110	11	7	3	0	-3	-6	-6	-6	-6
115	13	8	4	0	-4	-8	-8	-8	-8
120	15	9	4	0	-5	-9	-9	-9	-9

二、非线性放大处方公式

大多数的助听器选配处方公式都是建立在纯音听阈基础上的，但纯音听力图对听力损失的描述是有限的，很难全面地反映言语交流的听觉障碍。听力损失不仅表现为听阈提高（即听敏度降低），还表现出辨别能力下降的特征。感音神经性聋和部分传导性聋的患者，尤其是响度重振的患者，表现出响度动态范围变窄的特点。自 20 世纪 80 年代末，人们陆续推出了许多非线性（压缩）放大的助听器，并成为现代助听器设计的主流。

传统的助听器处方公式立足于线性放大助听器，不能给出压缩阈值、压缩比例等参数。为了适应现在大量出现的压缩放大助听器的选配，人们提出了几种非线性放大的处方公式：IHAFF（独立助听器选配论坛）、Fig6、NAL-NL1、NAL-NL2、DSL [i/o]、DSL v5 公式，给出压缩阈值、压缩比率等参数。

1. Fig. 6 公式

Fig. 6 公式是一个基于听阈的压缩放大处方公式。这一公式的命名源自 1993 年基林（Killion）和菲克雷特-帕萨（Fikret-Pasa）发表的文章《感音神经性听力损失的三种类型：响度与可懂度的考虑》。文中的 Fig. 6 形象地说明了其设计思想，从而该公式被命名为 Fig. 6 公式。其给出了对三个输入声强（40 dB SPL、65 dB SPL、90 dB SPL）的目标曲线。40 dB SPL 对应于言语中的微弱成分，65 dB SPL 为一般交谈音量，90 dB SPL 代表很响的环境声。其具体的处方运算公式见表 6-8。

Fig6、IHAFF 等公式采用"响度正常化"原则，即助听后的声音响度应与正常听力者的响度一致。不过有研究表明，在各频段上实现响度正常化并不能获得最大的言语分辨能力，反而可能会因低频向上掩蔽效应而影响言语分辨。响度的补

表 6-8　Fig.6 处方公式运算式

输入声级/ dB SPL	听阈损失/dB HL			
	0~20	20~40	40~60	>60
40	0	HL-20	HL-20	HL-20-0.5（HL-60）
65	0	0.6（HL-20）	0.6（HL-20）	0.8HL-23
90	0	0	0.1（HL-40）1.4	0.1（HL-40）1.4

偿应基于言语的总体响度，而不是各个频段上响度的正常化。为此 1999 年澳大利亚国家声学实验室推出新一代的非线性放大处方公式 NAL-NL1。

2. NAL-NL1 处方公式

不同于以前 Fig.6、IHAFF、DSL［i/o］等非线性放大处方公式中采用的"响度正常化"原则，NAL-NL1 公式继续沿袭了 NAL-RP 公式的基本原则，结合非线性放大做了修正，并与其他处方公式表现出较大的差异。

NAL-NL1 公式在计算目标公式时考虑了气导及骨导阈值。不舒适阈对目标增益的计算没起到多大作用，但它的数值可从气导及骨导数值预测。如果骨导没有测试，无骨导数值，则默认气导=骨导，为感音神经性听力损失。

NAL-NL1 目标增益计算包含两部分：感音神经性听力损失的增益补偿建立在气导阈值的基础上；传导性听力损失的增益补偿来源于气骨导差。

因此在调试软件中，传导性听力损失者的骨导阈值没有被输入时，软件将会认为是感音神经性听力损失者的听力进行选配。

NAL-NL1 重视言语频率范围信息的提取，每个频率的增益都与言语频率的听阈相关；考虑到言语中以低频能量为主，对 1 kHz 以下的低频削减得较多。因此，NAL-NL1 的特点是：NAL-NL1 公式对损失最重的频率的增益，比起别的处方公式要小一些；对比较陡的斜坡下降型听力，各频率间的增益变化比起别的处方公式会平缓一些，从而给出的压缩比也会小些。

3. NAL-NL2 处方公式

澳大利亚国家声学实验室在 NAL-NL1 的基础上推出了 NAL-NL2。NAL-NL2 与 NAL-NL1 的区别主要在以下两点：首先，更新的言语识别模式提供了更高的言语清晰度；其次，更多的心理声学因素被考虑入计算中，从而造就更个性化的首次验配结果。以下为影响计算目标增益的因素。

（1）年龄：儿童比成人获得更高的增益。

（2）性别：女性比男性获得更少的增益。

（3）助听器佩戴经验：有助听器佩戴经验的比没有佩戴经验的使用者高多达 10 dB 的增益。

（4）语言：说具有音调特征语言（比如一些亚洲语言）的佩戴者，比说非音调特征语言的佩戴者获得更多的低频增益以及更少的高频增益。

4. DSL [i/o] 处方公式

1985 年 Seewald、Ross、Spiro 提出 DSL 公式，设计者最初的意图是为无言语能力的儿童选配助听器。基于对感音神经性聋儿童言语觉察的研究，发现产生最大言语可懂度的基础是言语信号被放大至足够的感觉级。

以宽动态范围压缩（WDRC）为代表的非线性放大逐渐成为助听器放大电路的主流。为了适应这种需求，DSL 处方做出了修正，也可以适用于成人，并更多地适用于宽动态范围压缩电路，称为 DSL [i/o]。

DSL [i/o] 的算法采用典型的响度正常化策略，即助听器放大后患者接收的响度级应与正常听力者的响度级一致，目的是使助听器的输出控制在听障者的动态范围之间，使放大后的言语尽可能地被助听器使用者接受。

输入/输出关系的确定过程就是将所有日常声音的强度范围（输入）映射到患者的残存听力范围（输出）的过程。DSL [i/o] 建议将输入范围拓展为正常听力者的动态范围（从听阈到最大舒适级上限，真耳 SPL 值），这样算得的言语输出目标值（真耳 dB SPL）就与原来的 DSL 处方给出的目标值相当。

5. DSL v5 处方公式

2005 年，DSL v5 公式面世。DSL v5 在计算方法和目标增益两方面内容上都比以往的公式有所更新。

在计算方法方面，DSL v5 主要增加了婴幼儿的计算方法，也就是使用预估阈值（如 ABR）作为助听器验配的基础。另外，DSL v5 首选使用婴幼儿的个体 RECD 值进行验配。若无个体值，则 DSL v5 使用最新 RECD 的常模数据进行验配。这个方法可最大限度地减少儿童的配合次数，且使探管麦克风测试的实用性发挥到最大。

在目标增益变化方面，有较多内容：

（1）年龄及病因学

有研究显示，儿童比成人需要更多的增益。DSL v5 采用了研究结果的数据，给 50 dB HL 听力损失的成人减少了 7 dB 的目标增益，对于超过 80 dB HL 听力损失的成人减少了 3 dB 的目标增益。

(2) 听力图缺失的补救措施

在小儿听力学中，仅依靠每侧耳朵的 2 个、3 个或者 4 个阈值数据进行助听器验配是非常普遍的。在 DSL 之前的版本里，目标增益的计算仅依靠频率点上测到的阈值，这就意味着没有测到阈值的频率的目标增益是被助听器验配软件估算的。DSL v5 具有一个插值程序可为只有两个或两个以上阈值的听力获得全频段的目标增益。这个插值可能在验配界面中不会出现，但只要选择了该公式，插值程序就会被使用。

(3) 压缩阈值

压缩阈值即拐点。在 DSL v5 中，对于轻度听力损失，设置低压缩阈值；对于中度听力损失，规定的压缩阈值为 50 dB SPL 左右，并且随着听力损失的增加，压缩阈值会逐渐变大，对于重度及极重度听力损失，压缩阈值上升至 70 dB SPL 左右。

(4) 输出限制

在 DSL v5 中，助听言语的目标增益会有所限制，以使言语峰值不会超过聆听者的 UCL。窄带输出的限制基本没影响，对于重度听力损失的言语输出限制将减少 5~10 dB。

(5) 聆听环境

DSL 对言语目标的计算是假设言语交流发生在安静环境，因此可提供所有或几乎所有的言语可听度。在噪声环境下，可听度以及舒适度都会降低。DSL v5 在噪声程序下，对于非重要言语频率降低约 5 dB 增益，并提高压缩阈值 10 dB。

(6) 双耳验配

DSL v5 包含可选的双耳校正因子，在双耳佩戴下，减少 3 dB 的言语目标增益。

(7) 其他

DSL v5 对陡降型听力损失进行了小调整，使其拥有更多的中频增益及更少的高频增益。传导性听力损失和混合性听力损失在言语目标增益以及最大输出限制上都比感音神经性听力损失得稍微高些。

职业模块 ❼ 听力语言康复与听力保健

培训课程1　成人听力语言康复的过程及方法

培训课程2　儿童听力语言康复、教育的基本观念和方法

培训课程3　耳及听力保健常识

培训课程 1 成人听力语言康复的过程及方法

一、听力语言康复的概念和目的

1. 残疾人

在心理、生理、人体结构上，某种组织功能丧失或者不正常，全部或者部分丧失以正常方式从事某种活动能力的人。

2. 听力残疾

由于各种原因导致的双耳不同程度的听力损失，听不到或者听不清周围环境声及言语声（经治疗 1 年以上不愈者）。

3. 听力语言康复

综合采用医学、教育、社会的措施，对听障者进行听力重建或补偿，经过听觉言语训练，使其获得或完善听觉言语的能力，并在体、智、德、美等方面协调发展。

4. 听力语言康复面临的困难

听力语言康复是为听力障碍患者解决一系列相关问题的过程，从而减少残疾及避免、减轻残障。目的是降低听力障碍对本人及其家庭、朋友和相关人员等产生的消极影响。听力语言康复成功的关键在于将工作集中于患者本人而不单是其听力障碍的问题。

研究表明，许多患者在他们出现听力问题后 5～15 年才寻求专业人员的帮助。另外，迫于别人的压力才接受康复的患者是自愿接受的两倍。这一比例在退休人员中则更高。因此，在患者来康复门诊以前，不能接受有效的听力语言康复。另外的一项调查显示，能够从助听器得到帮助的患者中仅有 10%～15% 佩戴助听器。许多患者由于害怕别人知道他们存在听力障碍，在交流中往往不愿提出要求，而这些要求往往可有效地解决他们在交流中无法用助听器来解决的困难。例如，在谈话时，让患者说得慢一些或靠近对方等。另外，他们往往掩饰自己的听力问题，如不愿意佩戴助听器等。

在听力语言康复工作中遇到的困难主要来源于社会对听力障碍的错误认识。验配师可以通过与患者、患者家属的交流以及对他们的帮助和支持，使他们对听力障碍有一个正确的认识。另外还可以通过广泛的宣传，使人们了解听力障碍及其影响，纠正人们的错误认识。

二、成人听力语言康复训练方法

1. 评估听障康复需求及确立康复目标

运用纯音测听及其他听力测试方法可以进行听力残疾的诊断和分级，但它并不是评估患者康复需求的好方法。自我评估法更能体现听障者本身的康复需求，那是因为自我评估法包含了在困难条件下听障者听觉言语能力的表现。自我评估的方法有非标准化和标准化两大类。

非标准化的自我评估方法是采用开放式的问题进行。如问患者"你收看电视有哪些困难"，然后鼓励听障者说出他们存在的问题，并就这些问题进行讨论，从而使听障者和听力学家共同确立听障者的康复需求和目标。

标准化的自我评估方法则采用问卷方式。它的优点是提供书面问卷，节约门诊时间，另外它还能够评估患者康复前后的状况。但是这一方法也有不足，如问卷中的问题有时是临床工作者而不是患者本人所关心的，另外这些问题对患者来说可能不是最重要的或者不能全面反映患者的听力问题。

2. 交流能力评估

在听力语言康复训练之前评估患者的交流能力，可以确定康复的起始点及最适合患者的康复训练方式，同时也提供了康复的背景资料，便于在康复训练结束时比较，从而判断患者的康复效果。

（1）问卷评估

使用交流能力评估（communication performance assessment，CPA）问卷进行评估。问卷共有如下30项内容。

1）听障者交流能力的自我评估（8项）。

2）听障者与家人、朋友等人际交往的评估（4项）。

3）听力损失对社会交往的影响（13项）。

4）听力损失对职业的影响（5项）。

在 CPA 评估中，主张以口语方式进行，以便从中了解患者对听力损失的态度和感觉。通常在选配助听器至少一个月后复测 CPA，能够了解患者在佩戴助听器后交流状况的变化。

（2）综合测试

综合测试的目的是：比较在不同条件下（听觉、视觉、听-视觉）患者的交流能力以及决定患者需做何种分类测试。

以常用的海伦（HELEN）测试为例，此测试是用于评估重度和极重度成人听力障碍者的。它由四个测试单元组成，其中一个用于练习，另外三个分别用于听觉、视觉、听-视觉条件下的测试。每个测试单元包括一系列问题如颜色、反义词、简单的计算等。患者可以直接回答所问的问题。若患者不知是否听得正确，也可以重复所问问题，然后再回答。这样，可以在患者重复问题时逐字记分并分析患者在哪些词或者音素上发生错误。测试时，测试者坐在患者前方并用 70 dB SPL（测试耳处测得）的口语声进行测试。

测试完成后，听力学家可以比较三种不同测试条件下的得分，由此得到许多有用的信息。若患者视觉得分与听-视觉得分非常接近，说明患者在言语感知过程中没有利用听觉信息，就可以着重进行听觉和听-视觉的训练，以提高他们的交流能力。在训练开始时，患者往往对利用听觉没有信心，应鼓励他们在交流中积极利用听觉信息。若患者听-视觉得分比听觉得分差，说明视觉信息没有很好地利用，应对患者进行听-视觉训练。另外也可综合分析患者的得分，如一位患者听-视觉得分为100%，而听觉得分为50%，视觉得分为10%，这说明患者是单一应用视觉或听觉时缺乏信心，可对这方面进行训练。

（3）分类测试

下面以澳大利亚国家听力中心的测试为例讲解具体测试方法。

1）PLOTT 测试。PLOTT 测试可以利用综合测试的结果来确定患者由哪一难度开始进行分类测试，也可以用分类筛选测试来确定患者需进一步做哪一难度的分类测试及训练。后者较有代表性的测试即为 PLOTT 测试。该测试起初是为听力障碍儿童设计，是一种带图画的测试。后来发现应用于成人也是非常有效的。

PLOTT 测试包括九项内容，依声学特征按由易到难的顺序设计。这九项测试分别是音位觉察、时间信息感知、音节、词汇、元音长短、元音辨别、辅音清浊、辅音发音方式和辅音发音部位。每一项测试在听觉条件下进行，并使用载词短语

"请指出"。可根据各项测试结果及患者在哪些词或音位上易发生错误来确定患者还需进一步做哪项分类测试及训练。

2）元音测试。听力学家可根据 HELEN 和 PLOTT 测试的结果决定是否需做元音测试。

测试者常用/cvc/（v 为某一元音，c 为某一辅音）的结构随机说出英语中的 11 个元音，每个元音说 5 次。在测试中常使用的载词短语"下一个是"，患者听到后指出相应的测试词。测试结束后，测试者可以根据混淆矩阵了解患者的错误和混淆走向，并可结合患者的助听听阈进行分析。若患者可以辨别某一声学信息但在测试中发现其并未很好地利用，就需要对患者进行这方面的训练。

3）辅音测试。同样可以根据以上的测试结果决定患者是否需做辅音测试。

测试者常用/cvc/（v 为某一元音，c 为某一辅音）的结构随机说出英语中的 12 个辅音，每个辅音说 5 次。测试结束后，同样可以根据混淆矩阵了解患者的错误和混淆走向，并可结合患者的助听听阈判断其是否需要进行训练和需要哪一类训练。

3. 制订训练计划

在对听障者的康复需求及交流能力进行评估后，就可以针对听障者的需求和目标而制订训练计划。计划要包括以下内容。

（1）训练的次数：次数多少根据听障者的个体情况而定。

（2）每次训练的时间：45~75 min。

（3）训练的频率：每周 1~2 次。

（4）是否包括配偶、家人。

（5）训练内容：包括使用何种训练及教材、训练方式（听觉、听-视觉）、训练环境、不同的训练所花费的时间和家庭训练。

训练计划要根据听障者的进步随时调整，帮助听障者用最短时间达到最好的效果。

4. 康复手段和措施

成人听力语言康复训练的目的是使用最适合听障者的方法，使其最大限度地利用并提高交流能力。康复训练通常可分为分类训练、综合训练及实用训练三部分。

（1）分类训练

分类训练是将言语分成小部分分别训练。这一方法是基于言语的理解依赖于其组成成分的特征和音位的鉴别这一理论。在分类训练中主要是针对声学信息而不是语义。这类训练常按由易到难的顺序设计。在整个训练过程中，分类训练所占时间很短，一般为 10~15 min。

1) 训练方法。根据交流能力评估的结果可以确定患者从哪一个难度开始训练。训练时应注意不要太容易也不要太难。以"衣（y）和替（t）"两字的辨别（即 y 和 t 的辨别）为例讲解训练步骤。训练时采用封闭式并利用听觉进行的。

①每次随机读 5 次，若听觉得分在 80%以上（高于机会值），说明患者可很好地利用听觉信息。可提高训练难度，如将词放在相同的句子结构中（如"请说明……"）或者使用其他的含有这两个元音的词进行训练（如体和土）。

②若听觉得分低于机会值，可以按照"衣，替……衣"的方式进行训练，待患者的训练水平提高后，再返回第①步。

③若患者不能使用第②步方法训练，可使用一连串的词，如"衣，衣，衣，衣，替，替"，让患者觉察词的变化。待患者训练水平提高后，返回②步。

④若患者不能完成第③步的训练方法，可以使用相同/不同的两个词，如衣，衣/衣，替进行训练，让患者说出两词是相同还是不同。

⑤若患者不能完成第④步，则说明患者不能使用听觉方式进行此项训练，需使用听觉-视觉的方式进行训练或将训练词放在不同的句子中利用上下文的提示进行训练。

2) 训练材料。临床常用的训练材料包括多种，COMMTRAM 是由杰夫·普兰特（Geoff Plant）在 20 世纪 80 年代早期为重度和极重度听障者设计的。它包括了许多基本的分类训练，由易到难进行设计。根据患者的需要可使用听觉、听觉-视觉或利用上下文的提示进行训练。训练方式为封闭式。COMMTRAM 主要包括词和句子中的音节，元音长短、强度和频谱特征，辅音清浊和发音方式，听觉-视觉等项训练。

（2）综合训练

综合训练主要集中于言语的全貌，如意义、句法、上下文的提示等。训练材料一般为有意义的句子、段落或词汇，训练侧重于理解。康复训练的大部分时间用于综合训练。训练主要根据患者的需要，模拟实际的交流情况进行。训练的目的在于发展和提高患者听-视觉或听觉交流的技能。许多综合训练材料允许用不同的难度训练，也可以根据患者的需要和进步情况选择训练内容，同时也允许结合聆听技巧等方面的训练。

在综合训练中，常用连贯言语跟读（connected discourse speech tracking，CDT）的跟读方法。训练者为患者读一段材料，患者需一个词一个词地复述。段落可根据需要分成许多小段。分成的小段若太长就需要记忆，会使训练难度增加；若太短就不能很好地利用上下文的提示。所以每一小段的长度要适当。每一小段可根据需要重复训练多次。训练可在听-视觉或听觉条件下进行。训练完成后应记录训练时间和正确的字数，也可以事先规定训练时间的长短并记录在此段时间内正确的字数，最后以每分钟正确的字数（words per minute，WPM）作为测试得分。

利用CDT方法进行综合训练有许多优点：可以使用任何语言；训练材料可以根据患者的兴趣及语言能力选择；患者不需要阅读材料；配偶及家庭成员可以很容易地学会这一训练方法，可作为家庭训练材料；可以发展患者的听觉技能并有助于日常交流。

尽管CDT材料普遍应用于综合训练中，但还是有其局限性。对于言语辨别能力很差的患者，他们理解段落意思的能力很低，因此很难复述。另外由于他们不能利用上下文的提示，更加大了训练的困难。在CDT的训练中，常采用说-听-复述的方式，患者没有机会试用聆听和交谈技巧来改变交流环境。对于听力障碍的患者来说，猜测是很有用的技巧，但CDT的训练着重于逐词复述而不允许患者猜测。

（3）实用训练

实用训练的目的是教会患者如何在交流时通过改变交流环境以获得交流所必需的信息。这种训练的优点在于能够训练患者使用各种聆听和交流技巧，这些技能在实际交流中是非常有用的。这种训练主要用于在言语交流中缺乏信心的成人患者。训练时可选择一个话题，让患者提问，训练者可根据患者的情况掌握回答问题所用语句的难度，并鼓励患者继续对未听懂的部分进行提问。

在康复训练中，常常训练患者使用不同的聆听技巧，其目的在于通过改变聆听环境而改善聆听条件，使患者听到更多的言语信号，同时提高患者使用听觉、视觉和上下文提示的能力。

无论是否佩戴助听装置，聆听技巧几乎适用于任何听力障碍的患者。聆听技巧主要包括以下几个方面。

1）供患者使用的技巧

①适当地改变生活方式以求安静及避免噪声环境。

②将好耳靠近讲话者。

③尽量减少环境噪声，如关上收音机或电视机。
④如有可能，聆听位置尽量接近谈话者。
⑤聚会时可与一位愿意提供帮助的人坐在一起，以达到解释谈话主题的目的。
⑥参加会议时尽可能找到最佳座位。
⑦选择最佳的聆听距离，以便既能听到讲话者的声音又能看到讲话者的口型。
⑧聆听时要放松情绪，不要紧张。
⑨对没听清的问题可向讲话者提出询问或请求重复。
⑩尽量在会谈前了解谈话主题、会议内容或准备好纸和笔，以便做书面交流。

2）供家庭成员和亲朋好友使用的技巧
①讲话者应将面部对着光线，不要让光线直接照射在患者的眼睛上。
②与患者进行面对面的交谈。
③谈话时不要遮住面部，以便能让患者注意到讲话者的面部表情和动作。
④讲话者与患者的交谈应在同一水平高度，患者站着，讲话者站着，患者坐着，讲话者也应坐着。
⑤谈话时请提醒患者注意上下文内容。
⑥讲话速度可稍慢一些，但不要太慢；口齿要清晰，但要避免叫喊。
⑦讲话者和听话者尽量同处一室。
⑧事先告知谈话内容并围绕主题进行交流。
⑨确保患者能听懂谈话内容。
⑩与患者谈话时要多鼓励，使他们情绪放松，这会使谈话更容易。

3）改善聆听环境的技巧
①在饭店就餐时可以找一个远离门窗和厨房的地方，以避免噪声。
②房间放置一些软的家具，可减少回声。
③对房间的墙和地面用软性材料进行表面处理，以减少回声及冲击性噪声。
④把电话放在能听到电话铃声的位置。
⑤避免室外噪声。

以上的这些综合训练或实用训练材料均可用于打电话的训练。若患者还有其他的需要，也可自行编辑或扩充训练教材。

培训课程 2

儿童听力语言康复、教育的基本观念和方法

儿童听力语言康复也称儿童听觉语言康复、儿童言语听觉康复，主要是指对存在听觉障碍的儿童在接受临床医学治疗或临床听力学手段（听觉补偿或听觉重建）介入之后，继而接受旨在最大限度地挖掘听觉潜能，建立良好聆听习惯，发展有声语言能力，实现以有效沟通交流为目的的有计划的过程性功能评估与训练。由于生理和心理上发育、发展的特点，儿童听力语言康复自然区别于成人的听力语言康复。

一、听力损失对儿童发展的影响

儿童处在身心发展的关键时期，听力障碍严重损害儿童的言语、语言功能。特别是先天听力障碍对其发展的影响远远不局限于此，还会影响儿童的认知、情感、个性，以及社会性的发展。

1. 对听觉能力发展的影响

听力主要依赖完好的听觉生理器官和完整的听觉传导通路，而听觉则是人们能否听清、听懂声音的能力，是指在具备听音能力基础上的一种协调运用多种感官功能、认知心理能力等，对声音进行综合处理的过程。它是通过大脑对输入的声音进行分析后所获得的感受，是由感音、传导、中枢分析、传出等过程组成的。这个过程的任何一个环节发生结构或功能障碍，均可导致不同程度的听觉障碍。

关键期理论认为，人的神经发育早期存在着某个敏感阶段。如在该阶段接受特定刺激，神经功能就按预定轨迹发展。如在此阶段刺激缺失，神经发育就会受到不可逆的损害。对于听障儿童，错过关键期，即使给予再多刺激，其听觉、言语能力也难以发展到理想水平。另外，脑的发展研究显示，儿童的聆听不同于成人的聆听。其一，人类听觉中枢结构的全面成熟期在 15 岁左右，15 岁以下的儿童尚

未形成一个完整成熟的听神经系统，达到最佳的聆听功能状态（Bhatnagar，2002；Boothroyd，1997）；其二，儿童还没有积累起像成人那样填补认知间隙或信息推测所需的有益于听觉完形（Auditory Closure）或认知完形（Cognitive Closure）的多年的有声语言和生活经验。越是在噪声干扰的环境里理解复杂的言语声，越依赖于聆听经验学习捕捉到最有益的言语信息。缺乏有效和高质量的听觉刺激，听障儿童听觉中枢的成长与发展就会遇到各种各样的问题，从而迟滞了其基于听觉能力为核心的相关方面能力的获得与发展。而有效的、高质量的听觉刺激则有赖于良好的优听环境的营造。由此可见，儿童听觉中枢的成长与发展比成人更需要完整的、精细的听觉信息刺激。距离（Distance）、信噪比（Signal-to-Noise Ratio，SNR）、混响时间（Reverberation Time，RT）以及混杂、无序的言语输入是目前造成家庭聆听环境不利的主要因素。

2. 对言语、语言发展的影响

（1）对言语发展的影响

言语是感知和发音运动并行的过程，需要呼吸、发音、构音三个系统协调动作，需要通过听觉、运动觉、触觉等内部反馈机制进行控制。听障儿童由于听不到或听不清自身言语，因此，很难评价自己的发音并准确模仿他人的发音。听障儿童的言语常表现出：

1）发音不清。可以表现在声母上，也可以表现在韵母上。声母会出现遗漏，如把"姑姑"（gu）说成"乌乌"（wu），把"小猪"说成"小屋"；歪曲，有时会发出汉语语音中不存在的音；替代，如用不送气音替代送气音，把"汽车"说成"技车"，"跑步"说成"饱步"；添加，如把"鸭"（ya）说成"家"（jia）等现象。韵母会出现鼻音化，如发/i/、/u/时有鼻音；中位化，如发/i/时舌位靠后，而发/u/时舌位靠前；以及替代，如用/an/替代/ang/，把"帮帮我"说成"搬搬我"；遗漏等问题。

2）音量不当，音色或音质不好。讲话时，要么声音太大，要么声音太小。有的孩子讲话音调很高，有的孩子讲话像是喃喃自语。有硬起音，假嗓音等，让人感觉声带紧张，说话不自然。

3）语调、声调不准或缺乏。如将"你为什么打我？"说成"你为什么搭窝"。

4）语流不畅或语速不当。如将"爸爸去上班"说成"爸爸去/上/班"，在语句中停顿不畅。

（2）对语言发展的影响

语言是交流的符号系统，儿童对语言的习得涉及语音、语义、语法、语用各方面。听障儿童语言发展的特点体现在语言习得的各方面。在语义方面，听障儿童的词汇量小且进步缓慢，滞后状态会持续到成年。听障儿童对语言中成语、比喻等的理解以及对多义词的理解困难；在语法方面，听障儿童的平均语句长度（mean length of utterance，MLU）比同龄健听儿童要短。交流中使用的语法结构较简单，使用简单句多，并经常发生语法错误。听障儿童还较少应用副词、连词等具有语法功能的词汇；在语用方面，听障儿童不擅表达交流意愿，会表现出不遵守交流规则。例如：不能合理地导入话题，插话或者结束话题、与人交流时，听障儿童不擅使用修补技巧；表达不清时，不是变换表述方式，而是不断重复同样的话；在语音方面，由于听不到或听不清某些语音，听障儿童的言语清晰度通常较差。

3. 对认知发展的影响

认知能力指个体了解与认识世界的一系列心智活动，是人们成功完成社会职能最重要的心理过程。认知的基础是感觉和知觉，核心是抽象思维，是人们对事物的构成、性能、事物之间的关系、发展的动力、发展方向以及基本规律的把握能力。听觉是人们感知外界事物的主要渠道之一。听觉障碍阻碍或限制了儿童对外界信息的获取，完全不能或者不能清晰地获取，致使其认知的丰富性和完整性有所欠缺。传统观点认为，由于听力障碍，听障儿童的视觉代偿能力较强，比健听儿童视觉敏锐，观察事物更仔细；听障儿童的知觉形象以视觉形象为主，缺乏视听结合的综合形象，知觉的完整性、精确性比健听儿童差，更多借助视觉、触觉、运动觉协调活动，认识世界；学龄前听障儿童的注意以无意注意为主，有意注意的水平低，稳定性较差；听障儿童的短期视觉记忆和色彩记忆较强，但对易进行言语编码的材料的短时视觉记忆能力较差；由于语言发育迟缓，听障儿童的抽象逻辑思维形成较晚，水平也较低。例如，守恒问题的解决，比健听儿童要延迟1~2年。

随着研究不断深入，人们对听障儿童认知发展规律和特点的认识也在发生着变化。例如，有人根据皮亚杰的认识发生论认为，尽管社会交往能够在某些方面促进认知能力发展，但认知结构中最核心的思维和解决问题的能力却来源于儿童对环境中物体的操作，因而，听觉及言语障碍并不直接影响儿童的认知能力。佛斯（Furth）等人用皮亚杰任务对听障儿童和健听儿童进行实验表明，听障儿童只在需要语言交流能力的思维领域与健听儿童有微小差距，而在其他主要认知能力上并未受到影响。在听障儿童智力发展方面，20世纪初，皮特纳（Pintner）等学者通过对听障儿童实施智力测验，认为听障儿童的智力水平低于健听儿童，但在1930年以后，通过改进心理学测量技术，采用非言语智力代表听障儿童的一般智力，研究表明，听障儿童的智力并不落后。进入21世纪，华东师范大学方俊明教授的"残疾人与正常人的认知过程的比较"课题通过系列实验得出结论：在认知发展过程中，感官残疾人与正常人相比，确实存在发展滞后的现象，但这种差异并没有人们通常想象得那么大，随着年龄的增长、教育与训练，认知发展的差距逐渐缩小和消失。近年来，人们对听障儿童认知发展的认识还在不断深化，越来越多的研究正趋向得出一致的结论，即听力障碍影响儿童的交流能力和运用语言进行思维的能力，因而会影响听障儿童的认知能力，但听力障碍并不必然导致儿童认知发展异常，在给予及时、有效干预的情况下，听障儿童同样可以遵循健听儿童的认知发展规律，获得与健听儿童一样的认知能力。

4. 对个性、社会性发展的影响

个性和社会性发展是儿童发展的重要方面。儿童个性和社会性发展包括：情感、情绪的发展、人际认知的发展、自我意识的发展、自我控制与调节的发展、同伴友谊关系的发展、社会行为的发展、道德能力的发展等。由于听力障碍，儿童言语、语言能力发展滞后，获取外部信息和表达自身意愿的途径不畅，交流中难免遇到情绪困扰和情感挫折，进而继发个性、社会性发展问题。近年来，国内外学者运用现代心理测量技术对听障儿童的个性、社会性发展开展了大量研究，并试图用现代心理学理论解释听障儿童的个性、社会性发展机制。普遍认为，听障儿童的人格发展同时存在外显和内隐两类问题。外显问题表现为存在注意缺陷或者行为过于活跃。内隐问题表现为自我评价低，有自卑、焦虑和孤独感等。在社会性发展方面，听障儿童由于语言发展迟缓，造成内部注意发展水平低，自我意识能力差，难以准确地剖析自己和他人的思维、情感体验等，因而，交往能力差，交往中存在程度不同的焦虑。听障儿童的社会适应能力明显低于健听儿童，不仅体现在交往能力上，也体现在运动能力不足，参加集体活动和自我管理能力不足等方面。

20世纪90年代初，国内学者李绍珠等人对听障儿童的性格和社会性发展特点进行了高度概括。

（1）听障儿童在性格发展方面的主要特点

1）脾气倔强，好冲动。由于交流障碍，听障儿童的家长有时不能及时满足听障儿童的需求，有时会不恰当地惩罚或过分保护、管束孩子，因而造成听障儿童易怒、好冲动、脾气倔强。

2）好动、好奇。听障儿童总是不停地变换活动方式和姿势。如果要求他们安静地坐着，过不了多长时间，就会出现疲劳表现，会动动手、踏踏脚，做各种小动作。听障儿童的好奇心很强，总是不停地看、摸、动。听障儿童的探索行为比较外露，对新奇的东西，不仅用视线观察，而且爱用手去摆弄。

3）易受暗示，模仿性强。听障儿童的视觉敏度较高，喜欢模仿别人的动作和行为。听障儿童的自信心和独立性差，缺乏主见，易受暗示，常常随外界环境或成人的影响而改变自己的主意。

(2) 听障儿童在社会性发展方面主要特点

1）伙伴范围狭窄。由于听觉障碍，语言发展迟缓。听障儿童无法和健听儿童一起玩，只愿意找听障儿童玩。当周围没有其他听障儿童时，往往只愿意一个人待在家里，不愿意主动接触社会，自卑而胆怯。加之，家长怕孩子被歧视，往往也不愿意带孩子到公共场合活动，使得听障儿童的伙伴范围狭窄。

2）社会交往欠缺，社会常识贫乏。听障儿童对接触社会有畏惧心理，对家长的依赖性比健听儿童严重。家长常常把听障儿童留在家里，即使出门，也不允许其离开父母，造成听障儿童的社会交往机会少，社会常识贫乏。

二、听障儿童语言获得的性质

在听障儿童语言康复实践中，语言问题是个核心问题，康复的实践和研究都应该围绕这个核心去进行。从语言学的角度解释听障儿童语言获得的性质，有助于听障儿童语言康复大方向的把握。美国应用语言学家克拉申（S. Krashen）在他的语言习得理论中指出，成人发展外语能力主要靠两个途径：语言学习（Learning）和语言习得（Acquisition）。克拉申将语言"学习"与"习得"明确区分开来，并赋予它们不同的意义。语言学习指的是在正规的课堂里有意识地学习外语知识，学习者的注意力集中于语言的形式；而语言习得与儿童习得母语的过程相类似，它是在潜意识的情形下自然地获得语言知识和言语技能。语言习得通常是在大量语言信息的刺激下，通过语言的自然交际获得的。一般说来，成人"学习"语言比儿童快，而儿童比成人"习得"语言快。听障儿童由于听觉障碍而无法自然地获得语言能力，听力语言的康复就是使听障儿童重新获得语言能力。那么，听障儿童的语言获得是语言的习得还是语言的学习呢？

吉林大学吕明臣教授认为，听障儿童的语言获得不是语言习得，也不是语言学习，或者说，既有语言习得的特征，又有语言学习的特征。

第一，听障儿童要获得的是第一语言，如果把听障儿童自发获得的手语视为"语言"，那么可以说，听障儿童听力语言康复要让听障儿童获得的是第一种有声语言。从这个意义上说，听障儿童的语言获得就是一种语言习得。不过，听障儿童的语言习得不同于健听儿童的语言习得。就主体的状态来说，健听儿童的语言习得是和其他知识技能的获得同步进行的，而听障儿童的语言习得却滞后于其他知识技能的获得。换句话说，即使不考虑手语这类的"语言"，听障儿童开始习得语言时，大脑已经不是"空白"状态了，这种状态是否有利于语言的习得目前还不清楚。但无论如何，听障儿童要习得的毕竟是对人来说极为重要的第一语言，这可以使他们接近正常的儿童。

第二，听障儿童获得语言的目的是能像正常人那样生活。康复界常说的话是：让听障儿童回到有声世界，回归主流世界。主流世界就是一个有声语言的世界，语言在这里发挥着不可替代的作用。听障儿童获得语言，绝不像人们学第二语言那样，是为了和主流世界中的另一群人打交道，或是要了解另一种语言文化等，听障儿童获得语言是为了满足生存的需要。就生存的需要来说，听障儿童和正常的儿童一样，所不同的只是由于听觉障碍，满足这种需要的手段不是语言，而可能或已经开始被另一种形式所替代。但语言的替代物（如手势语）有很大的局限性，远不如语言的功能强大，应用的范围也极为有限。使用这种替代物不能满足听障儿童所有的生存需要，或者说，不能像正常人那样生活。因此，只有获得语言，才能使听障儿童过上正常人的生活。

第三，听障儿童的语言获得是在"干预"下进行的。由于听障儿童的特殊性，其语言获得在非自然的状态下进行。健听儿童的语言获得是自然的习得过程，没有明确的计划，不需要教材，也没有专门的教师。听障儿童由于听觉障碍，不能像健听儿童那样自然习得语言，他们是在"有计划"的"干预"条件下学习语言的。鉴于健听儿童的语言习得和语言学习、听障儿童的语言获得这三者同中有异，异中有同，头绪较复杂，可用列表方式来直观地表示它们之间的差异，见表7-1。

由表7-1的比较可以知道，听障儿童听力语言获得是有计划地学习第一语言的过程。"有计划"意味着"有意识的干预"，学什么、怎么学，都要经过设计。"第一语言"表明听障儿童的语言获得具有习得性，从目标到途径都有和健听儿童的语言习得接近的一面。

表 7-1 健听儿童与听障儿童语言获得的比较

差异	健听儿童的语言获得		听障儿童的语言获得
	语言习得	语言学习	
获得语言的主体状态	1. 语言习得之前儿童并没有任何有意义的语言存在 2. 和其他知识技能的获得同步进行	语言学习之前儿童已经有某种具体语言系统，会产生"迁移"	1. 获得的是第一种有声语言，可看作是语言习得 2. 滞后于其他知识技能的获得
获得语言的目的	生存本能的需要	1. 教育体制的规定 2. 文化、政治、经济等交流	生存本能的需要
获得语言的环境	自然的生活环境，有交际的需求（语言习得以功能为主）	非自然的语言教学环境，没有真正的交际需求（语言学习以形式为主）	兼有自然的生活环境和非自然的语言康复环境
获得语言的途径	自然获得	"有计划"的"干预"	"有计划"的"干预"

三、影响听障儿童语言学习的因素

由于"听力损失降低了言语声的输入，并因此增加了儿童听觉与沟通能力通常发展轨迹的障碍"，所以听障儿童的语言获得除了受到一般共性的语言学习影响因素的作用之外，影响其听力与听力发展的因素就成为他们区别于健听儿童语言学习影响因素的重要组成部分。借引"国际功能、残疾和健康分类（International classification of functioning, Disability and Health, ICF）"框架结构绘制成的影响儿童听力言语发展的因素框架（见图7-1）直观地揭示出影响听障儿童听力与听力发展因素构成。影响听障儿童听力与听力发展的因素集合概括起来主要有环境因素集、过程因素集及个体因素集。

1. 环境因素集

环境因素集包含机构环境和家庭环境两个子集。

（1）机构环境

机构环境基本变量包括"机构环境质量与效能"集合（如建筑布局、功能用房的设置、服务设施与设备的提供、康复资料与材料的提供、员工教育康复理念与意识培养、听障儿童班级建设等要素）、"机构结构质量与效能"集合（如机构

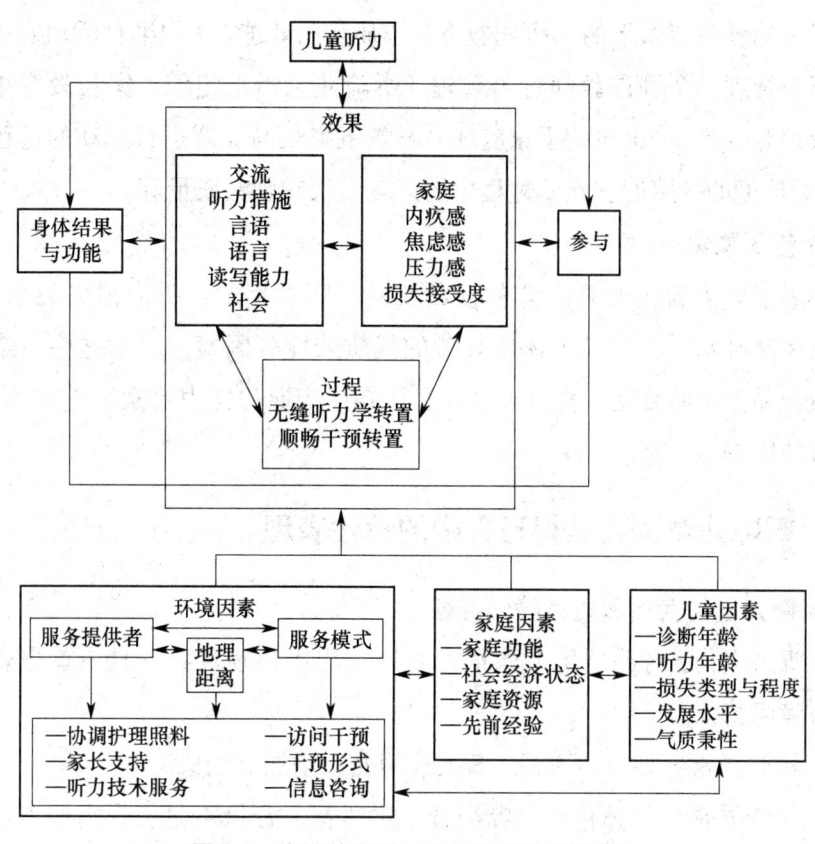

图 7-1　影响儿童听力语言发展的因素框架

的资质与资历、具备的服务功能、人才队伍状况、全面康复课程决策与管理、社区参与与合作等要素)、"机构服务过程质量与效能"集合(如半日活动安排、集体课教师行为管理、个训课教师行为管理、听障儿童活动组织、家长教育指导、听能行为管理等要素)。除此之外,机构与被服务的患儿的家庭之间的地理距离、所提供的服务模式,也是需要考虑的影响因素。

(2) 家庭环境

家庭环境基本变量包括"家庭基本条件"集合(如社会经济状态、健康营养状况、安全保证基础、社会关系等要素)、"家庭教养环境"集合(如家庭结构、居住条件、环境气氛、教养材料提供等要素)、"家庭教养态度"集合(如内疚感、焦虑感、压力感、听损接受程度、期望值、养育观、康复观等要素)、"父母教养技能"集合(如提高对孩子的敏感度、优化与孩子互动过程中的语言、认知刺激质量等有关养育与康复的核心知识、核心技能要素)。

2. 过程因素集

过程因素集合涵盖了无缝听力学转置和顺畅干预转置等质量要素。具体来说,既包括了机构服务背景下的"机构服务过程质量与效能"(如半日活动安排、集体课教师行为管理、个训课教师行为管理、听障儿童活动组织、家长教育指导、听能行为管理等要素),也包括了家庭环境背景下家长与儿童进行互动的过程性质量(如家长对孩子的敏感度、互动过程中的语言、认知刺激质量等)。

3. 个体因素集

个体因素集涵盖了儿童个体的诊断年龄、听力年龄、听力损失类型与程度、现有的发展基础水平,以及个体所具备的气质秉性等因素。因为这些因素直接对其"康复效果"(如听觉、言语、语言、认知、沟通等能力要素)造成不同程度、不同形式的影响。

四、听障儿童语言获得过程中的特性表现

1. 听障儿童的言语和语言障碍特征

源于听力损伤,导致听障儿童语言发展过程中出现的特殊性,首先表现为言语和语言障碍特征。

(1) 构音异常,如音的遗漏、替换、歪曲、添加等现象。

(2) 声音异常,如鼻化音、嘶哑音、尖叫音、音量不足、音高调、音调失控等现象。

(3) 节律异常,如在言语过程中难以控制各种音量、音调、长短等机能,或不知道如何运用这些机能传达欲沟通的信息现象。

2. 听障儿童附带的特征行为表现

(1) 说话时常有音量过大的现象。

(2) 语调单调,缺少抑扬顿挫、轻重缓急、高低长短的变化。

(3) 常有即时性或延迟性鹦鹉学舌式反问现象。

(4) 常有发呆、若有所思的表情。

(5) 交流时,常注视说话者的脸部,尤其是口、唇的运动与表情。

(6) 经常比手画脚,借以动作、手势表达其需求而不说话。

(7) 不理解对方的话语含意,常常答非所问。

(8) 在交流中,不知道等待、轮替。

(9) 对他人的谈话漠不关心,对周围的噪声无动于衷。

(10) 学习正确的语法有困难。

(11) 学习语言,发起交往的主动性不足。

五、儿童听力语言康复的基本观点与原则

1. 有关听障儿童语言康复的基本观点

(1) 听障儿童观

根据美国特殊教育专家哈拉翰、卡夫曼（Danied P. Hallahan、James M. Kanffman）的观点，相对于"特长"儿童而言，"特殊需要"儿童分为两类，即发展迟缓儿童和具有某种缺陷的儿童。发展迟缓的儿童遵循与正常儿童相同的发展路线和顺序，只是速度慢一些；具有某种缺陷的儿童虽然在其缺陷部分的发展有一定的特殊性，但其他机能的发展具有正常的发展历程。听障儿童应属于后一种，如另一位特殊教育专家威尔森（Mary Wilson）所描述的那样：我们的听障儿童属于那种"无严重的智力或情绪障碍，但有听觉、视觉或运动能力缺陷的儿童。这些儿童必须获得特殊的、额外的技能，学习运用特殊的仪器来克服他们的障碍"。因此，我们的绝大多数康复对象可以表述为：无严重的智力或情绪障碍，但有听力损失，须借助人工助听技术或获得特殊的、额外的技能以克服他们的障碍，其在发展上遵循着与健听儿童相同的发展路线和顺序，但又表现出某种程度的特殊教育需要的一类儿童。

(2) 特殊需要观

上一观点在告诉人们听障儿童的语言发展也遵循着与健听儿童相同的发展路线和顺序的同时，也提示人们，当以健听儿童一般发展的阶段特征、发展顺序和发展速度来评估他们时，往往会表现出与同龄健听儿童不一样的发展状况，这就是我们所说的特殊性。听障儿童在发展过程中，尤其是在语言能力的发展上所表现出来的这种特殊性，是由其听力损失或障碍所导致的。这种特殊性在其发展过程中实际表现为对语言学习的"特殊需要"，即对学前听障儿童所实施的语言康复也应是一种差别性教育。在这里，强调"满足听障儿童的特殊教育需要"而不说"必须考虑听障儿童的残障或缺陷"，是因为现代特殊教育不再单独以有关缺陷领域的理论和方法为基础，而是直接以儿童的能力和需要为基础。前者的研究总是指导人们了解听障儿童不能做什么、不能学什么；而后者的研究却促使人们去发现听障儿童能做什么以及需要做什么。当人们把听障儿童的特殊性不看成是一种障碍而是一种特殊需要时，康复教育就会变得主动、积极，而不是消极无为。

(3) 听障儿童语言观

语言是社会信息的主要载体，是全民族最重要的交际工具。在我国这个有多

种民族语言、多种方言的社会里，听障儿童在现代人工助听技术和设备的帮助下，绝大多数应跟健听儿童一样需要学会本民族语言或本地区方言，才能与周围的人进行交际。在学前儿童期语言既是学习的工具，又是学习的对象，提高听障儿童运用语言的能力，可为其日后的学习打下重要的基础。

1）绝大多数听障儿童与健听儿童一样，出生时在生理上具有语言发展的潜能，经过在社会中与人们进行语言交际，这种潜能才逐渐地发展为现实的语言能力。

2）即便是那些语言器官或大脑发育有缺陷的儿童，经过科学的、适宜的培养和训练，语言发展也有可能达到一定程度，成为交际的工具。

3）语言的发展是与大脑有关部位机能的成熟密切联系、相互作用的，语言学习既要顺应大脑机能成熟的客观规律，又要利用语言和动作等方面的活动，促进大脑的发展。与所有健听儿童一样，听障儿童语言的发展是先天的遗传因素与后天的社会影响因素相互作用的结果。

(4) 听障儿童语言教育观

1）语言教育是儿童语言学习的一种重要形式，与健听儿童一样，听障儿童也具备学习语言的积极性，这种积极性的充分发挥，更需要相应的物质环境、心理气氛的支持和鼓励。

2）语言作为儿童的交际工具是在他们与周围的人、事、物进行信息交流的过程中发展起来的，使听障儿童学会在不同的场合，能够运用恰当言语进行表述和交流，这是语言教育的重要任务。成人尤其是家长的言语行为示范与指导，会在听障儿童的语言教育中发挥特别的作用。

3）在民族或方言地区，儿童学习本民族语或方言具有自然习得的特点，可利用本民族语或方言学习全社会通用的普通话，应使其掌握当地民族语或方言向普通话转换的规律，这将有利于促进听障儿童语言的发展。

4）针对听障儿童在语言学习过程中的特殊需要，语言教育必须以特殊需要儿童学前教育为基础，以听力干预、听觉语言康复、言语矫治为支撑，教会他们学会聆听、说话、阅读并取得成功，通过交流发展全面潜能。

5）语言教育既要渗透在生活的各种活动中，又要用专门组织相应活动使之落实到所有听障儿童身上，从而提高语言教育效益。

6）语言发展与思维发展是密切相关、相辅相成的，在培养听障儿童学会使用语言进行沟通、交流的同时，要教他们学习用语言指导思维过程及表达思维结果，这样又可使作为思维工具的语言得到良好的发展。

2. 儿童听力语言康复的原则

所谓原则,即为指导人们的认识、思想、言论和行为的规定或准则。在听力语言康复领域,人们把一些反映听障儿童听力语言康复本质、条件、过程与效果,经过验证的一般规律性命题或基本原理,与人们的认识、实践联系起来,赋予方法论意义,便使其成为听障儿童听力语言康复的原则,指导和规范着的人们认识与实践。由于康复是指综合、协调地应用医学的、教育的、社会的、职业的各种方法,使病、伤、残(包括先天性残障)者已经丧失的功能尽快地、能尽最大可能地得到恢复和重建,使他们重新走向生活,重新走向工作,重新走向社会(WHO,1993,2001)的一种社会活动。人的复杂性、专业的复杂性和社会的复杂性就决定了康复的复杂性。因此,针对听障儿童的听力语言康复原则就不可能是单一的,必须是多样的。依据原则的适用范围和广度,可以把听障儿童听力语言康复原则简单地分为宏观和微观两个层面上的原则。

(1)听障儿童听力语言康复的宏观性原则

所谓宏观性原则,即指引领、组织和推进听障儿童听力语言康复事业发展应坚持和贯彻的整体性原则。

1)坚持早发现、早诊断、早干预。"早发现、早诊断、早干预"也称为"三早原则"。该原则以"关键期"理论为依托,强调人的神经发育早期存在着某个敏感阶段。如在该阶段接受特定刺激,神经功能就按预定轨迹发展。如在此阶段刺激缺失,神经发育就会受到不可逆的损害,即使在以后恢复刺激也难以弥补其发育损失。同理,听障儿童在早期发育过程中存在着听觉、言语能力发展的关键期。关键期内给予适当的听觉刺激,他们的听觉、言语能力就会按照正常模式顺利发展。错过关键期,即使给予再多刺激,听障儿童听觉、言语能力也难以发展到理想水平。为此,人们通过大量临床研究进一步证实早期干预对儿童言语、语言发展的重要意义。1998年,克里斯蒂·约斯纳格-伊塔诺(Christian Yoshinaga-Itano)等人研究认为,出生后6个月是决定听障儿童干预效果的自然时间界限,听障儿童的最佳干预时间应在出生后6个月内。此后,又有许多学者报告了相似的研究结果。依据这些研究,美国疾病控制中心制定了听障儿童的早期干预方案,提倡所有婴儿在出生一个月内接受听力筛查,没有通过听力筛查的儿童在3个月内接受全面的听力评估,听觉障碍得到确认的儿童在6个月内接受适宜的听力与教育干预。自此,"三早原则"被具体量化为"1、3、6"原则。有关听觉神经系统的研究进一步支持了这一原则,发现大脑听觉中枢直接参与人的言语感知和语言处理,并与人的阅读能力密切相关。听觉刺激对听觉中枢发育至关重要,能够影响中枢听觉通路的神经结构。如果缺乏听觉刺激,听觉中枢将出现神经发育的异常。接受听觉刺激越早,人的中枢听觉通路发育越好,越能为儿童言语、语言学习创造条件。还有研究认为,3岁半以前大脑快速发育,如果听觉刺激缺失,大脑就会重组接受视觉等信号刺激,逐步弱化听觉处理功能。自20世纪80年代起,耳声发射、听性诱发电位(AEP)等适宜婴幼儿的听力检查技术逐步应用于临床,新生儿听力筛查得以大规模普及,为实施听障儿童早期干预奠定了坚实的技术基础。

2)坚持医教结合,综合干预。听障儿童康复涉及听力补偿(重建)、听觉言语训练、言语矫治、语言教育、学前教育等诸多方面,必须坚持医教结合,综合干预。由听力师、听觉言语康复教师、言语病理师、学前教师等组成跨学科团队共同参与,协调实施。

3)坚持遵循儿童发展规律。儿童的身心发展是康复的依据。听障儿童康复的复杂性不仅在于听、说障碍本身,还在于承载障碍的主体处在幼稚的、动态的发展过程中。听障儿童首先是儿童,听障儿童的发展自然要受到儿童一般发展规律的制约。开展听障儿童康复不能违背儿童发展的一般规律,追求速效、片面、表象的康复效果,而应把听、说能力发展放在儿童发展的整体视野中,设计康复计划,选择干预的方式、方法。

4)坚持发挥家长的主导作用。

5)坚持促进听障儿童全面发展。

(2)听障儿童听力语言康复的微观性原则

所谓微观性原则,即指提供、推进儿童听力语言康复具体服务过程中应恪守的细节性原则或行为规范。

1)听觉康复训练的原则。听觉康复训练是指依据儿童听觉发展规律,通过听觉评估,为听障儿童制订训练计划,并加以实施的过程。其目的是最大限度地开发和利用听障儿童的残余听力,尽量减少听障给其带来的不良影响,养成聆听的良好习惯,培养听障儿童感受、辨别、确认和理解声音的能力。具体内容如下。

①确保最佳听能,注重听觉优先。

②鼓励指导家长深度参与。

③尊重听障儿童在训练中的主体地位。

④营造丰富而有意义的听觉刺激环境。

⑤遵循由易到难的发展规律。

2) 语言康复训练的原则。言语语言训练的主要目的是帮助听障儿童掌握正确的发音方法，理解并正确表达丰富的词汇、语句，同时掌握恰当的沟通交流技巧。在听觉训练的基础上，通过有意义的互动交流，培养听障儿童自主进行言语交流的习惯和能力，其具体原则内容如下。

①遵循儿童言语语言发展的自然规律，有序发展语言能力。

②创设良好的言语交流环境，立足在自然语境中通过沟通互动学习语言。

③开展定期评估，制定明确的训练目标。

④坚持自然学习和正规教学相互结合。

⑤指导家长将训练内容融入日常生活。

3) 早期康复教育的原则。听障儿童听力语言康复的本质是一个以教育为目的的干预过程。因此，听障儿童除了接受必要的听语功能训练外，同步还要接受早期教育。近年来，随着助听技术与设备的不断改进，越来越多听障儿童能在早期获得理想的听觉言语能力，为听障儿童与健听儿童安置在一起实施早期融合教育创造了条件，并在逐步成为一种主要发展趋势。听障儿童的早期康复教育应遵循幼儿园教育教学的基本原则，尽可能使听障儿童获得全面的、启蒙的教育，具体内容如下。

①尊重儿童的原则。

②保教结合的原则。

（3）生活化和整体性原则。

（4）环境育人的原则。

（5）家园共育的原则。

六、儿童听力语言康复的基本内容与方法

1. 基于服务场所与方法不同的听语康复服务模式与分类

儿童听力语言康复服务模式，是基于儿童听力语言康复相关理论建立起来的，从实践出发，经概括、归纳、综合提出的较稳定的框架和程序。既然康复服务模式主要分析儿童听力语言康复实践过程中的主要矛盾，认识基本特征。那么，言及儿童听力语言康复服务模式的基本特征，除了可因对听力语言障碍认识理念的不同进行模式判别以外，还可依据听力语言康复服务提供主体所在的场所与主导方法的不同，划分为不同的康复服务模式。

(1) 基于听力语言康复服务提供主体和场所不同的模式分类

1) 医疗门诊式服务模式。由于听障儿童的听力检测与鉴定是以医院提供的临床诊断为依据的，或者其助听辅具的验配、调试是依托听力企业设置的验配店完成的，因此许多听障儿童的康复介入是从医院或助听设备技术服务店所提供的时段式听觉训练开始的。服务对象的年龄涵盖儿童全程。通常采用门诊预约的方式，以直接训练听障儿童为主，由治疗师每次提供 30 min 至 1 h 的"一对一"的听觉言语训练。虽然也倡导听障儿童家长或主要照顾者充分参与，但很少花心力为听障儿童父母制定其在家能执行的干预方案或去引导家长如何将专业的干预技能、技巧运用于家庭自然情境下的有意义学习。

2) 特殊教育式服务模式。暨听力语言康复服务由特教学校或者普通学校设置的特教班所提供的一种服务模式（如聋校下属的听觉口语强化班）。该模式主要是把听障儿童集中在一班上课，大部分活动均在班级内进行。所提供的课程内容会偏重于听障儿童技能的发展，上课的内容、进度会依据听障儿童的障碍程度简化或减量。教室环境较普通班级相对结构化，室内多配备集体式的语训器。班级人数一般为 15~20 人，师生比例较高，基本上能够为每个听障儿童提供个别化听语训练的服务。但是，有关听能管理、专项言语矫治以及专业的听力学服务等，由于相关专业人员欠缺，多依靠家庭或者通过协议性转介方式实现。这种服务模式下的听障儿童由于班级人数少，同伴能力普遍弱，所以社会互动环境和机会较为不足，不过可以通过"对口活动"的方式安排听障儿童与健听儿童互动。

3) 机构中心服务模式。目前，国内对听障儿童实施的康复服务多属于机构中心模式，被服务的对象多以 0~6 岁听障儿童为主。除了各级残联主办的康复机构以外，也有相当比例的机构属于民办公助、公办民营，或是政府购买服务的民办非企业机构。凡是被评定接受为听障儿童康复救助项目的定点机构，无论在机构的结构质量要素（如办园资质、自我管理、基础设施配备、人员队伍建设），还是在机构的服务过程质量要素（如听力学服务、康复教学服务、社区服务），以及机构服务效果质量要素（如家长满意、个体听语康复质量、整体入普小普幼率）方面皆达到准入标准。该类机构都已接受中国听力语言康复研究中心（原中国聋儿康复研究中心）主导的"听障儿童全面康复"教改轮训，除了为听障儿童提供直接的学前教育教学、听能管理、听觉口语训练、言语矫治以及精神心理干预等服务外，还为其家长和家庭提供亲职教育培训指导、团体心理辅导与专业咨商等不同程度的支持性服务。机构中心服务模式主要提供时段制和日托制两种服务方式。

无论是时段制还是日托制中个别化训练课程都以听觉口语法为主导康复方法，并强调家长参与同训。通常情况下，父母或监护人与听障儿童按照机构所安排的时间前往接受服务，个别化训练课程每次至少为 30 min 至 1 h。服务频次一般由机构根据听障儿童个体首堂评估或持续评估并结合家长的意愿给出。接受日托制康复的听障儿童，普遍为一天 1 次，一周 5 次。有额外需求的家庭还可向机构提出特别申请。除了个别化训练课程之外，日托制下的其他课程内容和活动作息与普通幼儿园的课程要求大同小异，只是单位教学时间内的内容会简化。教室环境除了需要符合学前教育幼儿园教室环境创设的要求与标准以外，更强调教室声学环境优化。相对于其他模式而言，康复机构更具备各种不同专业背景知识和技能的训练人员，更易于以合作的方式协调不同专业间的智力资源，为受训的听障儿童及其家庭提供整体性康复服务，解决听障儿童所面临的发展性问题。

4）融合教育服务模式。20 世纪 70 年代后，越来越多的国家仿效英美的做法，对特殊教育进行改革，使"一体化""回归主流"成为国际特殊教育的潮流。无论一体化、正常化、回归主流，还是 20 世纪 90 年代的全纳教育，其本质都是一致的，这就是融合。正因如此，有的译者就把"Integration Education""Inclusion Education"翻译成"融合教育"。大部分的融合教育模式是在普通学校或普通幼儿园的普通班中进行的。听障儿童"随班就读"就是体现中国特色的融合教育。但是，由于融合教育学校自身所需的专业资源（专业团队、资源教室等）支持的缺失，目前多数听障儿童的"随班就读"更像是"随班就座"或是"随班混读"。为了解决融合教育学校自身专业资源的不足，教育系统多采用专业人员巡回辅导服务方式，通常每周一次，作为听障儿童随班就读的支持性服务补充，提供专业辅导，以协助普校或普幼的教师教导听障儿童。但是，代表着融合教育显著特征的组成部分并没有得到充分的落实，我国听障儿童的融合教育模式还有着很大完善和发展的空间。

5）家庭本位服务模式。随着家长团体为听障儿童权益的努力争取和相关政策措施的出台等多因素的影响，听障儿童的家长逐渐受到重视，并被接纳视为重要的康复资源。自进入 21 世纪以来，以家庭为本位的康复模式有了更清晰的界定，可根据家庭意识、中心定位与处理能力水平由低到高分为四种类型（Dunst & Trivette，1996；Dunst，Johanson，Trivette & Hamby，1991；Rhoades，2010）：

①专家中心式。家庭的能力不足，因而有赖于专家或个别化教师以专业观点决定家庭需求和满足需求的方法。

②家庭联合式。家庭能力略佳，可以在专家或个别化教师指导下执行相关改善活动，只是需求、下一阶段的目标与方法仍多需要依赖专家来评定。

③家庭焦点模式。家庭相对较有能力来执行和选择改善活动，能与专家或个别化教师共商阶段目标与方法，专家或个别化教师则只是促进家庭选用相关的专业服务。

④家庭中心式。专家或个别化教师视家庭为伙伴，介入计划具备个别化与弹性，且依家庭认定的需求而设计，介入目标通常设定为增强与支持家庭功能上，专家或个别化教师的角色依据家庭需求或家庭决定而定。随着中文听觉口语法的推广，家庭本位框架下的家庭中心模式正在逐步成为我国小龄听障儿童康复服务的重要模式。

(2) 基于具体康复方法不同的康复服务模式分类

在两百余年特殊教育与临床康复实践的探索过程之中，由于理念不同以及不同阶段科技发展水平的影响，听障儿童的康复围绕着沟通与语言教学逐步形成了一系列具有代表性的语言康复方法，除了人们熟悉的手语法（Sign Language）以外，还发展出了听觉口语法（Auditory Verbal Therapy, AVT）、听话口说法（Auditory-Oral, AO）、暗示口语法（Cued Speech）、全面交流法（Total Communication）、以及双语双文化法（Bilingual and Bicultural）等。因此，听障儿童的康复，也会因服务提供者所采用的主导方法不同而区分为不同的康复模式。

1）听觉口语法。听觉口语法是一套协助听障儿童发展听说能力的方法体系。它强调早期发展、佩戴助听辅具、家长参与、"一对一"式的教学、规避或降低说话时的视觉提示、经常性的听能评估与及早融入普通学校（Erber, 2009）。时至20世纪中叶，随着科技的发展与专业人才的兴起，听觉口语法正式推广开来。该方法以发展有声语言和沟通技巧使听障儿童融入听力社会作为主要目标。在听觉能力获得方面，主张及早地、持续地和成功地使用助听辅具（如助听器、人工耳蜗、FM调频系统）是这种方法的关键；在接受性语言发展方面，主张听障儿童借助坚持并成功地使用个体助听设备，可以学会说话；在表达性语言方面，强调发展孩子的有声语言表达，也要发展其书写能力；在家庭履责方面，强调发展儿童的语言是家庭的基本责任，期望父母能将听语训练持续地融入听障儿童的日常生活和游戏活动之中。因此，作为听障儿童的父母必须为孩子提供一个丰富的语言环境，确保全天都在使用助听辅具，确保聆听成为孩子获得全部有意义经验的一部分。该方法模式要求听障儿童父母要深度参与，以便他们学会相应的技能、技巧，成为听障孩子自然学习与听语训练教导者。这一方法模式与其他的听觉口语教育方法相比，最大的差异在于对听障儿童父母或主要监护人的角色定位的不同。

2）听话口说法。听话口说法也是针对听障儿童实施听觉口语教育方法的一种。采用听话口说法模式者，把发展听障儿童融入听力社会所必需的言语和沟通技巧作为自己的根本性目标。同样强调借助助听设备最大限度地利用听障儿童的残余听力，使用读语方式来帮助孩子实现交流。尽管支持自然手势的使用，但不鼓励任何手语交流。在听觉能力获得方面，它也主张及早并坚持使用助听辅具（如助听器、人工耳蜗、FM调频系统）是此种方法的关键；在接受性语言发展方面，它主张通过及早地并持续、成功使用助听设备与读语训练相结合，听障儿童就可能会讲会说；在表达性语言发面，同样强调既要发展孩子的有声语言表达，也要发展其书写能力；在家庭履责方面，与听觉口语法模式的主张基本相同，也要求家长的高度参与。所不同的在于它并没有突出强调父母应成为听障孩子自然学习与听语训练教导者，只是提醒家长应在康复训练过程中，突出强化听障儿童的听力发展、读语和言语技能。

3）暗示口语法。暗示口语法其实质是一种凭借手型（handshapes）线索辅助呈现不同言语发音的视觉交流方法。与人讲话时，借助手型辅助线索可以使人看清正在说的话。这一方法有助于听障儿童区分相同唇形的语音。该模式采用者，亦将融入听力社会所必需的发展言语和沟通技巧作为主要目标。在听觉能力获得方面，强烈建议使用助听设备，最大限度地利用残余听力；在表达性语言发面认为，听障儿童通过使用助听设备、读语和使用呈现不同语音的手型线索是能够学会讲话的；在家庭履责方面，该模式认为家长是听障儿童学会暗示口语法的基础教师。父母中至少一人（应该两人）必须学会此法，在与孩子进行交谈时，能流利地使用手型线索促进孩子适龄言语与语言的发展。为此，该模式提供授课教师通过班级教学帮助家长学会暗示口语的方法，但要求家长必须花费大量的时间进行练习，才能熟练地使用手型线索呈现不同言语发音的视觉信息。

4）全面交流法。全面交流法也被称为综合沟通法或者综合交际法。此种模式并不倾向于哪种沟通方法，而是综合运用手语法、手指法、口语法、读语法、体态语言等方法开展康复教学。其将为听障儿童提供一个与同伴、老师和家庭之间容易的、最少受限制的信息沟通交流的方法作为根本目标。特别强调口语与手语同时呈现有利于听障儿童运用其中的一种或两种方式进行交流。在家庭履责方面，该模式认为家长至少有一人，但最好是所有家庭成员，应该选择学习一种视觉语言系统（如手语），通过充分的交流来发展孩子的适龄语言。同时提示家长，掌握手语词汇和语言是一个长期的、持续的过程。随着孩子表达需求的扩大，手语表达也会变得更为复杂，家长应为孩子提供一个有益于刺激语言学习环境，即鼓励听障儿童坚持使用助听设备，与其说话时更应坚持不懈地同步配以手语，流畅的手语使用应成为家长与孩子日常交流的一部分。

5）双语双文化法。双语双文化法在特殊教育法范畴也称为双语教学法，是指在聋校教育中让学生学会聋人手语和本国语（包括书面语和口语），能使用这两种语言学习文化知识，能用两种语言进行交流，成为"平衡的双语使用者"。双语双文化模式主张应将"聋"看作一种文化和语言的差异，而不是将它看作是一种残疾。聋人手语（而非手势汉语）是聋人交往的最自然、最流畅的语言，因而也是聋人最喜欢的语言。故而，该模式强调聋人自然手语应作为聋童的第一语言，健听人使用的本国语言应作为聋童学习的第二语言。该模式主要是在聋校实施，针对在校就读的全聋和重度听力障碍的儿童。只要家长同意，其他听障儿童本人愿意，经过申请，也可以在资源教师的帮助下学习聋人手语。该模式与聋校原有的手语教学的最大不同在于十分强调聋人教师的参与，需要聋人教师和健听教师的共同配合来完成双语教学任务。缺少聋人教师的配合，双语教学是不完全的，也是不纯正的。目前，有关聋双语模式教学有效性的实证研究仍不够丰富，人们对它还持有不同的看法。

总而言之，听障儿童是一个个体差异显著的特殊群体，到目前为止并没有哪一种方法或模式能够适合所有的听障儿童。但是有一点是肯定的，在康复教育实践中应该把听障儿童的个性化需求放在首位，根据其个体能力基础和特殊需要，灵活而适宜地选择相应的康复模式或方法，才能真正促进听障儿童的发展。

2. 儿童听力语言康复的组织与实施

（1）儿童听力语言训练的组织与实施

广义的训练是指人有意识地使学习者发生生理反应，形成动力定型和个性心理特征，从而改变学习者素质、技能、能力的活动。狭义的训练是指教育者通过练习、实验、实习等实践活动，引导学习者巩固和完善知识、技能和技巧的方法。从教育学方法论角度，以训练为主的教学方法主要包括练习法、实验法和实习作业法。对听障儿童的言语训练其实质是练习，即教师利用结构化的语言材料引导学生运用语言知识去完成一定的言语操作，以巩固语言知识，形成言语技能、技巧的方法。这种练习具有不同的分类：按照训练场地的不同，可以分为课室练习、家庭练习；按照训练组织方式的不同，可以分为集体练习、组别练习、个别练习；按照训练形式的不同，可以分为口头练习、书面练习和实际操作练习；按照发展技能领域的不同，可以分为心智技能练习、动作技能练习、行为习惯练习；按照学习者掌握言语技能、技巧进程的不同，可以分为模仿性练习、独立性练习、创造性练习；按照听觉言语技能发展领域的不同，又可以分为听觉练习、说话练习、语言练习、认知练习、沟通练习，等等。无论哪种划分方法，作为练习法的本质要求是一致的。

1）明确练习的目的和要求，掌握练习的原理和方法。任何练习都应以一定的理论为基础，都要掌握一定的程序、规范、要领和关键，才能提高练习的目的性和自觉性，保证练习的质量，防止练习中可能出现的盲目性。

2）循序渐进，逐步提高。在练习的数量、质量、难度、速度、独立程度和熟练程度、综合应用与创造性上，对学习者都应有计划地提出要求，引导其由易到难逐步提高，达到熟练、完善。

3）严格要求。无论哪种练习，都要严肃认真，要求学习者一丝不苟、刻苦练习、精益求精，具有创造性。

(2) 儿童听力语言学习的组织与实施

听障儿童语言学习的有效组织可理解为在学校环境中，在教师的指导下，有目的、有计划、系统地促进听障儿童作为学习的主体获取语言知识和掌握语用技能的过程。专门性的教育是语言学习的一种重要形式。对听障儿童进行的专门的语言教育，是为其提供与语言进行充分互动的环境，使他们有机会对在日常生活中获得的零碎语言经验进行提炼和深化，达到对语言规则的理解和有意识地运用。专门的语言教育是根据既定的语言教育目标，有计划地安排和组织听障儿童在已有的语言水平基础上的系统学习语言和发展语言能力的过程。专门的语言教育与以上提及的专门性听力语言训练相互促进，是保障听障儿童有声语言机能与基本技能得以恢复，同时更进一步促进他们的综合语言能力得以巩固和发展的重要手段。在听障儿童康复机构中，对听障儿童实施的语言教育同普通幼儿教育机构所实施的语言教育一样，它是为满足听障儿童语言能力发展的一般共同需要而设置的，也是通过专门的语言教育活动而实现的，包括基本语言教育活动、日常语言教育活动、渗透新语言教育活动三种类型。

(3) 儿童言语治疗的组织与实施

听障儿童语言学习的有效组织，除了有关"学"的组织和有关"习"的组织以外，在有些康复机构中，还涉及有关言语治疗方面的组织问题。言语治疗俗称言语矫治，即针对语言理解或语言表达能力与同龄者比较，有显著的偏差或迟缓现象而造成沟通困难的儿童或成人，表现出的构音异常、声音异常、语畅异常和语言发展异常，进行评定、诊断，制订矫治方案，采取专门化策略、手段、技术和方法，改善、修正、预防其不被期望或不被接受的言语或沟通行为、现象或是后果，使其言语、语言或是沟通能力得以明显改善的疗育过程。

言语矫治与语言训练相比较，二者既有区别又有联系。区别在于：第一，二者的服务对象不同。言语治疗针对的是语言理解、语言表达能力和语言发展上出现异常以至于造成沟通困难的学习者，而语言训练针对的是具备一定的语言基础而言语技能需要进一步巩固和提高的学习者。换言之，所有听障儿童不一定需要言语治疗，却可能需要语言训练。第二，各自的基本任务不同。言语治疗的基本任务是着重解决导致学习者语言异常的基础言语生理机能的恢复与异常言语行为的矫正问题，继而通过训练等手段持续改善其言语功能；而语言训练的首要任务则是着重解决在现有水平基础上的语言知识的巩固与言语技能的提高的问题，继而通过言语实践，发展其语言及言语的能力。第三，各自采取的手段不尽相同。针对因器质性病变导致的言语异常者言语治疗，往往更多地借助于医学的手段，而辅之以教育的手段，而语言训练则更多借助教育之练习的手段。第四，对执业人员的知识结构与技能结构要求不同。言语治疗需要专业执业者治疗师从事，在发达国家，必须受过高等专业教育，并经过资格认定。由于工作范围很广，治疗对象年龄跨度也很大，从婴幼儿到老人，语言障碍的性质和程度也各不相同，为此，必须具备多方面的专业知识、技能，如医学、语言学、心理学、特殊教育学等。而语言训练对从业人员的要求还没有统一的规定，相对专业化要求程度不高。言其联系，对于共同的语言学者而言，言语治疗为其提供了语言学习所必需的生理机能基础，也为其通过语言训练实现言语技能的巩固和提高奠定了前提条件。相反地，由于语言训练的实施而导致的言语技能的提高反过来又作用于言语治疗效果的改进，使其言语治疗追求的言语功能完善的目标得以实现。语言-言语异常者正是在言语矫治与语言训练的交互作用下最终实现了语言能力的提高。

七、儿童听力语言康复实施过程中应注意的问题

1. 坚定树立完整儿童观

"儿童是完整的，完整儿童是许多自我的组合，包括生理自我、情绪自我、社

会性自我、创造性自我和认知自我的组合,儿童的发展就是五个自我的整体全面的发展"(Hendrick,1980)。因此,为听障儿童所提供的康复教育必须立足于完整儿童观念,只有照顾到了完整儿童发展各个方面及其相互之间的关系,这种教育才能真正发挥其效能。所以,不能因听障儿童某一方面的特殊性便否定了他全面发展的可能与需要。

2. 认真贯彻全面发展的理念

促进和实现听障儿童的全面发展是"全面康复教育"的核心主旨思想。全面发展的观点是一种哲学精神,也是近代心理学研究应用于教育领域的结果。人的全面发展的内涵分为三个相互关联的层次,即身体和精神的全面发展,人的活动能力(首先是生产活动能力)的多方面发展,身体和精神的全面充分而自由的发展。然而,人的全面发展取决于全面发展教育的广度和深度,取决于教育内容反映人的发展的丰富性和全面性。因此合乎人道主义的康复教育,就应该把人的全面发展作为自己的目标。其中的任何康复教育活动和内容都应是全面发展的源泉。在这一核心主旨思想的指引下,"全面康复教育"实践必须贯彻的两个基本原则如下。

(1)"全面康复教育"的提供必须立足于正常儿童的成长和发展

即坚持把正常儿童一般发展的阶段特征、发展顺序和发展速度作为评估听障儿童是否特殊、存在何种特殊以及观察儿童进步状况的参照系。只有在完全把握了正常儿童的一般成长和发展规律的基础上,才能较好地了解到听障儿童的发展潜能、不足和进步。这就要求"全面康复教育"实践者,必须了解和掌握正常儿童的发展规律,尤其是正常儿童发展的一般顺序性和阶段性特征,并始终以正常儿童的发展标准指引"全面康复教育"实践的目的和方向。

(2)"全面康复教育"的实施必须保证听障儿童的全面发展

即所提供的康复教育既要满足听障儿童共性发展需要,又要满足听障儿童的特殊教育需要,并使其在满足两方面需要间达到平衡与协调。这里所说的共性发展的教育与满足特殊需要的教育间的平衡并非指两者在整个课程中的权重相等,而是两者的比例依听障儿童的不同需要种类和程度而变化。

3. 全面坚持评估先导的原则

评估是听障儿童听力语言康复教学过程中的一个重要环节,它为教学执行者实现教学反思提供重要的反馈信息。正常儿童教育需要评估,但总是较多地发生在教学实施之后,对集体儿童做出整体评估,以便了解和判断教育活动及其效果的优劣。听障儿童的康复教育由于其特殊性，更需要评估，不过它较多地发生在教学实施之前和课程实施之中，对总体和个体，全面发展和特性发展都需做出同等重要的评估。听障儿童的康复教育与健听儿童教育的区别在于，它以评估为开始，以评估为结束，是周而复始的螺旋式推进的诊断性教学过程。听障儿童的特殊教育需要给康复教学的实施与普通教学相比带来的特殊影响，主要表现在以下三个方面：一是教学目标的特殊性，即在儿童全面发展的一般目标的基础上同时建立并满足听障儿童群体或个体特殊教育需要的目标。但任何特殊教育需要的目标都必须在方向上与教育的一般目标保持一致，以促进听障儿童的全面发展；二是教学内容的特殊性，即听障儿童特殊教育的种类直接影响着教学中实现特殊目标的内容。虽然有人越来越反对给特殊儿童加上标签进行分类，但为了教育的针对性，教学仍不得不考虑听障儿童特殊教育需要的不同种类。根据美国课程专家威尔森（Mary Wilson）的建议"听障儿童能接受正常学校的课程，但因为他们有额外的学习任务，因此需延长他们在学校的时间或为他们的后续教育安排延续一贯的课程"；三是特殊教育需要的程度影响着教学中一般目标、内容和特殊目标、内容间的比例及有效实施课程的环境。反映在教学课程的安排上则是全面康复教学课程与特殊课程（听觉训练、语言学习、言语训练、言语治疗等）之间存在不同的比例。特殊性越轻，满足特殊需要的特殊课程越少，课程越接近正常儿童的课程，合理实施课程的环境也越同于正常教育环境；特殊性越重，满足特殊需要的特殊课程越多，促进儿童全面康复的课程越少，有效实施全面康复教学的环境的限制越多。但不管特殊性有多严重，特殊儿童都有权利和能力或多或少地接受一般课程。这就需要教学实施者不断进行评估，根据评估的结果和教育对象的实际行为表现，做出合理的、动态调整，以求得全面康复教学课程与特殊课程之间比例的协调与平衡。

4. 正确处理"教学"与"训练"的关系

听障儿童与健听儿童一样，其各项能力的发展在先天遗传条件的基础上，得益于后天环境（康复教育）的影响。而"教学"与"训练"则是康复教育过程中能够施予影响的两个重要方面。发展听障儿童的各项能力，不仅要有早期康复教学，还要有早期康复训练。"教学"与"训练"是统一和有机联系的整体。但也有区别，区别在于两者的具体任务、侧重点和方法不同。"康复教学"的主要任务是使听障儿童掌握必要的知识、技能、技术等；而"康复训练"的主要任务则是提高已掌握知识、技能、技术等的应用水平。例如，教听障儿童感知声音的有无，通过"示范—模仿"的方法帮助听障儿童学会"听声放物"的技巧,这就是康复教学,其目的是让他们掌握表示"声音有无"的方法;但再要求他们利用上述方法,通过尝试操作,达到能判断出不同环境噪声背景下不同物理属性声音有无的水平时,康复教学已转变为康复训练。可见,由于各自的任务不同,采用的方法也就有所不同。但"康复教学"和"康复训练"是在统一的发展听障儿童各项能力的教育过程中进行的,因此两者不能截然分开,只是各有所侧重而已。

5. 科学选择与修正康复教学目标

教学目标的选择与设定,是教育教学工作的首要环节,它将影响到整个教学进程。按正常发展顺序来确定教育目标,但这些目标不是既定的听障儿童的康复教学目标,这是因为,由于听障儿童某方面的特殊性的存在,许多被选定的目标必须经过修改,根据功能法来调整正常发展顺序的目标以满足听障儿童的特殊化的教育需要。具体步骤与方法如下。

(1)依据已经掌握的听障儿童已有的发展水平基础,找出其在下一步环境中所必需的技能。

1)对下一步安置环境做一个简明的"预测"。如让听障儿童花几天的时间待在他的下一步安置环境中,这可以帮助我们精确地找出问题所在,从而为确定目标提供指南。

2)追踪调查那些已进入下一步安置环境中的听障儿童。这包括与教师、家长交谈,从而保证他们更成功地过渡所需的那些技能。

3)收集确实运用于下一步安置环境中的生存的具体目标信息。如对听障儿童一天活动的观察分析,可以帮助教师列出所需能力表,或帮助按顺序排列出常需要和不常需要的技能。这对目标的安排顺序极其重要。

(2)以正在使用或借鉴的指导教材提供的学期、月、周及具体教学活动中的教学目标示范为参照,以依据上述功能法了解到听障儿童特殊教育需要为参量,对提供的学期、月、周和具体教学活动的示范目标进行调整与修订。目标的调整与修订包括三个层次的内容:一是目标的水平,二是目标的顺序,三是目标的具体内容要求。为确保教学目标制定的科学性,目标的调整与修订工作应邀请集体教学教师、听力医师、听觉口语教师、言语矫治师共同参加,形成一致的意见。

(3)在上述讨论基础上,对经过调整和修订后的目标重新进行汇总整理,以最终完成阶段教学目标的确定。当然,在阶段教学过程中,还可结合对教学对象的实际观察和"进行性"评估,对既定的教学目标再进行修正。而修正的前提条件是必须有足够的证据保证既定教学目标的实现困难非教学因素所致（如教学方法、教学技巧或教学时间安排、家长配合程度或特殊专业支撑强度、效果等），而完全出于听障儿童自身能力基础和水平因素。

6. 合理建构与确定教学、训练内容

听障儿童在康复机构时间是有限的，有效学习时间更有限。因此，面对众多的学习内容，要求教学执行者必须进行精心筛选，根据已制定的目标，找出其必须学习的最基本内容。有关教育的研究表明：教学内容包括知识、技能、态度、经验四因素；各因素都包含功能水平和情境水平的具体内容，各水平和各因素又具有必学、该学和可学三个不同层次。所以，为听障儿童选择学习内容时，必须认真分析和精选。

第一，根据既定的教学目标将听障儿童学习内容按照知识、技能、态度、经验构成人类学习内容的四因素重新进行分类、合并与归纳，明确具体的内容范畴。

第二，利用正在借鉴或使用的教材提供的相关教学活动列表，将符合上一步明确的具体内容范畴的示范活动勾选出来，结合具体的教学活动进行逐一研读。

第三，在对具体教学活动研读基础上，从习得的角度确定该时段内教学内容学习的具体水平。这是因为，教学内容并非以同样的方式、同等的水平和同样的状态被习得。学习具有不同的种类，有些学习被认为是基础的、重要的，并且可用精确的词汇来定义的，它的进行依靠行为方法；另外一些学习较难于观察或描述，它包括情感、判断或解决问题的思维程序，其学习结果不能简单地用"能"和"不能"来加以判定，而要通过教师和儿童间的相互作用来接近、建构、同化、提炼和概括。这就需要把拟教的教学内容分成以下三个重要性层次不同的范畴。

（1）必学的（must be learned）：是学习者必须掌握的、重要的、必须的内容。

（2）该学的（should be learned）：这个范畴的内容必须在必学部分被牢固地掌握以后才学习。

（3）可学的（could be learned）：这是最不重要的范畴，它的学习须在学习者掌握前两部分的内容之后才开始。

7. 严格落实康复教学的组织与实施

在教学内容与教学计划确定之后，接下来就是要进行教学的组织实施。但不管以什么方式来组织听障儿童的教学内容，都要遵循整合的原则。整合化是教学系统组织、产生整体功能的客观要求。系统科学认为，任何系统只有通过相互联系形成的整体，才能发挥整体的动能。一般地说，整体功能大于各部分功能之和。

听障儿童教学的组织与实施所遵循的整合原则主要体现在以下三个方面。

(1) 教学内容的整合

即尽可能将语言、教学、音乐、体育、美术等方面的内容按某一合理方式有机地整合在一起,其中满足特殊需要的内容尤其应整合于全面发展的内容之中。如在实施科学领域教育活动时,也应选择有利于听语学习的内容为主导线索,带动其全面发展需要的学习内容。

(2) 教学实施形式的整合

各种类别的游戏、上课、劳动、休闲、日常生活以及集体教学、小组教学、个别辅导各有其特殊的教育作用,在计划时应整体安排,使其为了一个共同的目的既能较好地发挥各自的作用,又能构成一个协调整体而发挥良好功能。

(3) 教学实施过程的整合

教学的实施总是以一个接一个的活动来完成。而一个全面的活动就是一个生成的活动,它使活动者在活动时伴随着智力与体力的支出,伴随着心理的满足,获得有机的全面发展。

此外,特别需要注意的是:个别教育(听觉训练、语言学习、言语训练、言语治疗等)方案大多是在确定集体的教育目标、内容后,根据集体的教育目标、内容及个体的发展状况进行选择和改编而成的,因此它应放在整体课程内容组织实施的过程中去考虑。做到这一点,就真正实现了全面发展教学与个别化训练的有机衔接。

8. 深刻把握和贯彻听觉口语法的思想精髓

听觉训练、语言学习、语言训练以及言语治疗,在康复教学实践都是以单训的组织形式出现的,与听觉口语法教学(Auditory Verbal Therapy,AVT)同属个别化教育范畴,都是个别化教育思想的一种形式展现。单从"一对一"教学实施的形态来看,二者差别不大。但是,要从个别化教育所应具备的特征上去考察,严格地讲,"单训"或"个训"更属于"个别教学",从现有教学实施的内容和水平来看,更像是集体教学任务的"个别教学实践"。缺乏的是对个别化教育思想贯彻要件(如实施途径、原则、目的、方式、方法、技术、手段和效果检验标准等)的系统论述与组织管理的说明。而具备上述要件的个别化教育思想实施的载体,在特殊教育领域有个专门的术语称之为"个别化教育计划(IEP)"。它是一种根据残疾儿童身心特征和实际需要制定的针对每个残疾儿童实施的教育方案。既是残疾儿童教育和身心全面发展的一个总体构想,又是对他们进行教育教学工作的指南性文件。从这一角度来看,"AVT"教学应属于"个别化教育计划",是一种根据听障儿童身心特征和听语发展需要制订的针对每个个体实施的教育方案。相对于以前的"单训"或"个训"更具备专业化与规范化、个别化教育的内涵。如果再进一步从具体教学活动类型角度分析,"单训"或"个训"所依托的是一种"以教师为导向的教学活动",体现的是"直接教学"的指导思想;而"AVT"教学强调的是家长参与的作用,所依托的是一种"以家长为导向的教学活动",体现的是"传导教学"的思想理念,它要通过"告知—示范—参与—反馈"四个连续的环节完成既定的教学目标。当家长不在时,教学活动就会转而成为"以教师为导向的教学活动",教学任务则通过教师的"一对一"的直接教学来完成。相比而言,"AVT"教学教师除了具备听觉口语法直接教学的方法与技巧之外,还要具备与家长进行沟通,实施"传导教学"的方法与技巧。从这一层面的分析来看,要想使"单训"或"个训"形式真正具备个别化教育之实,必须全面、系统、深刻地学习和把握"AVT"教学的思想精髓,提升家长在康复教学中的作用效能,使康复教学取得事半功倍的效果。

培训课程 3

耳及听力保健常识

耳是人体生理系统中一个非常重要的器官,包括外耳、中耳和内耳三个部分,外耳的主要功能是收集声音并将其传递到鼓膜。中耳起传音作用,将空气中的声波传入内耳,内耳有感音作用,将声音的机械振动能量转变为神经冲动,传入听觉中枢,引起听觉。外耳、中耳和内耳中的任一部分受到损害,都有可能引起听力障碍,其一旦发生,将会对患者的工作、生活和精神造成极大的、甚至是终身的痛苦。因此,平时注意耳的保健,了解听力保健常识,对预防耳病的发生,保持正常的听力,具有重要的意义。

一、外耳和中耳的保健

1. 外耳保健

外耳包括耳郭和外耳道。耳郭位于头部两侧,皮肤菲薄,皮下组织少,血管表浅,加之耳郭属于身体的外露部分,容易遭受外伤或冻伤。外伤可引起血管破裂,形成血肿,一旦血肿形成,难以自行吸收。同时耳郭软骨抗感染能力差,一旦感染,容易因软骨坏死而导致耳郭畸形。在遇冷,特别在寒冷空气中暴露过久,可发生冻伤,导致局部缺血,如发生严重冻伤,则可使耳郭,特别是耳郭边缘,呈现干性坏死,变成耳郭缺损。因此在外耳的保健中,要注意防止耳郭的外伤和冻伤。在寒冷的天气中,尤其在室外活动或工作时,应戴棉制或毛制的耳罩保护,对于一些怕冷及末梢循环不良的人,更应注意外耳的保暖。如已冻伤,不能立即直接返回热室内、用热毛巾或热水袋急速局部加温,应用干净的双手掌轻轻按摩耳郭,切忌用力揉搓,使温度逐渐回升到正常,防止耳郭坏死。如果已经发生了冻疮,可用冻疮膏贴敷局部,如有溃疡或坏死者,可加用抗生素类药物,防止感染。同时耳郭又是耳针治疗的针刺部位,对于一些爱美、时尚的年轻人来说,常常在耳郭上打耳洞，在操作过程中必须注意严格的无菌操作，进行严密消毒，防止耳郭软骨膜炎的发生。

外耳道的保健中最重要的就是要纠正挖耳的不良习惯。人的耳道内有耵聍是正常的生理现象，是耳道皮肤正常分泌物结合皮屑等形成的。一般少量的屑状耵聍，会随运动时的震动和下颌运动自行排出，不需特别清理。但很多人却有挖耳的不良习惯，经常喜欢用发卡、火柴杆等物挖耳，容易造成耳道壁的损伤，如果用力不当可引起外耳道感染，导致外耳道疖肿、发炎、溃烂，还有可能伤及鼓膜或听小骨，造成鼓膜穿孔，影响听力。特别是老年人，耳郭的弹性和韧性降低，软骨部的耵聍腺分泌增多，耳道内的脂肪相应减少，耵聍容易浓缩、变硬，加之外耳道皮肤非常薄，取耵聍时如果不注意，很容易伤及骨性外耳道。正确的办法是切忌随意挖耳朵，如分泌旺盛导致耵聍栓塞，要到正规医院让医生用专门的工具予以清除，如耵聍较硬，可先用耵聍液将其泡软，再予以清除。如有些人经常感觉耳朵里痒，可用棉花浸上75%乙醇或3%硼酸乙醇涂擦，不但止痒还能杀菌，但不要太往里伸。另外在日常生活中有时会遇到蚊子、苍蝇、蚂蚁等小虫飞进或爬入耳道，这时可用注射器抽水冲洗耳道，冲出小虫，或用酒（或油）滴入耳内，将小虫淹毙，再用器械取出。同时要预防意外伤害，教育儿童在玩耍时不要将珠子、豆类、果核等异物塞入耳道。洗澡或游泳时要避免脏水进入耳朵，游泳时最好戴上耳塞防止耳道进水，一旦进水后可侧头单腿跳数次，水将自动流出，再用干净的医用棉花轻轻擦拭耳道即可。

2. 中耳保健

中耳包括鼓室、咽鼓管、鼓窦及乳突四部分。咽鼓管是沟通鼓室与鼻咽腔的唯一通气管道，一般情况下咽鼓管处于闭合状态，鼻咽部液体不会倒流入耳内，只有在吞咽、打哈欠或用力擤鼻，偶尔在咀嚼与喷嚏时，咽鼓管可处于瞬间开放状态，调节鼓室内压力，使之与外界平衡，这时鼻咽部液体可倒流入耳内，如果细菌或病毒通过咽鼓管进入中耳，就会导致中耳炎的发生，引起耳痛、暂时性听力下降等并发症。由此可见，预防中耳炎在中耳保健中是非常重要的。

（1）做好鼻腔保健

1) 及时治疗急性上呼吸道感染、慢性鼻炎、鼻窦炎、扁桃体炎、腺样体肥大等症。应积极抗感染及对症治疗，注意保持患者口腔、鼻腔和咽部卫生。尤其是婴幼儿，由于小儿咽鼓管的长度仅为成人的一半，几乎为水平位，较短，管腔较大，峡部相对较宽，鼻咽部的咽口仅呈简单的裂隙状，鼻咽部炎症容易经咽鼓管侵入鼓室而引起急性中耳炎。因此，对于儿童急性上呼吸道感染，一定要及时彻底地治疗。若有鼻堵塞，可用0.5%麻黄碱生理盐水滴鼻。若为卧床的婴幼儿，则应时常变换体位，避免分泌物蓄积在鼻咽腔。

2）训练正确的擤鼻法。用手指先堵住一侧鼻孔，将另一侧鼻腔内的分泌物擤出，再如此法擤另一侧。若鼻堵和分泌物多而不易擤出，应先用麻黄碱滴鼻或喷入鼻腔，3~5 min后再按上述方法擤鼻。切勿同时捏住左右鼻孔以后再擤，以免将鼻腔内的分泌物驱入中耳腔内而引发中耳炎。

3）保持咽鼓管的通畅，对咽鼓管狭窄者，应及时治疗。

4）积极锻炼身体，加强营养，增强体质，预防上呼吸道感染。

5）鼻部或鼻咽部手术时所用的填塞物应及时清除。

（2）防止外耳道的感染进入中耳

当鼓膜发生外伤性穿孔后，切忌用冲洗法去除外耳道内的血液或血块，外耳道口应用消毒棉球堵塞，以防细菌侵入鼓室，忌用滴耳剂，应立即去正规医院进行严格的无菌操作。干性穿孔者必须防止液体进入耳内，及时进行鼓膜修补术，以防继发感染。

（3）其他

1）在给婴儿喂奶时，要掌握正确的方法，不要在婴儿哭闹中喂奶，如果采用母乳喂养方式，应把婴儿抱起来，取半卧位，喂完后，让婴儿头部趴在母亲肩膀上，轻轻拍打婴儿后背。如果采用人工喂养，用奶瓶喂奶时不可取平躺仰卧位，应抱起婴儿如坐位，奶瓶不宜举得太高，奶嘴也不宜太大，一旦发现奶嘴太大，就要及时更换，喂完奶后不应立即平躺。

2）唇腭裂患者因咽鼓管功能不良，化脓性及非化脓性中耳炎发病率较高，因此要及时进行整复手术，减少中耳并发症。

3）小儿患麻疹、猩红热或流感等疾病时，身体抵抗力低下，咽鼓管和中耳黏膜抗感染的防御机制受到抑制，容易发生中耳感染，因此必须多饮水，注意口腔卫生，必要时应用硼酸水清洗口腔。

4）在乘飞机时要反复做张嘴和吞咽动作，或者嚼几粒干果或口香糖，使咽鼓管常开，调节中耳内外气压变化，减少气压损伤性中耳炎的发生。有咽鼓管功能障碍者则不宜乘坐飞机。另外在游泳跳水时，也应掌握正确的姿势，防止气压变化引起鼓膜穿孔。潜水运动时要特别注意，如果感到耳道不适，应用手捏住鼻子，用力向鼻腔内鼓气，使耳道内气压升高，抵消水的压力，如疼痛难忍，应立即上浮。

5）避免头部外伤，有些头部外伤特别是伤在耳部的外伤容易造成患者鼓膜穿孔，并发听力损害。因此在日常生活中要注意避免外伤。

二、内耳保健

近年来由于耳外科手术及治疗技术的迅猛发展，由外耳及中耳原因导致的传导性聋，以及部分混合性聋可以通过药物或手术治疗，使大多数患者能够获得听力或提高听力，但是由于内耳、听神经或听觉中枢病变所导致的感音神经性聋目前尚无有效的治疗方案，只能通过采取预防措施，做好内耳保健，控制听力损失的发生，延缓听力损失的发展。

1. 预防声损伤性听力损失

声损伤性听力损失是指由于声音引起的听觉器官的损伤，一次高强度脉冲噪声的瞬时暴露所引起的听觉损害称急性声损伤，因多见于爆震后故又叫爆震性聋。由长期持续性强噪声刺激引起者叫慢性声损伤，即噪声性聋。爆震性聋常见于从事各种爆破作业时，如开矿、建筑等。有时一些日常生活中的意外爆震，如煤气罐、高压锅、电视机等，也能导致爆震性聋，对爆震性聋的预防主要是对从事相关职业者进行宣传教育，让他们懂得相应的预防知识，平时佩戴防护用品，如耳塞、防噪声耳罩、防护帽等，一旦发生紧急事故，不要慌张，可将小手指塞于外耳道内，背向爆震源卧倒，张口呼吸减轻损伤的程度。损伤发生后要及时到医院进行相应的治疗，早期可用一些神经营养、细胞活性药，如维生素、辅酶等，改善微循环。噪声性耳聋早期表现为听觉疲劳，离开噪声环境后可以逐渐恢复，久之则难以恢复，最终导致感音神经性聋，严重影响患者的生活和工作，噪声性耳聋一旦形成，治疗非常困难，因此预防是极为重要的。

（1）工业企业中噪声性耳聋的预防保健

1999年卫生部下发了《工业企业职工听力保护规范》的通知，规范中明确提出了工业企业中职工听力保护的措施。

1）采取有效的工程控制措施，降低噪声强度，这是最积极最根本的办法。工程措施包括设置隔声监控室、对强噪声机组安装隔声罩、作业场所的吸声处理以及在声源或声通路上装配消声器和对设备的隔振处理等。在管理上应当特别注意选用低噪声设备、零部件和新工艺流程，替代旧的强噪声设备、零部件和生产工艺，定期对设备进行维修保养。

2）护耳器的使用。常用的护耳器有耳塞、耳罩、隔声帽等三类，其效能各有不同。耳罩在降音效能和舒适性上都较耳塞为佳，但其体积较大，不太方便，而且因已戴用其他防护面罩而无法使用，耳罩与耳塞联合应用，可增加防护效能。使用护耳器前应进行耳镜及听力学检查，用后要保持干净。

3）听力测试与评定。就业前应检查听力，患有感音神经性聋和噪声敏感者，应避免在强噪声环境中工作。对接触噪声者，应定期检查听力，及时发现早期的听力损伤。一旦有相关症状应争取早期治疗，服用维生素 B_1、血管扩张剂，进行高压氧等治疗，如治疗无效可佩戴助听器。

4）噪声监测。企业应当每年对作业场所噪声及职工噪声暴露情况至少进行一次监测。在作业场所的噪声水平可能发生改变时，应当及时监测变化情况。

5）减少暴露时间。减少每日、每周的接触噪声时间，还可根据实际情况轮换工种。

6）加强职工职业防护培训，档案内保存听力记录，以便随时查阅。

（2）日常生活中噪声性耳聋的预防保健

尽量少用大音量听音乐，尤其是 MP3。使用耳机收听时，注意不要把音量调得太大，使用耳机的时间每次不要超过一个小时，如果持续使用耳机，应该每隔半小时拿掉耳机，让耳朵适当休息一下，同时耳机要选择质量好、杂音小以及音量可自由灵活调控的。尽量少置身于电动游乐场、KTV、迪厅和酒吧等噪声环境。远离"蹦迪"、放爆竹等超高分贝的场所；家庭影院中的音响音量也应适当控制。当有耳鸣或听力下降症状时，应及时就诊，请医生检查。

2. 预防药物性聋

药物性耳聋是指使用药物不当导致第Ⅷ对脑神经的终末器官即耳蜗和前庭损伤，导致感音神经性聋和（或）前庭功能障碍。目前已经发现的耳毒性药物有100多种，常见的有以下几类：第一类为抗生素，主要是氨基糖苷类抗生素，如庆大霉素、卡那霉素、新霉素和链霉素等，除了氨基糖苷类抗生素外，还有一些其他的抗生素也具有耳毒性，如丁胺卡那霉素、小诺霉素、红霉素、氯霉素、四环素、多粘菌素、万古霉素、利福平等均可引起耳毒性；第二类为利尿药，如速尿、利尿酸、丁尿胺等；第三类为抗肿瘤药，如顺氯胺铂、长春新碱和氮芥等；第四类为解热镇痛药，最常见的是阿司匹林；第五类为抗疟疾类药物，如奎宁、氯奎等。除此之外还有镇静、催眠类药物如苯巴比妥等，重金属制剂如砷、铅、汞剂等，避孕类如萘普生等也都可以致聋。药物性耳聋一旦发生，通常是不可逆转的，因此，对药物性耳聋的预防保健工作非常重要，要做好药物性耳聋的听力保健工作，主要从以下几方面考虑。

（1）卫生行政部门应加强耳毒性药品的管理，严厉打击制造、销售伪劣药品的违法行为，加强药品质量的监督检验工作，对已批准使用的耳毒性药品要严格限制临床使用范围、用法、用量。同时要加强对医务人员进行合理用药、安全用药的培训，建立完善药品不良反应的报告制度。

（2）用药前应详细询问病史，了解患者本人及其家人对这类药物的过敏史及中毒反应史，有此类病史者，不应使用。

（3）必须了解和掌握药物的性能和耳毒性作用，严格按照药品的适应证，正确地选择药物，婴幼儿禁用耳毒性药物。在使用耳毒性药物时，必须根据患者的年龄、性别、肝肾功能和病理状况，严格控制用药剂量、疗程，最好能做到剂量个体化。老年、原有听力损伤、肾功能不良的患者和噪声环境下的工作人员应慎用耳毒性药物。耳毒性药物的局部用药也要十分谨慎，已有不少临床资料和动物实验均证明，庆大霉素、链霉素等耳毒性药物即使局部应用，也能从鼓室渗入内耳，引起耳蜗或前庭的损害。

（4）由于治疗需要，必须使用耳毒性药物时，应尽量选用耳毒性低的药物，并采用最小的有效剂量，疗程不宜太长，一般不超过 2 周。同时要严格控制联合用药的品种数，坚决防止两种或两种以上的耳毒性药物合并使用。

（5）在使用耳毒性药物期间，可以适当用一些维生素类药物以及一些氨基酸、辅酶等药物，这些药物在预防耳毒性药物中毒过程中有一定作用。同时要密切观察早期毒副作用的表现，有条件的地方应该进行高频听力监测或血药浓度监测。一旦发现患者有头痛、头晕、耳鸣或高频听力下降等早期症状，应立即停用耳毒性药物，及时就医，给予适当治疗。

（6）加强医学科普宣传工作，普及医药知识，提高广大消费者的科学文化素质和自我保护能力。

3. 预防气压性内耳损伤

炮震、爆炸和潜水等所引起的气压急剧变化均可产生内耳损伤，咽鼓管吹张时，中耳压力剧增也可损伤内耳。因此，在有气压急剧变化的环境中工作的人员必须采用护耳器或其他相应的防护设备，预防内耳损伤。

4. 预防老年性聋

老年性聋是指随着年龄的增长，逐渐发生的双耳对称性进行性听力下降，高频听力下降为主，言语识别得分降低，尤其在噪声环境下，老年人常会感到言语理解困难。该病与全身机体功能衰退、内耳微循环障碍密切相关。老年性耳聋虽属生理老化，但在发病过程中，年龄性老化并不是主要因素，饮食因素、环境因素、老年性疾病如高血压、冠心病、高血脂等、滥用耳毒性药物等均可加速老年性聋的恶化。老年性聋目前尚没有有效的药物治疗方案，因此预防就显得格外重要。要科学饮食，合理营养；忌"三高一低"（高糖、高盐、高胆固醇、低纤维素）饮食，在日常饮食中应多吃富含锌、铁元素和维生素 D 的食物，如瘦肉、黑木耳、豆类、虾、蘑菇、牡蛎和各种绿叶蔬菜等。可适当多吃些植物油，多吃一些降血脂的食物，如洋葱、大蒜、木耳、香菇、海带、鱼类、豆类、玉米、黄瓜、茄子、燕麦和奶类等，可口服维生素 C、维生素 E 等多种维生素片。戒除烟酒；注意劳逸结合，保持乐观情绪，多参与社会活动，多与人交往，保持轻松愉快的良好心态；经常参加力所能及体育锻炼，如散步、打太极拳等；经常按摩耳部穴位，老年人经常按摩风池穴、听会穴，宜每日早晚各按摩一次，每次 5~10 min，长期坚持下去即可见效；积极治疗可引起听力下降的疾病，如糖尿病、高血压、高血脂、动脉硬化等；可以在医生的指导下服用一些补肾气的药物，如六味地黄丸、金匮肾气丸、杞菊地黄丸等，也可常喝核桃粥、芝麻粥或花生粥等进行食补。加强宣传指导，定期检测听力。一旦出现听力下降，要在医师指导下及时治疗，鼓励他们尽早接受听力学服务。建立老年人听力筛查服务体系，早期发现听力损失，并以助听器进行早期干预，防止听力损失造成的生活质量下降。

5. 宣传优生优育

2006 年的统计结果显示，我国目前约有 2 780 万人患有听力障碍，仅 7 岁以下听障儿童就达 13.7 万之多。听力障碍不仅会影响孩子语言学习及与外界沟通的能力，也会造成日后对于认知、社会及情绪方面的不协调。如何减少新生儿中听障儿童的发病率，如何在语言发育的关键期阻止各种有害因素对听力的损伤，如何对听障儿童早期诊断、早期干预、使他们的语言发育接近或与健听儿童同步，则是优生优育工作的重点。

（1）遗传性耳聋的预防

遗传性耳聋是指由来自亲代的致聋基因或新发生的突变致聋基因所导致的听力障碍。在遗传性聋中，常染色体隐性遗传性耳聋占绝大部分，只有在纯合子基因型才会表现出来。要宣传优生优育，做好计划生育工作，依法杜绝近亲结婚，加强遗传咨询，不断完善基因诊断水平，开展遗传性耳聋的产前诊断，降低遗传性耳聋的发病率。疑有遗传性家族史者，夫妻双方要到医院进行遗传咨询，进行染色体和遗传基因的检查，查清遗传规律，提出预防措施，防止纯合子的发生。听障者之间的婚配要有遗传咨询师的指导，避免再次生育一个听障儿童。对于已经有了一个听障儿童的家庭，要第二胎之前，家长及听障儿童均应进行耳聋基因检测，指导生育第二胎，获得生育一个正常听力儿的机会。孕妇应在怀孕 10~12 周时进行胎儿耳聋基因检测。在小儿感音神经性耳聋中，有大约 35% 患儿为大前庭导水管综合征，本病与遗传有一定的关系。表现为儿童期波动性听力下降，外伤、噪声或感冒发热可导致听力突然下降，颞骨 CT 可明确诊断。这类患儿在日常生活中要尽量避免外伤、噪声或感冒发热等诱发因素，避免对抗性的体育活动，在语言形成的关键期，尽量保护残余听力，使患儿具有一定的听觉和语言能力。一旦听力损失突然加重，要及时到正规医院进行治疗，发病初期可按突发性聋治疗，无效者要佩戴助听器，严重者需植入人工耳蜗。

（2）胎儿期的听力保健

人类的听觉器官最早发生于妊娠的第 3 周。到了妊娠第 3 个月，鼓膜已经形成，妊娠 5 个月时，中耳的听小骨及鼓室的发育已初步完成，胎儿满 6 个月，就有听力了。由于引起听力损伤的高危因素中，大多与围产期的保健密切相关，所以听力保健的工作在妊娠期就应该开始。避免近亲结婚，计划妊娠；避免母亲慢性疾病或传染病对早期胚胎的影响；禁烟酒；增强自身体质，保证充足而全面的营养；适当活动，避免去过于拥挤的场所；保持良好的精神状态，情绪稳定，积极乐观；避免接触射线和噪声环境，一般不要接受预防注射；远离有毒物品，如：农药、铅、汞、镉和麻醉剂等，尤其是染发剂；与宠物隔离。尽量避免使用各类药物，如必须用药时，应在医生指导下使用，禁用耳毒性药物。避免孕期宫内感染，如巨细胞病毒、疱疹、弓形体病、风疹或梅毒等，母亲孕期感染是与新生儿听力损伤密切相关的重要高危因素，尤其在怀孕初期的 2~3 个月内，因为这一时期是耳蜗发育的关键时期，在此期间内，若母体感染，常导致孩子不可逆的听力损伤。病毒，特别是风疹病毒感染，出生后耳聋发生率在 50% 左右。如孕妇在妊娠 3~4 个月内感染风疹应考虑流产。在对胎儿进行音乐胎教时不要将传声器直接放在孕妇肚皮上，最好离肚皮 2 cm 左右。音频应该保持在 2 000 Hz 以下，音量保持在舒适的范围内，每次胎教的时间也不宜过长。最好选择听一些轻柔、优美、舒缓的音乐。

（3）做好新生儿听力筛查工作

新生儿听力筛查主要是指所有婴幼儿出生后都要接受使用客观生理学测试方

法的听力筛查,包括耳声发射(OAE)和听性脑干反应(ABR),目前是两者结合起来应用于新生儿听力筛查。已形成一套规范的诊断流程,包括初筛、复筛、随访、确诊和干预服务等。初筛、复筛利用耳声发射技术,初筛测试日龄为3~7日,在安静环境中进行,测试通过者进入1~3岁随访组,未通过者于出生后42天进行复筛,复筛通过进入随访组,仍未通过者则到指定的诊断机构或正规医院的耳鼻喉科进行全面的听力评估,包括听觉脑干诱发电位、行为测听、声阻抗、耳声发射等诊断性检查,明确听力损失的程度和性质。有些婴幼儿在出生时并无听力损失,而是延迟发生的,如听力损失家族史、胎粪吸入综合征、呼吸窘迫综合征、脑膜炎等,则在随访时要加以注意,尽早地发现迟发性听力损失。特别对于有听力损失高危因素的新生儿更应给予足够的重视。研究表明,有听力障碍高危因素的新生儿发生听力障碍的概率比无听力障碍高危因素者明显增高。新生儿听力筛查一旦发现听力损失患儿,则要早期确诊,早期干预。在听力损失患儿出生后6个月之内进行干预,可获得与其发育年龄相当的言语能力。

(4) 预防感染性聋

感染性聋是指某些致病微生物感染后所引起的感音神经性聋。如流脑、乙脑、麻疹、水痘、猩红热或流行性腮腺炎等。多发生于儿童,是导致儿童后天性耳聋的常见原因之一。因此,要按时接种预防这些传染病的疫苗,积极防治各种急慢性传染病。一旦患病,要尽早确诊,及时给予抗感染及对症治疗,适当选用血管扩张剂、维生素、能量合剂或皮质类固醇等药,以争取恢复听力。

(5) 关注孩子的听力发育

家长应了解不同年龄婴幼儿的听力发育情况,以便在早期发现孩子的听力障碍。一般正常的婴幼儿,出生3个月后,听到声音便会寻找声源,对母亲的声音有反应;6个月时已有对声源的定向能力;9个月开始模仿大人的语声,并说出单字;12个月会说1~2个有意义的字;18个月会清楚地说一些单词;2岁以上能说出有意义的词汇或短语。如果孩子没有达到上述正常婴幼儿的发育标准,则应到正规的医院进行听力学检查。

(6) 日常生活中避免有害因素的影响

如前面所述的避免噪声、外伤、慎用耳毒性药物以及纠正不良的挖耳习惯等。

(7) 听力障碍患儿要早期诊断、早期干预

及早对听力障碍儿童进行诊断,采取干预措施,将听力损失导致的不良后果降到最低程度。如为传导性聋,可到正规医院的耳鼻喉科进行药物或手术治疗,

如为感音神经性聋，则到正规医院或康复机构选配助听器，或指导植入人工耳蜗，开展科学的康复训练。

以上分别从外耳、中耳、内耳保健方面介绍了一些听力保健的常识，如果大家在日常生活工作中能够重视听力保健，掌握正确的听力保健的方法和措施，就能大大降低听力损失的发病率，对于已有的听障者也能延缓病情的发展，特别是对于听障儿童，能够做到早期发现、早期确诊、早期干预，抓住语言发育的关键期进行科学的康复训练，使其能真正开口说话，回归主流社会，这对整个社会将是一件非常有益的事情。

职业模块 8
相关法律法规知识

培训课程1　我国保障残疾人权益的法律法规简介
培训课程2　我国保障消费者权益的法律法规简介
培训课程3　我国医疗器械监督管理相关的法律法规简介
培训课程4　《残疾预防与残疾人康复条例》相关知识

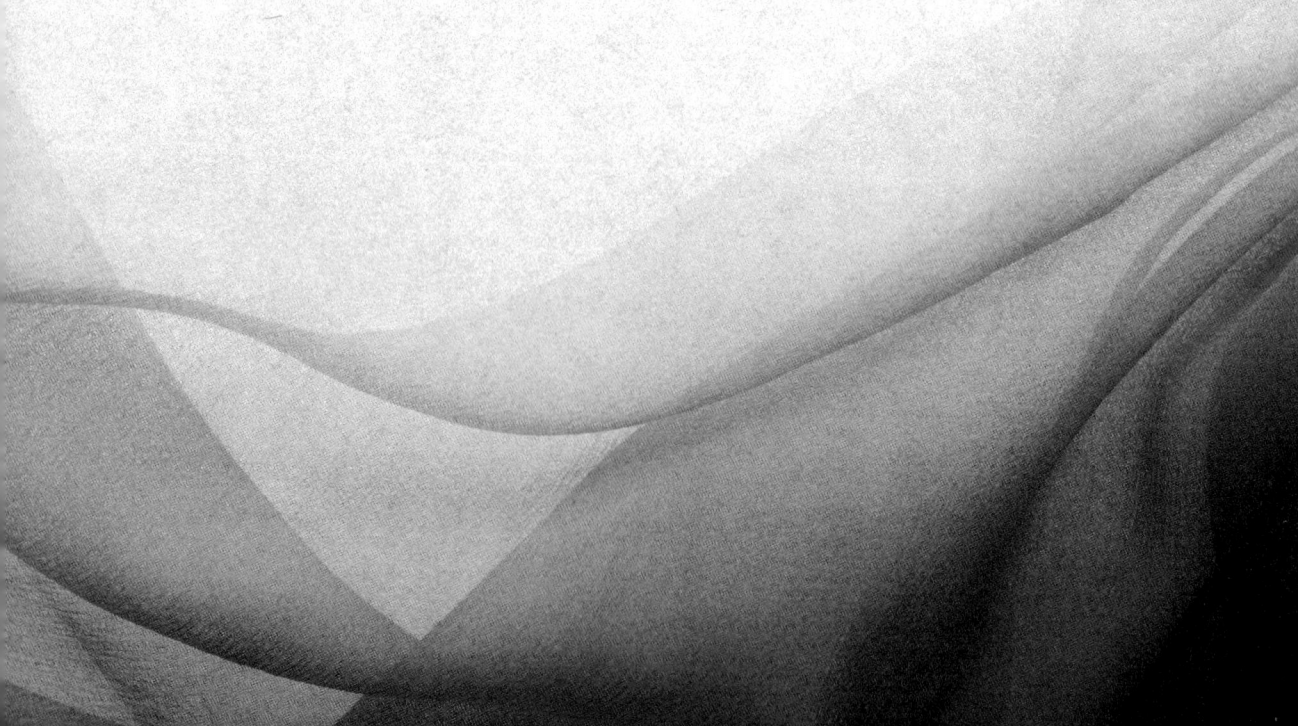

培训课程 1

我国保障残疾人权益的法律法规简介

一、我国保障残疾人权益的法律法规体系（见表 8-1）

表 8-1　我国保障残疾人权益的法律法规体系

第一层级		宪法
第二层级	普通法律	民法典、刑法、民诉法、刑诉法等
	专门法律	残疾人保障法
第三层级	普通行政法规	工伤保险条例、全民健身条例等
	专门行政法规	残疾人教育条例、残疾人就业条例、无障碍环境建设条例等
第四层级	普通地方法规	天津市全民健身条例、上海市母婴保健条例等
	专门地方法规	北京市实施《残疾人保障法》办法、山西省残疾人保障条例等

二、《残疾人权利公约》简介

《残疾人权利公约》开放签署仪式 2007 年 3 月 30 日在纽约联合国总部举行。81 个国家及区域一体化组织的代表当天出席了仪式并签署了该公约。《残疾人权利公约》于 2008 年 5 月 3 日正式生效。

《残疾人权利公约》由序言和包括宗旨、定义、一般原则等在内的 50 项条款组成。公约的宗旨是促进、保护和确保所有残疾人充分和平等地享有一切人权和基本自由，并促进对残疾人固有尊严的尊重。

公约核心内容是确保残疾人享有与健全人相同的权利，并以正式公民的身份生活，从而在获得同等机会的情况下，为社会做出宝贵贡献。公约涵盖了残疾人应享的各项权利，如享有平等、不受歧视和在法律面前平等的权利；享有健康、就业、受教育和无障碍环境的权利；享有参与政治和文化生活的权利等。此外，公约就残疾人事业的国际合作提出相应措施。

三、《中华人民共和国宪法》

第四十五条 中华人民共和国公民在年老、疾病或者丧失劳动能力的情况下，有从国家和社会获得物质帮助的权利。国家发展为公民享受这些权利所需要的社会保险、社会救济和医疗卫生事业。

国家和社会保障残废军人的生活，抚恤烈士家属，优待军人家属。

国家和社会帮助安排盲、聋、哑和其他有残疾的公民的劳动、生活和教育。

第四十六条 中华人民共和国公民有受教育的权利和义务。

四、《中华人民共和国残疾人保障法》（以下简称《残疾人保障法》）

1. 立法简介

《残疾人保障法》于1990年12月第七届全国人民代表大会常务委员会通过，经2008年4月第十一届全国人大常委会第一次修订，又经2018年10月第十三届全国人大常委会第二次修订。该法规是为了维护残疾人的合法权益，发展残疾人事业，保障残疾人平等地充分参与社会生活，共享社会物质文化成果，根据宪法而制定。

2. 特点

第一，残疾人包括视力残疾、听力残疾、言语残疾、肢体残疾、智力残疾、精神残疾、多重残疾和其他残疾八大类别，残疾标准由国务院制定。

第二，残疾人的公民权利和人格尊严受法律保护。禁止基于残疾的歧视，禁止通过大众传播媒介或者其他方式贬低损害残疾人人格。

第三，全社会应当发扬人道主义精神，理解、尊重、关心、帮助残疾人，支持残疾人事业。确定每年5月的第三个星期日为全国助残日。

第四，政府应当支持举办残疾人康复机构，开展康复医疗与训练、人员培训、技术指导、科学研究等工作。应当扶持残疾人康复器械和辅助器具的研制、生产、供应、技术服务和维修服务。

第五，国家和社会应当采取措施，逐步完善无障碍设施，推进信息交流无障碍，为残疾人平等参与社会生活创造无障碍环境。

3. 基本结构

《残疾人保障法》共9章68条，基本结构如下：

第一章"总则"，包括第 1 条至第 14 条，共 14 条，主要规定了立法依据、残疾人定义、残疾人的基本权利和保障措施、残疾人的义务等内容。

第二章"康复"，包括第 15 条至第 20 条，共 6 条，主要规定了残疾人享有康复服务的权利与保障措施。

第三章"教育"，包括第 21 条至第 29 条，共 9 条，主要规定了残疾人享有平等接受教育的权利和保障措施。

第四章"劳动就业"，包括第 30 条至第 40 条，共 11 条，主要规定了残疾人劳动的权利和保障措施。

第五章"文化生活"，包括第 41 条至第 45 条，共 5 条，主要规定了残疾人享有平等参与文化生活的权利和保障措施。

第六章"社会保障"，包括第 46 条至第 51 条，共 6 条，主要规定了残疾人享有各项社会保障的权利和保障措施。

第七章"无障碍环境"，包括第 52 条至第 58 条，共 7 条，主要规定了国家和社会为残疾人平等参与社会创造无障碍环境的责任和相应措施。

第八章"法律责任"，包括第 59 条至第 67 条，共 9 条，主要规定了残疾人权益受侵害后的救济途径和侵犯残疾人权益的法律责任。

第九章"附则"，包括第 68 条，主要规定了法律的生效时间。

培训课程 2 我国保障消费者权益的法律法规简介

一、我国消费者权益保护法律法规（见表 8-2）

表 8-2 我国保障消费者权益保护法律法规

产品质量方面	《产品质量法》《进出口检验法》《国家标准管理办法》《行业标准管理办法》《企业标准管理办法》《产品质量管理条例》等
安全保障方面	《食品管理法》《食品安全法》《药品管理法》
有关公平交易的方面	《计量法》《价格法》

二、《中华人民共和国消费者权益保护法》

1. 立法简介

《中华人民共和国消费者权益保护法》是维护全体公民消费权益的法律规范的总称，是为了保护消费者的合法权益，维护社会经济秩序稳定，促进社会主义市场经济健康发展而制定的一部法律。

第八届全国人大常委会第四次会议通过，自 1994 年 1 月 1 日起施行。2009 年 8 月 27 日第十一届全国人民代表大会常务委员会第十次会议《关于修改部分法律的规定》进行第 1 次修正。2013 年 10 月 25 日第十二届全国人大常委会第五次会议《关于修改的决定》进行第 2 次修正。2014 年 3 月 15 日，由全国人大修订的《消费者权益保护法》正式实施。

2. 特点

第一，以专章规定消费者的权利，表明以保护消费者权益为宗旨。该法列举的消费者权利有之多，体现出较高的保护水平。

第二，特别强调经营者的义务。首先，规定经营者与消费者进行交易时应当遵循自愿、平等、公平、诚实信用的原则。其次，以专章规定了经营者对特定消费者以及社会公众的义务。

第三，鼓励、动员全社会为保护消费者合法权益共同承担责任，对损害消费者权益的不法行为进行全方位监督。

第四，重视对消费者的群体性保护，以专章规定了消费者组织的法律地位。

3. 基本结构

《消费者权益保护法》共8章63条，基本结构如下。

第一章"总则"，包括第1条至第6条，共6条，主要规定了立法依据、消费者和经营者适用范围、经营者与消费者进行交易的原则等内容。

第二章"消费者的权利"，包括第7条至第15条，共9条，主要规定了消费者的九大权利等内容。

第三章"经营者的义务"，包括第16条至第29条，共9条，主要规定了经营者经营、质量和交易方面的十大义务等内容。

第四章"国家对消费者合法权益的保护"，包括第30条至第35条，共6条，主要规定了国家在立法、执法、司法方面对消费者权益的保护等内容。

第五章"消费者组织"，包括第36条至第38条，共3条，主要规定了消费者协会对消费者权益的保护等内容。

第六章"争议的解决"，包括第39条至第47条，共9条，主要规定了争议的解决途径及不同情况赔偿责任主体等内容。

第七章"法律责任"，包括第48条至第61条，共14条，主要规定了消费者权益受侵害后的民事责任、经济责任、行政责任、刑事责任等内容。

第八章"附则"，包括第62、第63条。农民购买生产资料适用本法，规定了法律的生效时间。

培训课程 3

我国医疗器械监督管理相关的法律法规简介

医疗器械关乎人民的健康和生命安全，助听器属于二类医疗器械，对其安全性和有效性应当加以控制，以保障听障者的康复安全。作为验配师，要知道所使用的产品和经营行为必须符合《医疗器械监督管理条例》的要求。

一、《医疗器械监督管理条例》立法简介

《医疗器械监督管理条例》于 2000 年 1 月由第 276 号国务院令公布，经 2014 年 2 月、2017 年 5 月、2020 年 12 月三次修订，自 2021 年 6 月 1 日起施行。

二、条例的内容特点

第一，完善了分类管理制度。按照风险程度实行分类管理，并以此来确定医疗器械研制、生产、经营、使用各环节的制度，进一步强化了监管的科学性。第一类是风险程度低，实行常规管理可以保证其安全、有效的医疗器械。第二类是具有中度风险，需要严格控制管理以保证其安全、有效的医疗器械。第三类是具有较高风险，需要采取特别措施严格控制管理以保证其安全、有效的医疗器械。

评价医疗器械风险程度，应当考虑医疗器械的预期目的、结构特征、使用方法等因素，助听器属于第二类医疗器械。

第二，以风险高低为依据，在保证产品安全有效的前提下，遵循宽严有别的原则，重点监管高风险产品。医疗器械注册人、备案人应当履行下列义务：建立与产品相适应的质量管理体系并保证其有效运行；制定上市后研究和风险管控计划并保证有效实施；依法开展不良事件监测和再评价；建立并执行产品追溯和召回制度；国务院药品监督管理部门规定的其他义务。

第三，从事医疗器械经营活动，应当有与经营规模和经营范围相适应的经营

场所和储存条件，以及与经营的医疗器械相适应的质量管理制度、质量管理机构和人员。从事第二类医疗器械经营的，由经营企业向所在地设区的市级人民政府负责药品监督管理的部门备案并提交有关资料。医疗器械经营许可证有效期为5年，有效期届满需要延续的，依照有关行政许可的法律规定办理延续手续。

第四，明确法律责任，增加了处罚种类，加大了对违法行为的处罚力度。存在违法行为的，由负责药品监督管理的部门向社会公告单位和产品名称，责令限期改正；逾期不改正的，没收违法所得、违法生产经营的医疗器械；违法生产经营的医疗器械货值金额不足1万元的，并处1万元以上5万元以下罚款；货值金额1万元以上的，并处货值金额5倍以上20倍以下罚款；情节严重的，对违法单位的法定代表人、主要负责人、直接负责的主管人员和其他责任人员，没收违法行为发生期间自本单位所获收入，并处所获收入30%以上2倍以下罚款，5年内禁止其从事医疗器械生产经营活动。

具体违法行为如下：

生产、经营未经备案的第一类医疗器械；

未经备案从事第一类医疗器械生产；

经营第二类医疗器械，应当备案但未备案；

已经备案的资料不符合要求。

三、基本结构

《医疗器械监督管理条例》共8章107条，基本结构如下。

第一章"总则"，包括第1条至第12条，共12条，主要规定了立法目的、适用范围、监管体制、分类管理原则、研制原则、执行标准等内容。

第二章"医疗器械产品注册和备案"，包括第13条至第29条，共17条，主要规定了管理方式、注册证有效期、提交材料、注册过程、临床试验管理等内容。

第三章"医疗器械生产"，包括第30条至第39条，共10条，主要规定了生产企业准入、企业行为、器械通用名和说明书及标签、委托生产等内容。

第四章"医疗器械经营与使用"，包括第41条至第60条，共20条，主要规定了经营企业准入管理、使用环节管理、进出口器械管理、广告管理等内容。

第五章"不良事件的处理与医疗器械的召回"，包括第61条至第67条，共7条，主要规定了不良事件监测、上市产品再评价、召回管理等内容。

第六章"监督检查"，包括第68条至第80条，共13条，主要规定了重点督查内容、督查职权、医疗器械检验、原材料和生产工艺变更处理、信用记录、统一平台管理等内容。

第七章"法律责任",包括第81条至第102条,共22条,主要规定了违反本条例的行政处罚等内容。

第八章"附则",包括第103条至第107条,共5条,规定了条例用语的含义、其他器械管理的授权、法律的生效时间等内容。

培训课程 4
《残疾预防与残疾人康复条例》相关知识

一、《残疾预防和残疾人康复条例》立法简介

2017年1月11日国务院第161次常务会议通过《残疾预防和残疾人康复条例》，自2017年7月1日起施行。

二、特点

第一，首次以法规的形式明确了国家、社会、公民在残疾预防和残疾人康复工作中的责任，必将为实现残疾人"人人享有康复服务"的目标提供有力保障，为健康中国保驾护航。

第二，0岁至6岁残疾儿童有望免费获得手术、康复服务，这对推动我国残疾人康复工作，特别是残疾儿童康复工作发展具有里程碑意义。

第三，完善重度残疾人护理补贴制度，帮助重度残疾人和贫困残疾人减轻康复负担，提高生存质量，将进一步织密我国社会保障网。

第四，加强对康复机构监督管理，为康复服务的规范开展创造了条件。

第五，加强康复专业人才培养，为残疾人康复服务的安全性、有效性和可及性提供保障，残疾人将享有更加安全、有效、优质的康复服务。

第六，将残疾人普遍纳入基本医疗保障范围。

第七，将残疾预防贯穿全生命周期，从生命周期理念出发，对婴儿出生前后期、幼儿期、成年期、老年期等不同阶段采取针对性预防措施，有助于建立起持续的残疾防控体系。

三、基本结构

第一章"总则"，包括第1条至第9条，共9条，主要规定了立法依据、残疾

预防及残疾人康复的定义、残疾预防和残疾人康复的工作方针、政府有关部门和社会各界的工作职责等内容。

第二章"残疾预防",包括第 10 条至第 16 条,共 7 条,主要规定了残疾预防覆盖的人群及生命周期、残疾预防的原则、残疾人信息收集等内容。

第三章"康复服务",包括第 17 条至第 24 条,共 8 条,规定了残疾人康复服务的基本要求,康复机构及其工作人员的法定条件,保障康复服务质量,优先开展残疾儿童康复工作,实行康复与教育相结合等内容。

第四章"保障措施",包括第 25 条至第 31 条,共 7 条,主要规定了残疾人康复的保障措施、政府的保障措施、康复人才培养的保障措施等内容。

第五章"法律责任",包括第 32 条至第 35 条,共 4 条,主要规定了未履行残疾预防及残疾人康复职责的法律责任。

第六章"附则",包括第 36 条,主要规定了法律的生效时间。